U0171577

绿色建筑成本计量研究

陈　琳　乔志林／著

Green Building Cost Measurement Research

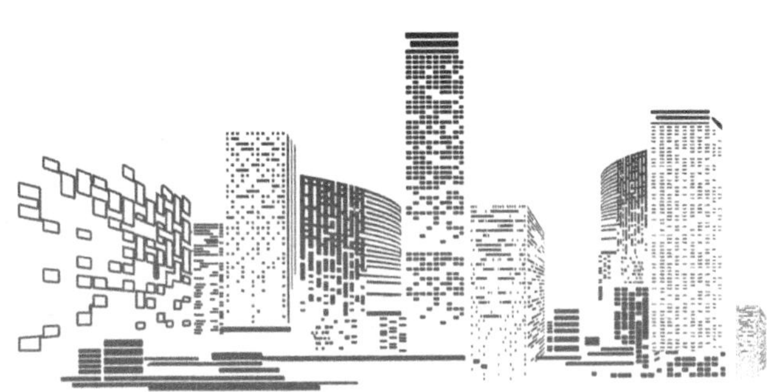

科学出版社

北　京

内 容 简 介

本书基于可持续发展理念，构建绿色建筑的生命周期成本效益分析模型，并提出相应的绿色建筑作业成本管理建议，然后基于生命周期的视角研究绿色建筑项目组合选择的流程，在丰富项目组合管理以及作业成本理论应用研究的同时，为绿色建筑项目投资决策提供了新的思路。

本书可作为区域发展、产业发展、城市管理、城市规划项目管理、会计等领域高校师生的参考用书，也可供相关领域科研人员和管理人员参阅，或为政府部门制定政策提供参考。

图书在版编目（CIP）数据

绿色建筑成本计量研究 / 陈琳，乔志林著. —北京：科学出版社，2023.8
ISBN 978-7-03-075976-4

Ⅰ. ①绿…　Ⅱ. ①陈…　②乔…　Ⅲ. ①生态建筑-成本管理-研究
Ⅳ. ①TU723.3

中国国家版本馆 CIP 数据核字（2023）第 125539 号

责任编辑：石　卉　高雅琪 / 责任校对：韩　杨
责任印制：赵　博 / 封面设计：有道文化

科学出版社 出版
北京东黄城根北街 16 号
邮政编码：100717
http://www.sciencep.com

北京中科印刷有限公司印刷
科学出版社发行　各地新华书店经销
*
2023 年 8 月第　一　版　开本：720×1000　1/16
2025 年 2 月第二次印刷　印张：16
字数：287 000

定价：118.00 元

前　言

工业革命以来，全球经济蓬勃发展，人类在享受现代文明带来的累累硕果的同时，也正面临着一系列环境污染危机，其中，温室气体排放导致的全球气候变暖尤为严峻。基于此，以资源节约和环境保护为宗旨的绿色建筑应运而生。建筑业是国民经济发展的支柱产业，其温室气体排放量占社会总排放量的1/3以上。作为民生基础产业，在提高人民生活幸福感的同时，其高能耗和高碳排放不可避免地造成了严重的环境和社会问题。因而，随着可持续发展理念的深入人心，绿色科技的快速发展，绿色建筑行业成为我国节能减排的重点领域。一方面，我国目前绿色建筑的发展由政府推动，市场力量并未积极参与进来。工程造价不准确、成本效益评价不完善已成为阻碍建筑开发企业进行绿色建筑投资的关键因素。因此，对绿色建筑的成本进行全面、准确地分配和计量，使建筑开发企业及消费者对绿色建筑成本效益有更清晰的认识，消除市场对绿色建筑投资的误解，对于绿色建筑的发展来说至关重要。另一方面，虽然绿色建筑目前初始投资成本较高，但在其生命周期内可实现更优的经济效益、环境效益及社会效益。因此，我国绿色建筑生命周期成本（life cycle cost，LCC）效益分析研究亟待深入和完善，只有使社会各方全面正确地认识绿色建筑，才能加速绿色建筑在我国的推广以及应用。

近年来，我国政府出台了一系列政策鼓励发展绿色建筑，房地产企业拥有更多的绿色建筑项目投资机会，如何在众多的项目中科学地选择和管理绿色建筑项目，按照战略规划实现发展目标是房地产企业面临的重要问题。本书基于可持续发展角度，将环境成本、社会成本纳入绿色建筑成本分析，将作业成本法（activity-based costing，ABC）应用于绿色建筑成本分配和计量，并基于生命周期角度对绿色建筑成本效益进行分析，以期完善绿色建筑成本研究，拓展作业成本法和项目组合管理理论的应用研究。

本书首先回顾了绿色建筑成本和作业成本计算研究的现状、生命周期理论及其应用研究进展、绿色建筑成本效益评价、绿色建筑成本控制、绿色建筑项目管理等相关研究成果；其次，从可持续发展角度出发进行了绿色建筑成本驱动因素分析，合并、优化了关键成本驱动因素，在对绿色建筑经济成本及增量成本分析的基础上，将环境成本、社会成本纳入成本分析，以实现绿色建筑可持续成本计量；再次，建立基于作业成本法的绿色建筑成本计量模型，以及绿色建筑生命周期成本效益评价体系，开展绿色建筑作业成本管理分析；最后，从生命周期视角分析绿色建筑项目组合选择的流程，求解最优绿色建筑项目组合。

本书基于可持续发展理念，拓展了绿色建筑的成本计量范畴，完善了绿色建筑成本计量模型及其成本效益分析，并扩展了作业成本理论和项目组合管理理论的应用。本书在写作过程中得到了王洋、牛瑞阳、杨雅婕、武美君、李飞、樊娟、关雅梦、陈洁等的大力支持，在此表示衷心的感谢！同时，由于时间和作者编写水平有限，书中难免存在不足之处，恳请广大读者批评指正。

陈　琳　乔志林

2022年12月

目　　录

绪 论

1.1 绿色建筑发展背景概述

自工业革命以来，随着科学技术的不断进步，全球经济蓬勃发展，人类在享受现代文明带来的累累硕果的同时，也面临着一系列日益严峻的环境污染危机，如全球气候变暖、臭氧层破坏、资源能源锐减等。其中，温室气体排放导致的全球气温上升问题尤为突出，雾霾和酸雨等现象使得地球的生态变得越来越脆弱，已经威胁到部分国家和地区人民的生命财产安全，成为各界人士关注的重点议题。多年来，国际社会和各国环境组织积极探索并陆续出台了一系列政策和标准以应对气候变化，如《联合国气候变化框架公约》《京都议定书》《哥本哈根协议》等。在我国经济高速发展、物质生活质量不断提高的背后，我们赖以生存的环境正在面临着更严重的挑战。例如，经过检测，在一些水资源和动物体内发现了许多有害的化学物质，不仅如此，在人体中也发现了某些化学物质，这些有害的化学物质危害着人们的身体的健康。各类突发的环境事件使得人类的生存环境正在面临着挑战，随着生活质量的提高，水污染、尾气污染、大气污染、土壤污染等屡见不鲜，如果对这些情况再不加以阻止，这些愈演愈烈的环境污染问题将会使得我们的“地球村”再也不适合居住，造成无可挽回的毁灭性灾难。生活在地球上的人类也会因此产生一连串的恐慌情绪，甚至会出现“癌恐慌”等社会问题。

面对近年来资源短缺、环境恶化等问题，人类所做出的最为重大的决策就是提出了可持续发展思想。步入 21 世纪，各个行业为了自身的发展，战略性地引入了可持续发展的思想理念，并将其作为指导思想的核心。对于国家而言，可持续发展的目标在于不仅需要消除贫困、满足人民温饱问题，而且需要促进经济的增长；不仅需要推动社会进步，而且需要使公平正义得到满足；不仅需要建设生态文明，而且需要促进可持续发展。然而，在相当长一段时间里，建筑思潮崇尚的是以人为主体的人工建筑系统。在这样的系统下，整个运营模式是掠夺资源到建造成建筑再到成为废物的非循环体系，以浪费大量自然资源和向环境释放各类有害物质为代价满足人类舒适的需求。然而在当今社会资源日趋衰竭、环境每况愈下的背景下，传统建筑业在建造和使用资源过程中的不合理利用、污染严重的模式无法延续，因而最大限度地利用资源，减少污染，以提高建筑环境质量为特点的绿色建筑应运而生且得到广泛的关注。

建筑行业是我国国民经济发展的支柱产业，每年新增建筑如雨后春笋般拔地而起，被誉为“全球最大的建筑工厂”。高能耗是建筑业的常态，在建筑物的建造和使用过程中能耗是不可避免的，还会产生数以亿吨计的建筑垃圾和碳排放（carbon emission）。在我国，建筑行业的能源消耗量相当惊人，竟占据了总能耗的40%以上，钢材使用量约占全国用钢量的30%，所产生的建筑垃圾占城市垃圾总量的30%—40%，而温室气体排放贡献率则高达25%（施懿宸等，2022）。不仅如此，随着我国经济迅猛发展，建筑规模的快速扩大和人们的生活质量显著提升，人们对温饱问题的关注程度逐渐降低，而将更多的注意力放在了对于居住环境的要求上，如果不采取有效的措施，未来建筑业的能源需求以及碳排放量必将被进一步推高，这与建设资源节约型、环境友好型社会的理念背道而驰。鉴于此，我国建筑行业成为节能减排的重点控制领域之一。大力发展绿色建筑，促进低碳经济发展，将是建筑行业未来的发展方向。我国作为全球碳排放量大国积极承担社会责任，提出将全面控制温室气体排放融入国家社会经济发展总战略中。绿色发展理念和可持续发展理念是当今世界的时代潮流，追求低碳循环发展已成为世界各国经济发展的目标之一。

绿色建筑又称生态建筑，由建筑师保罗•索莱里（Paola Soleri）于20世纪60年代提出，提出后便得到了一些国家的认可。这些国家在70年代就开始按照此理念建造低能耗的建筑物，直到80年代，节能建筑技术才逐渐完善并推广。

20 世纪 90 年代，人们逐渐意识到节能减排的重要作用，因而制定了联合国《生物多样性公约》和《京都议定书》，自此世界各国积极发展绿色建筑（中国城市科学研究会，2009）。我国住房和城乡建设部对绿色建筑给出了明确定义，即从生命周期来看，绿色建筑是指能够满足最大限度节能、节地、节水、节材，即节约资源，保护环境和减少污染，为人们提供健康、适用和高效的使用空间，促进人与自然和谐共生的要求的建筑物。目前，很多国家在绿色建筑关键技术、绿色建筑评价和认证等方面已经取得丰富的研究成果，建成了一些具有显著节能减排效果的绿色建筑，比如英国的 Integer 绿色住宅（太阳能供热 60%）、美国的绿色办公室（照明能耗降低 50%）、德国的零能量住房等，为进一步构建现代化的绿色建筑产业体系奠定了基础。

当前，制约社会经济快速发展的关键点之一即是资源环境问题，高能耗、高排放的产业正逐渐被新能源产业所取代，产业升级也在持续推进。然而我国仍是能源消耗大国，在资源利用以及环境状况等方面还存在一些问题。其中，建筑能耗很大，如实心黏土砖毁田每年超过 12 万亩[①]，水资源人均占有量仅占世界的 1/4，但卫生器具的耗水量却比发达国家超出 10%—30%。另外，在《“健康中国 2030”规划纲要》中，健康将成为国家决策体系的中心工作，环境因素与行为风险因素是影响公众健康的两个主要方面，而它们都可能受到建筑环境的影响（黄煜镔等，2011）。因此，应有效地提高建筑产业资源利用效率，减少建筑在建造和使用阶段对生态环境造成的污染，抑制传统高能耗、高排放的建筑产业模式，大力推广可持续发展的绿色型发展模式。绿色建筑在顺应当前背景下得到了社会各界的广泛重视。

1.2 我国绿色建筑发展现状

我国绿色建筑虽然起步相对较晚，但近十几年来，无论是在学术研究还是在实践应用方面都取得了不错的成果。图 1-1 展示了 2008—2018 年绿色建筑在我国的发展历程。可以看出，2008—2016 年绿色建筑在数量上呈现出较快增长的态势，2016—2018 年绿色建筑数量保持在较高水平，这与我国政府颁布的一系

① 1 亩≈666.7m^2。

列鼓励绿色建筑发展的政策息息相关。

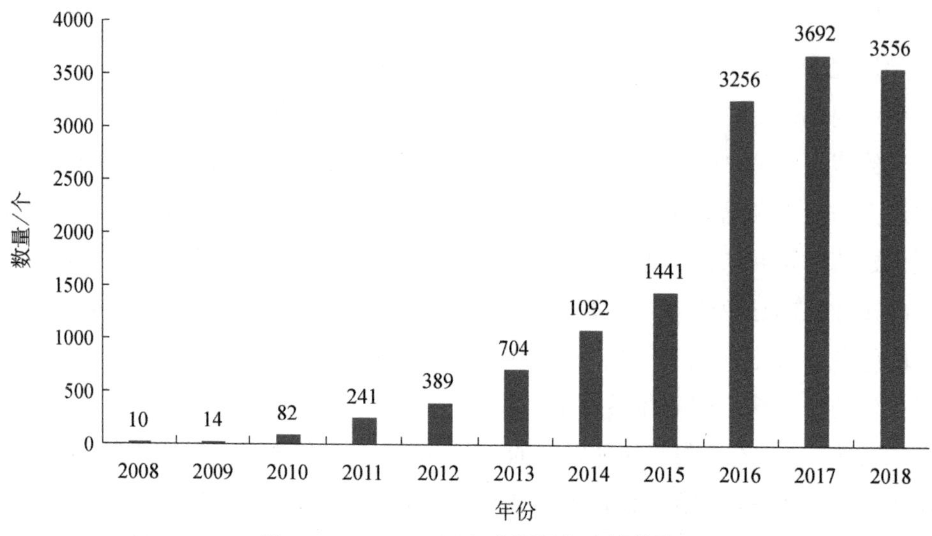

图 1-1　2008—2018 年我国绿色建筑数量

中国最早引入绿色建筑的概念是在 20 世纪 90 年代，自引入此概念之后，绿色建筑的发展就受到政府的广泛关注和重视。为了促进绿色建筑的发展，政府不断出台相关政策。例如，2006 年，建设部首次发布绿色建筑的评价标准，即《绿色建筑评价标准》（GB/50378—2006），自此之后，我国绿色建筑评价标识工作正式开启，绿色建筑相关政策发布的序幕也由此揭开。2010 年，住房和城乡建设部发布了《建筑工程绿色施工评价标准》（GB/T50604—2010），进一步明确了绿色建筑施工的相关规范。2013 年，《绿色建筑行动方案》发布，该方案对“十二五”期间的新建绿色建筑提出了要求，即面积应达到 10 亿 m^2；到 2015 年底，在全国城镇的新建建筑中，能够达到绿色建筑相关要求的占 20%，2020 年达到 30%。2015 年，住房和城乡建设部基于其发布的最新版《绿色建筑评价标准》，制定《绿色建筑技术评价细则》，进一步完善了我国绿色建筑的标准规范，为推动绿色建筑的发展提供了重要支撑。2016 年，《中共中央 国务院关于进一步加强城市规划建设管理工作的若干意见》提出：按照“适用、经济、绿色、美观”的建筑方针，突出建筑使用功能以及节能、节水、节地、节材和环保，防止片面追求建筑外观形象。2017 年 1 月，《“十三五”节能减排综合工作方案》指出：编制绿色建筑建设标准，开展绿色生态城区建设示范，到 2020 年，城镇绿色建筑面积占新建建筑面积比重提高到 50%。另外，2017 年 3 月，由住房和城乡建设部组织的第十三届国际绿色建筑与建筑节能大会暨新技术与产品博览会在北京胜利召开，大会围绕“提升绿色建筑质量，促进节能减排低碳发展”主题，探讨了绿色建筑与建筑节能的最新成果，并对其未来的发展进行了预估，大会还共享了绿色建筑与建筑节能工作的全球化新经验，大会的成功举办，对我国绿色建筑行业今后的发展有着深远的意义，对绿色建筑前沿理论的补充和关键技术的提升亦有着不可估量的作用。同年，住房和城乡建设部颁布了《建筑节能与绿色建筑发展“十三五”规划》，指出：到 2020 年，全国城镇新建建筑中绿色建筑面积比重超过 50%。

截止到 2016 年底，我国绿色建筑面积已超过 8.2 亿 m^2，全国绿色建筑项目总量达到 7235 项①，可见我国绿色建筑发展已取得初步成果，但我国绿色建筑总量规模仍然偏少，地区发展十分不平衡，绿色建筑发展面临着巨大的挑战，如绿色技术难以落地、缺乏专业技术人才等。为实现我国绿色建筑“十三五”规划，推动我国绿色建筑的快速发展，住房和城乡建设部相继发布多项政策，鼓励学者进行探索，为绿色建筑和建筑节能技术的相关课题研究保驾护航，并与世界银行等机构合作援助各地区各类型绿色建筑项目的开发，力争突破绿色建筑技术壁垒，促进绿色建筑全面发展。

绿色建筑由于初始投资成本太高而不被投资商看好。从生命周期视角来看，绿色建筑能实现更优的经济、环境、生态和社会效益，但是，建筑企业以利益最大化为前提的特点，使其作为开发建设单位，很可能由于绿色建筑的前期成本高和投资回收期长的问题而选择退缩；作为用户而言，其没有意识到绿色建筑在后期所带来的可观的经济、社会、生态以及环境效益，而缺乏这种意识的最直接后果就是无法实现资源有效配置的状况在绿色建筑交易中频发，进而使得我国对绿色建筑的建设和进一步发展推广进行缓慢。

随着我国绿色建筑的发展，其标准体系正在不断改进。近年来，绿色建筑发展速度加快，越来越多的绿色建筑项目在全国各地涌现，绿色建筑成本效益评价标准的重要性便日益凸显，绿色建筑的投资回报率将成为绿色建筑项目投资决策的重要考虑因素。目前绿色建筑建设主要由政府自上而下推动发展，市场机制并

① 未来几年中国绿色建筑保持迅猛发展态势 2021 绿色基础建设产业发展现状分析[EB/OL]. https://www.chinairn.com/scfx/20210324/175121205.shtml[2022-11-30].

未发生有效作用，社会资源的使用效率并未实现最大化，市场对于绿色建筑是否存在高额成本投入、长期效益持有不确定态度，这可能会导致资源的低效率使用。因此准确计量绿色建筑的各项成本，加强绿色建筑的成本控制与管理，对绿色建筑的成本效益进行科学分析，推动市场与社会力量的参与，是绿色建筑项目建设实施的重要支撑。由于绿色建筑成本的准确计量比较困难，工程造价与成本计算不准确已经成为制约绿色建筑发展的关键因素。

显然，绿色建筑行业正在迎来一个蓬勃发展的春天。许多房地产企业抓紧机遇，根据内外部环境以及企业的资源能力情况及时调整企业发展战略，开始涉足或者在绿色建筑领域发力。然而，现阶段，大力开发绿色建筑项目仍然面临许多困难，不仅要解决众多复杂的技术性难题，还需要运用先进的方法工具核算并控制绿色建筑项目的成本，这是各参与方（政府、建筑开发企业、业主）最终能否接受绿色建筑的关键。虽然目前绿色建筑呈现出快速发展的趋势，但是就其在国内的理论研究方面来说，针对绿色建筑成本及管理问题的研究相对较为薄弱，且已有研究方向比较集中，即理论研究多侧重于绿色建筑成本的计量问题，而对于其环境和社会成本尚未做出充分的研究与讨论，绿色建筑作为节能减排工作的重要力量，其环境、社会成本是将其外部性影响内在化的重要举措，是科学分析绿色建筑成本效益的不可忽视的要素，否则成本的不完全计量将无法实现社会资源的有效配置。对于绿色建筑的成本计量方法仍旧沿用传统的成本核算方法，而绿色建筑行业项目庞大，成本支出繁杂，传统的计量方法可能造成成本的扭曲计量，不利于项目的成本管理控制和成本效益评价。

由此可以得出，基于可持续发展视角，以建筑开发企业为主体，在绿色建筑可持续成本分析的基础上，对其成本进行准确计量，并在生命周期视角下研究绿色建筑所产生的成本以及未来所带来的效益评价，帮助建筑开发企业加强绿色建筑的作业成本管理及控制，已经成为推广绿色建筑发展迫切需要解决的问题。只有建立起具有可行性的绿色建筑成本效益评价模型，并将模型充分运用，才能正确、全面地认识绿色建筑，促进绿色建筑的大规模推广与应用。另外，面对众多的绿色建筑项目开发机会，如何科学地选择绿色建筑项目组合并且进行动态管理也是当前房地产企业亟须解决的重要问题，对于实现企业战略目标以及绿色建筑行业的发展具有非常重要的意义。

1.3　绿色建筑成本相关研究

1.3.1　绿色建筑成本

绿色建筑成本研究最早可以追溯到20世纪60年代。21世纪以来，有关绿色建筑成本的研究主要集中在增量成本，譬如Kats等（2003）研究发现，绿色建筑的实际增量成本大大低于公众所认为的成本数额，其他研究者也认为与同一市场中的其他传统建筑项目相比，绿色建筑不一定非要投入额外的成本。闫晶等（2013）在分析绿色建筑成本时，不仅考虑了可量化的显性成本，还考虑了不可量化的隐性成本等。由于绿色建筑具有可持续发展的特性，其成本构成分析除了考虑经济成本外，还需考虑环境成本和社会成本。

（1）经济成本是评价绿色建筑项目的首要因素。在研究与经济利益相关的成本时，不仅要从传统成本核算的角度出发，考虑常规的建造成本，还应该考虑采用绿色材料、绿色建筑技术等所导致的增量成本（Liu et al.，2014）。Kats等（2003）调研了美国加利福尼亚州的30多栋绿色建筑，通过比较并分析其各自的经济指标发现，若该绿色建筑达到了美国绿色建筑委员会能源与环境设计先锋（Leadership in Energy and Environmental Design Building Rating System，LEED）基本认证标准，则其成本投入要比传统建筑多1.5%以上，而如果其想要达到LEED金级认证水平，那么绿色建筑的增量成本就会达到2%—5%。从此项研究开始，众多美国学者进入了绿色建筑成本分析研究的浪潮之中。曹申和董聪（2012）通过生命周期法从建设和运营两个阶段研究了绿色建筑成本，通过研究得出，绿色建筑的初始成本投入往往高于传统建筑，尤其是在设计阶段和建设期间。Chen等（2011）认为，影响绿色建筑发展的主要障碍是初始成本高，并使用数学方程式对绿色建筑生命周期成本进行了计量。叶祖达等（2011）对绿色建筑项目进行的成本效益研究表明，不同的绿色建筑项目其增量成本各不相同，绿色建筑项目的整体设计要求和技术路线决定了其增量成本的高低，其中设计路线尤为重要，不同的设计路线造成了不同的增量成本，因而，即使具有相同星级水平的不同绿色建筑，其增量成本也可能存在差异，除此之外，研究还发现可再生能源利用以及建筑节能方面的成本是绿色建筑增量成本的最主要来源。叶祖达等

（2013）研究发现不同类型的绿色建筑，其经济成本有较大差异，公建的绿色建筑增量成本比住宅的增量成本高。Gabay 等（2014）基于标准成本、企业和公众利益角度对不同规模和标准的绿色建筑进行研究，测算最佳绿色建筑及替代方案，发现经济的替代方案可以最大限度地减少初始投入成本，进而使得绿色建筑的增量成本进一步降低。Tam 等（2017）对绿色建筑材料研究发现，在建设期内使用可持续木材，可以使得绿色建筑项目的生命周期成本显著降低。张大伟（2014）基于生命周期的视角研究绿色建筑，探讨其增量成本的界定、影响因素、估算的基本框架以及生命周期各个阶段成本的构成情况，分析结果显示，成本控制的重点方向包括节能与能源利用、节水和水资源利用以及室内环境三个方面。

（2）环境成本是分析绿色建筑成本构成的一项重要指标。吉利和苏朦（2017）认为，环境成本具体表现为企业为实现环境目标或为管理其活动对环境造成的影响而付出的相关成本费用。Mylonakis 和 Tahinakis（2006）认为，环境税是可持续发展的基本工具，可以将环境成本内部化为产品价格，从而为消费者和生产者提供更好的日常决策动机。吴琼等（2018）从宏观角度研究自然资源资产负债表时，认为环境成本应该包含虚拟治理成本（把排放的、没有治理的污染物进行治理的全部费用）以及实际治理成本（治理环境污染实际发生的费用）两类。Tsai 等（2014）以生命周期理论为基础，提出运用作业成本法估算绿色建筑项目成本，并将其划分为土地获取成本、直接成本、单位级作业成本、批次级作业成本、项目级作业成本以及环境级作业成本六大部分，并以作业中心为桥梁估算绿色建筑项目生命周期内的碳排放量以及碳税，通过引入案例计算发现，低碳建造技术以及碳税对房地产公司的投资决策具有非常重要的影响。Lu 等（2012）认为随着建筑业的持续创新，绿色建筑能源利用效率的提升将大大降低碳排放成本，增加其成本效益。Georgiadou 等（2012）采用生命周期评价法，研究环境因素及管理对建筑成本的影响。武智荣和刘元珍（2016）在采用混凝土技术的绿色建筑生命周期成本研究中，通过构建环境影响社会支付意愿系统计算了绿色建筑的环境成本。高沂和刘晓君（2016）研究了绿色建筑的碳排放权，探讨了其确定与分配，并从成本效率的角度，探究了绿色建筑碳排放所造成的损失成本及其所耗费的成本。Zuo 等（2017）系统地回顾了基于生命周期视角的绿色建筑相关研究，发现尽管用于环境评估的生命周期评价和用于经济分析的生命周期成本的两种工具在管理决策过程中是互相补充的，但是它们往往被分开应用从而限制了决策的科学性，因此他们主张将两种工具充分整合并通过构建模型来实现绿色建筑环境效益与经济效益的共赢。赵华等（2017）调研了位于北京市昌平区的 8 栋建筑物，其中包括 6 栋绿色建筑和 2 栋非绿色建筑，并在进行室内环境指数调查的同时，进行了综合碳减排量的计算，发现绿色建筑可以有效减少碳排放，提高住户的满意程度。

（3）社会成本是分析绿色建筑成本构成的另一重要指标。社会成本起初由庇古（Pigou）提出，其之所以会提出社会成本，是因为在分析外部性侵害时需要。根据庇古提出的概念，社会成本是指产品的私人成本和社会外部性的额外成本，其分担与补偿的最终目的是促使社会公平的实现，因而社会成本的产生是自由市场竞争机制的必然产物（董才生和马洁华，2017）。谢志华（1995）通过研究社会成本发现，在正常的生产经营中，企业能够产生一定的商业信用，而这种信用所造成的机会成本是一种自生成本，该种成本可能会引发社会成本，社会成本存在两种形式，其一是由缺乏资金所造成的过重的融资成本，其二是由强制拖欠所造成的较多的成本浪费。Tsai 等（2014）认为，社会成本可以看作机会成本的一种，需要在绿色建筑中使用经济资源，并且必须放弃这种经济资源的其他最有利可图的机会。社会成本中最重要的部分即为交易成本，该结论由美国经济学家科斯（R. H. Coase）通过对外部性进行社会成本分析得到。熊志军（2002）在研究科斯的社会成本及其现实意义中指出，交易成本是市场交易中社会资源有效配置的强有力阻力，只有寻找恰当的规则并降低市场机制中的交易成本，才能实现有效的资源分配。Qian 等（2015）认为，交易成本是阻碍绿色建筑发展的影响因素，减弱了建筑企业进入绿色建筑行业的动力。陈小龙和刘小兵（2015）认为，绿色建筑的开发需要更多成本，且交易成本不尽相同，主要包括监管成本、合同风险、信息不对称、营销和资产管理费等。王瑛（2017）认为，建筑项目招标阶段的社会成本主要由交易成本和制度成本组成，交易成本是指招标方和投标方为达成合作意愿而花费的资金，制度成本由双方遵守相关法律规范而需要支付的运行成本和为保障招标交易而需要支付的成本构成。Matthews 等（2015）认为，在建筑招标和评估中纳入社会成本可以支持更广泛地利用新型建筑方法，促进社会的可持续发展。Çelik 等（2017）对建筑工程社会成本进行了分类和量化研究，认为社会成本分析和评估应成为建筑开发企业进行建筑工程项目决策的重要考虑因素。何向彤（2016）提出按照绿色建筑生命周期阶段的划分以及成本承担主体的基本情况，将绿色建筑成本划分为建筑成本、社会自然成本以及消费者成本三类，分别采用模糊识别方法和蒙特卡罗法估算绿色建筑项目的初始化建设成本以及未来的运营成本，这两种方法的整合可以实现绿色建筑生命周期成本的估算。

（4）还有一些学者从综合角度研究了绿色建筑的成本。例如，Islam 等（2015）梳理总结了建筑物生命周期成本计算过程中折现率以及居住年限的选定情况，研究发现已有文献中的折现率数值分布于 2%—8%，部分学者采用了不止一个折现率，同时，大部分研究将建筑物的使用年限设置为 50 年。鲁佳婧（2015）统计了常用的绿色建筑关键技术应用情况，重点研究了成都地区绿色建筑采用的地源热泵、屋顶绿化和中水雨水回收技术的经济、环境和社会成本效益，引入案例计算发现，这些绿色建筑技术具有较高的投资收益率和较好的回收能力。宋章霞和陈琳（2017）运用因子分析法对收集到的问卷调查信息进行处理，研究了影响绿色建筑项目生命周期成本的关键因素，包括政策法规、施工标准、设计方案、施工工艺、材料成本等，为绿色建筑项目的成本管理和控制指明了方向。闫晶等（2013）将价值工程引入绿色建筑领域，主张从建筑功能和成本两方面提升绿色建筑的价值并据此进行成本的管理和控制，其核心是在发展整合各种绿色建筑关键技术的同时降低建设运营等过程中的费用支出。曹申和董聪（2012）分别从经济、环境以及社会三个方面研究绿色建筑生命周期成本效益的内容、范围和特点，提出运用直接调查法和项目价格与评价结果相关性分析两种方法来确定绿色建筑项目的环境效益和社会效益，为全面研究绿色建筑成本效益评价提供了思路和方法。陶鹏鹏（2018）构建了全寿命效益模型，并将绿色建筑的增量效益划分为三种类型，即经济效益、社会效益以及环境效益。Liu 等（2014）认为，节能技术在绿色建筑中的应用可以带来增量的经济效益和环境效益，但是如果仅考虑增量的经济效益，那么财务评估指标则表明绿色建筑没有被投资的价值。Balaban 和 Oliveira（2017）认为，绿色建筑可以带来多种协同效益，如经济效益和生态效益，并强调了推动绿色建筑议程向前发展的机遇和障碍，研究结果表明绿色建筑在减少能源消耗和二氧化碳（CO_2）排放、节省成本以及改善建筑使用者的健康状况方面可以产生巨大的收益，建议公共部门可以采取关键行动以加快绿色建筑数量的增长，包括技术援助、财政支持、政策改革等。Meron 和 Meir（2017）认为，绿色建筑的好处包括提高员工满意度和学生成绩，增加对公共卫生问题和其他公共福利的关注，他们还通过能源和水费对以色列首批 LEED 学校进行了成本效益分析。

综合上述文献分析发现，绿色建筑成本已经成为很多科研组织和学者研究的热点，主要集中在以下两个方面：①绿色建筑成本相较于传统建筑增量成本测算的理论基础和方法研究，包括节水、节能、节地等不同类型的绿色建筑关键技术的增量成本效益计算分析，在生命周期的每个阶段计算绿色建筑的增量成本。由于研究的目的、范围以及方法不同，研究结果存在较大的偏差。②绿色建筑的生命周期成本研究。生命周期成本的范围界定是研究的基础和前提，基于社会视角计算广义的绿色建筑生命周期成本已经成为学术界的共识，不同学者从生命周期的阶段、承担主体以及发生时间等角度分析绿色建筑生命周期成本的构成，提出多种估算生命周期成本的方法和思路。目前绿色建筑成本的分析计量主要是从经济成本、环境成本等方面考虑的，且其计算仍沿用传统的成本核算体系，按照单一分配标准（如机器工时或人工工时），将直接或间接建造成本分配到建筑物上。这一方法的主要问题是，由于建造成本的构成越来越复杂，单一分配方式必然造成成本计算的扭曲。另外，传统成本核算方法属事后成本计量，主要集中于对建筑已发生的成本进行核算，而并未进行充分的事前考虑，也并未对成本产生的原因进行充分考虑。从整体来看，现阶段，该领域的研究成果比较丰富，但是研究还不够深入，尚未形成系统的理论体系，因此，绿色建筑的成本计算迫切需要更准确与科学的成本理论和方法。

1.3.2　作业成本理论

作业成本法是一种成本计量方法，可以更准确地把间接成本和辅助成本分配给产品和服务。作业成本法由 Cooper 和 Kaplan（1988）首次提出，以“成本驱动因素”理论为依据，以“作业消耗资源、产品消耗作业”思想为基本指导思想，即第一阶段，依据资源成本动因将资源分配到作业，第二阶段，依据作业成本动因将作业分配到产品，从而通过追溯所有与产品生产相关的过程（或活动），准确地确定资源如何被消耗（Gupta and Galloway，2003），实现更准确的成本分配和成本管理控制。美国学者乔治 • 斯托布斯（George Staubus）在《作业成本计算与投入产出会计》中提出了“作业”“成本”等概念，我国余绪缨教授于 1984 年第一次介绍了乔治 •斯托布斯著作中的相关概念，自此中国学术界步入了探索作业成本法的新征程。20 世纪 90 年代以来，一大批学者（如陈良、王平心、潘飞等）发表了多篇介绍和论证作业成本法的理论基础和应用的文章，促进了作业成本法在国内企业中的普及与应用。

作业成本法目前已被广泛应用到企业运营管理研究中，研究的热点主要有以下几个方面。

第一，应用作业成本法解决可持续发展问题，如温室气体研究、碳排放限制问题、绿色建造项目等。Derigs 和 Illing（2013）以作业成本法为基础分析了欧盟碳排放权交易体系对不同类型的货运航空公司业务的影响，研究发现只有大幅度提高每配额成本，而跳过免费配额，才有可能减少二氧化碳的排放量；Absi 等（2013）利用数学编程模型和作业成本理论，提出并研究了周期性碳排放约束、滚动碳排放约束、累积碳排放约束和全球碳排放约束四种碳排放约束，研究表明使用动态规划算法可以最优地解决具有周期性碳排放的无能力约束的多阶段批量生产问题（multi-sourcing Uncapacitated Lost-Sizing problem with the Periodic Carbon emission constraint，ULS-PC）；Tsai 等（2014）使用数学规划方法，结合作业成本理论和生命周期理论，将碳排放成本及其他环境成本纳入绿色建筑成本核算中，通过成本驱动因素更准确地计量绿色建筑成本，用于环保建筑规划及投标；Hao 和 Guo（2012）利用作业成本法建立了基于业务流程的水工程成本核算模型，对水资源成本、水工程造价和水环境成本进行合理分配计量，正确评价水资源价值，以实现水资源的可持续发展；Wang 等（2017）利用作业成本法对可再生能源农作物秸秆的储存和运输成本进行分析与计量，通过提高秸秆工业化中的增值作业效率，优化秸秆流通与运营，有效降低生产运输成本，保护秸秆产业链的健康发展；Yang（2018）把作业成本法运用到绿色电力系统中，将每种类型的资源追踪到已识别的作业，该作业成为作业成本池中的一个成本要素，并根据功能或过程将相关作业组成作业中心。

第二，将作业成本法应用于企业预算控制，与企业长期预算、财务报告结合，具有特色的作业基础预算（activity-based budget，ABB）应运而生。潘飞和郭秀娟（2004）认为，作业基础预算可以将企业战略与日常经营活动联系起来，实现成本管理系统的纵向整合，同时，将业务循环预算的平衡和财务循环预算的平衡分开实现，以改善决策和绩效评估，并增加操作的灵活性；Vakilifard 等（2010）将作业基础预算用于评估绩效基础预算，以期有效实现绩效基础预算的目标，将预算流程、战略规划和绩效管理结合起来；Brimson 等（2015）认为，作业基础预算通过规划和控制组织预期活动，使得生产经营预算更具成本效益，可以改进企业活动和业务流程，是一种有效的组织运营决策工具；Hansen（2011）使用包含三个重要预算功能的模型研究了三种不同预算备选方案（滚动预算、作业成本预算和超越预算）对整个组织的影响，即预测、运营计划和绩效评估；刘娟（2017）认为，将作业基础预算应用于企业有利于提高其资产管理水平并能够增强企业的资产投资效益；胡浩（2018）构建了以价值为导向的作业预算模式，该模式将作业基础预算与价值链、经济增加值（economic value added，EVA）体系等相结合，以期改善“作业松弛”和“目标僵化”等问题。

第三，融合作业成本法与经济增加值，研究成本系统中各成本资源的消耗模式及成本系统计算的稳定性问题，改进杜邦分析体系，为企业经营决策提供更有效的财务信息。Huynh 等（2013）认为，作业成本-经济增加值法是一种非常有效的战略管理工具，这种方法将资本成本纳入企业成本计量，可以使管理人员从最低层面了解企业的财务状况和运营效率，了解真实和全部的成本以及为组织创造价值或破坏其资本的根本原因，从而改善业务绩效；Chen 等（2014）将作业成本-经济增加值法用于改进杜邦分析体系，建立了基于作业成本-经济增加值法的杜邦分析系统并确立了相关指标，进而将其应用于传统的盈利能力分析，其研究结果表明，改进后的系统可以减少会计原则的负面影响，客观地反映企业的经营绩效；Roztocki 和 Needy（2015）介绍了一种成本和绩效评估系统，该系统将作业成本法与经济增加值的财务绩效评估相结合，是用于管理成本和资本的管理支持工具，既包括资源消耗率（与传统的作业成本法一样），也包括资本需求，他们还讨论了在该系统中公司战略和业务绩效的可能变化；王力（2017）认为，作业成本-经济增加值成本模式应综合考虑企业行业、融资政策、产品生命周期、产品定价政策、会计核算系统完善程度等因素，企业在符合成本效益和重要性原则的前提下，如果需要采用作业成本-经济增加值成本模式，则在资本成本对产品成本有重大影响时可优先采用。

第四，创新性地提出时间驱动作业成本法（the time driven activity-based costing，TDABC），以快速响应企业生产、订单或资源变化，提高企业的管理效率。Kaplan 和 Anderson（2007）认为，时间驱动作业成本法可以将战略规划与运营预算联系起来，增强兼并和收购的尽职调查流程，同时时间驱动作业成本法可以有效估算各业务交易、产品或客户施加的资源需求，使得企业将时间资源用于解决时间驱动作业成本法揭示的问题，支持精益管理和基准测试等持续改进活动；Campanale 等（2014）将时间驱动作业成本法应用于公立医院的试点项目，并采用了干预研究方法，研究结果表明时间驱动作业成本法所产生的信息可以增强资源和信息的一致性，提高工作透明度，支持更好地组织工作和分配资源的决策；Zhuang 和 Chang（2017）提出了基于时间驱动作业成本法会计系统的混合整数规划（mixed integer programming，MIP）模型，该模型通过使用从资源到成本对象的时间驱动，并同时处理大量资源限制，可以获得全局最优决策，以支持产品组合决策；Stout 和 Propri（2011）介绍了时间驱动作业成本法在一家消费电子制造公司的两个成本中心的成本分配上的运用，指出该公司将作业成本法作为其成本会计系统的替代方法，能更好地估算销售回报率（return on sales ratio，ROS）和投资回报率（return on investment，ROI）。

1.3.3 生命周期理论

生命周期成本思想最早起源于价值分析法，该方法于 1947 年由美国通用电气公司的麦尔斯（L. D. Miles）提出，价值分析法是指以保持商品的特定性能为基础，使各项费用之和最小化的方法。1996 年，美国国防部便开始探究生命周期理论，并成功推广，自此生命周期理论在军事领域全面展开应用。随后，生命周期的应用范围延伸至民用领域，研究涉及多方面，主要在生命周期成本的分拆、估测、模型建立、校核和评价等方面展开。关于生命周期的国内研究始于 1980 年之后，1987 年由中国设备管理协会引入生命周期技术，直至 2000 年之后关于生命周期的各项探索才逐步增加（张丽，2005）。

有关生命周期成本法的定义方面，Fuller 和 Petersen（1996）将生命周期成本定义为一种经济方法，采用结构化方法来解决“项目”在给定的研究期间将所有潜在成本调整为反映货币的时间价值。Sartori 和 Hestnes（2007）在进行案例研究时提出，建筑物生命周期的界定是从建造到拆除，为扩大分析的范围还可以包括回收阶段，另外，还可以将分析范围扩大到纯能量核算范围以外，以便直接处理由建筑物及其运行造成的环境负荷。朱基木等（2004）通过研究指出，发电机组的生命周期成本主要包括六类，即初始投资成本、运营维护成本、计划停运成本、燃料成本、环境保护成本和处置成本，其中生命周期成本决策的最重要阶段为设计规划阶段；董士波（2003）提出了符合我国实际情况的生命周期下的工程造价管理系统框架，其中将造价管理分为抉择阶段、计划阶段、建设阶段、运行管理阶段；俞艳和田杰芳（2000）研究表明，建设成本主要包括勘察设计费用、施工建造费用，使用成本主要包括维修费用、能源消耗费用、管理费用等，而这两类成本正是建筑产品的生命周期成本的主要组成部分。

在生命周期成本法运用于建筑行业的研究方面，Bull（2014）认为，生命周期成本法是用于比较和优化建筑解决方案的工具，有助于了解材料选择、施工方法、运营绩效和财务影响；Bruce-Hyrkäs 等（2018）认为，对于建筑行业而言，运用生命周期成本法有两个主要驱动因素，即设计师可以通过采用生命周期成本法找到最具成本效益的解决方案，以及建筑业主在建筑物的整个生命周期内降低成本的可能性，这使得它们对租户更具吸引力；Bull 等（2014）通过分析英国 20 世纪四个不同时期 40 所学校的碳足迹（carbon footprint）和生命周期成本以比较建筑物和供暖设施节能改造效果，确定可行的热能改进措施；Eva Sterner（2000）调查了瑞典建筑行业客户使用生命周期成本估算的程度，提出生命周期的观点在设计阶段是最有用的，在这个阶段，与运行和维护相关的成本降低的可能性很大。生命周期成本可以为环境渐进式建筑提供动力，对于政府、客户/开发人员、专业人士来说，应考虑扩大生命周期成本的使用。李海峰（2011）从生命周期的角度研究了建筑物二氧化碳排放量的计算方法，并得出了整个生命周期中建筑物的碳排放量，后期运营使用阶段所占比例超过 77.81%，建筑材料生产过程中的碳排放量占到 17.72%，其中预制混凝土、钢筋、水泥占建材生产碳排放总量的 90%以上；黄志甲等（2011）提出住宅建筑的生命周期包括开采原料、生产运输建筑材料、建造建筑物、建筑物运行、建筑物后期维护和拆除，其中，建筑材料的生产和运输阶段的碳排放量占整个生命周期的 20.77%，日常使用阶段的碳排放量高达 72.26%。

关于建筑物生命周期的计算方面，Marszal 等（2012）提出建筑物的生命周期成本包括四种类型的成本，即投资、运营和维护（operations and maintenance, O&M）、更新以及拆除。投资、更新和拆除成本分别按照式（1-1）和式（1-2）计算，运营和维护成本每年进行计算。

$$\mathrm{PA} = \mathrm{PV} \times d / [1-(1+d)^{-n}] \tag{1-1}$$

$$\mathrm{PA} = \mathrm{PF} / (1+d)^{t} \times d / [1-(1+d)^{-n}] \tag{1-2}$$

其中，PA 表示年度经常性成本；PV 表示支付现值；PF 表示 t 年末的未来现金流量；d 表示实际利率；n 表示建筑物的生命周期。

Fuller 和 Petersen（1996）认为，生命周期成本可以用现值和年值来估计。第一种计算方法要求将来的所有成本都折现为现值等值；第二种方法考虑到货币的时间价值，在研究期间所有项目成本均匀分摊。

由此可见，目前我国对于生命周期的研究仍以定性分析为主，实际应用于建筑行业的研究较为欠缺；而国外对于生命周期的理论研究和实际应用都较为成熟，尤其关于生命周期的定量研究对于我国研究工作的开展有非常重要的借鉴意义。

1.3.4 绿色建筑成本效益

在绿色建筑经济问题研究方面，张丽（2007）将节能效益评价指标分为社会、经济和生态效益评价指标，在经济视角下，以经济激励政策的研究分析为主，而不是将其落实到对于微观经济学的分析。

在绿色建筑技术应用带来各类效益（经济效益、环境效益和社会效益）方面的研究也有很多，例如，Sartori 和 Hestnes（2007）认为，绿色建筑能够带来诸多利益，包括无形利益和有形利益两种，除此之外，所节约的资源和能源成本将会伴随着其价格的上涨而促使绿色建筑产生巨大的经济效益。Ries 等（2006）以新绿色植物为例，通过定量计算以分析绿色植物所带来的环境效益和经济效益，主要包括提高工作效率和人体健康水平，降低能耗、运行和维护成本。Kats 等（2003）认为，绿色建筑可以带来许多益处，如节约能源、降低废弃物排放量、提高室内环境水平、提高员工满意度和工作效率、降低健康成本、减少设备维护成本等。Kats 等（2003，2008）也试图量化健康和生产力成本的节约，对 30 所 LEED 学校的最新研究发现，这些节约成本占总成本节约的 50%。劳伦斯伯克利国家实验室的另一项研究认为，室内环境的改善使呼吸系统疾病减少了 9%—20%，过敏和哮喘减少了 18%—25%（Fisk，2000）。

在绿色建筑技术应用增量成本研究方面，通过对 33 栋绿色建筑和同类型传统建筑的成本进行比较研究，Kats 等（2003）发现，平均增量成本仅为 3—5 美元/$ft^2$①，平均成本增长率仅为 1.84%。通过收集 221 座建筑物（包括教学楼、实

① $1ft^2=9.290\ 304\times10^{-2}m^2$。

验室、图书馆、社区中心等）的建筑成本数据并比较单位建设成本，Morris 和 Matthiessen（2007）发现，无论绿色建筑是否通过 LEED 认证，即使是在相同类型的建筑成本之间的差异也很大，主要取决于房屋类型。Zhang 等（2011）研究了将绿色元素应用于开发房地产项目过程中的成本和障碍，他们发现被动设计策略相对于主动设计策略和主要障碍而言相对便宜，成本较高阻碍了绿色技术在中国的广泛应用。通过对参与绿色建筑认证标志的 18 个项目（包括公共绿色建筑项目 9 个和住宅绿色建筑项目 9 个）的增量成本进行统计分析，Sun 等（2009）发现，影响增量成本的主要因素包括 5 种，即可再生能源应用、节能围护结构、建筑智能化、室内环境控制、耗水量和雨水收集量，每种因素影响增量成本的贡献比例分别为 48.2%、23.2%、16.1%、7.5%、2.6%。Chen（2012）在分析绿色建筑的增量成本时，使用了“单位面积增量成本”和“增量成本比率”两个指标，一星级绿色建筑标识和二星级绿色建筑标识的单位面积增量成本分别为 6.01 美元/m^2 和 16.28 美元/m^2，而三星级绿色建筑标识的单位面积增量成本则为 35.48 美元/m^2。叶祖达等（2011）在对 9 个绿色建筑项目详细的成本研究基础上，发现项目平均增量成本为 126.1 元/m^2，并提出合理运用清洁技术和可再生的资源在很大程度上决定了绿色建筑的市场经济效率。李云舟等（2009）以广西南宁裕丰英伦小区为例，从建设阶段的绿色建筑成本结构入手，以设计优化等方法控制建筑物的增量成本，在确保良好生活体验的基础上，可以降低建筑物生命周期各个阶段的能耗水平，在建筑物的建造过程中最大化资源利用率，并缩短绿色建筑物增量成本的投资回收期。李菊和孙大明（2008）调查研究了国内 20 个住宅绿色建筑项目，其中，一星项目的单位面积增量成本为 36.60 元/m^2，二星项目的单位面积增量成本为 281.74 元/m^2，三星项目的单位面积增量成本为 302.70 元/m^2，三类星级项目的增量成本分别占总成本的比例是 3.05%、7.93%、10.84%。任继勤等（2019）分析了遗传算法相关理论与实践，并根据此算法构建了绿色建筑节能方案的增量成本最小化模型以及增量效益最大化模型，最后设计了节能方案。朱昭等（2018）采用净现值（net present value，NPV）指标构建经济模型，并使用价值工程分析绿色建筑增量成本与效益的关系，通过绿色建筑节能效用与费用的比值评价其经济性。

在绿色建筑技术应用的成本效益评价研究方面，Ries 等（2006）利用净现值、盈亏平衡期和效益费用比三个财务指标对新绿色工厂项目进行财务评估，表明投资新绿色工厂是正确的决策。Kats 等（2008）分析了美国 33 个州的 150 座传统和绿色建筑，得出绿色建筑的成本比传统建筑高出 4%，绿色建筑平均能耗减少 30%以上，20 年研究期内节省的能源、水、生产力和健康成本相对于绿色建筑支付的初始成本溢价 4—5 倍。Garcia 等（2017）研究表明如果基于最低成本方法选择技术和施工方法（即优先实施最便宜的绿色特征），从绿色建筑中获得的收益涵盖投资回收期内额外的前期成本，取决于预期的绿色水平[如 LEED 或集成墙面新标准（New Greenent Board Standard，NGBS）中的银或金]和项目类型。李静和田哲（2011）提出绿色建筑生命周期中的综合效益可以通过综合效益的净现值和增量成本效益比得到充分的体现，同时，经过研究构建了绿色建筑在整个生命周期中的增量成本效益模型，并通过案例分析得出绿色建筑具有经济可行性的结论。Khoshbakht 等（2017）认为由于估算中使用的方法不同，成本收益存在很大差异，并经过调查表明，绿色建筑成本效益评估有许多方法，但目前许多成本效益研究缺乏有效性和可靠性，且存在不同程度的偏差。叶祖达等（2011）研究表明，在考虑成本效益的情况下，每增加 1 元的节能增量成本，每年可节约电费 0.2—0.35 元，每增加 1 元的节水增量成本，每年可节省水费 0.15—0.48 元，从投资回收期的角度来看，一般项目单位增量成本节省的水费的静态回收期为 2—7 年，节电的静态回收期为 3—5 年。李菊和孙大明（2008）提出应当关注绿色建筑增量成本在后期带来的能源、费用节约的直接经济效益；建筑运营维护阶段的效益节约；以及减少污染排放、建立示范作用等社会效益、环境效益。曹申和董聪（2012）提出绿色建筑的成本效益应为购房者基于节约资源以及居住舒适性等预期对绿色建筑产生的支付意愿，增加政府提供的绿色建筑税收优惠及补贴，减去绿色建筑的各项增量成本。李向华（2007）研究了绿色建筑的成本效益构成，其中内部效果可采用经济财务评价等方法计算，具体包括绿色建筑投资回收价值、资源利用情况、增加绿化等，外部效果可以采用多种方式计算，即调查评估法、市场价值法、机会成本法等，来量化改善人类健康的效益、对小区环境有益的效益、社会效益等。王芳和王士革（2016）将视角面向建筑开发企业和使用者两个角度，基于生命周期理论，根据《绿色建筑评价标准》建立了绿色建筑成本效益计量模型，为双方做出决策提供了基础。

上述研究为本书研究的开展奠定了坚实的基础，现有绿色建筑的成本效益分析以经济效益分析为主，涉及环境及社会的成本效益分析很少，而且局限于理论探讨。未来的研究更倾向于生命周期成本和生命周期评价两种方法的整合以实现绿色建筑环境效益和经济效益的共赢，并且具有现实可操作性。

1.3.5 绿色建筑成本控制

在成本影响因素方面，Syphers 等（2003）提出了常见的成本影响因素：项目未建立一个清晰而全面的绿色设计目标；绿色建筑流程的分散管理；缺乏足够的时间来全面研究进入市场的所有绿色材料和技术；由于缺乏经验，尤其是调试过程的经验可能导致首个绿色建筑项目的设计和施工过程通常具有显著的学习曲线成本。Sood 等（2011）提出，建筑方向、使用低挥发性有机化合物材料、可持续的场地规划和管理、建筑废物管理、符合标准的创新设计将影响绿色建筑成本。Yusuf 等（2013）认为，控制绿色建筑成本的五大障碍是：缺乏明确的绿色设计目标；中途试图融入绿色；绿色建筑过程分散管理；缺乏绿色建筑的经验和知识；时间和资金不足。庞佳丽等（2018）提出，影响绿色办公建筑成本的最关键因素包括绿色建筑采用的设计技术、施工水平、面临的政策制度、项目定位情况、建筑材料与设备的价格以及项目所处的外部条件。钱经等（2017）提出，绿色建筑增量成本影响因素包括：地域因素；项目定位（项目理念、项目星级标准）；技术措施以及技术熟练程度；政府、建筑开发企业和消费者等绿色建筑相关利益主体行为；隐性因素（如相关知识的培训和管理）。宋章霞和陈琳（2017）通过研究，提出了驱动绿色建筑项目成本发生的七类关键因素，包括绿色建筑项目设计方案、绿色建筑标准、绿色建筑材料成本、绿色建筑准则规范、绿色建筑施工水平、绿色建筑技术的研发以及当地人文条件。

在成本控制策略方面，Syphers 等（2003）提出，应尽早开始并设定明确的绿色目标；编写明确描述绿色建筑要求的合同；选择具有协作流程、设计方案和绿色建筑价值工程经验的公司；从整体上看项目并使用集成设计流程；进行调试和能源建模。Dorgan 等（2002）认为，为所有新建筑项目整合整个建筑调试过程可能会给项目增加大量的前期成本，但在大多数情况下，调试过程的好处远远超过成本。Hu 和 Department（2016）提出基于博弈均衡的绿色建筑成本预测以实现项目成本的成本控制，通过模拟混凝土墙的热应力梯度边界值，得到成本与生产效率之间的关系函数，该模型可有效实现工程造价的预测和控制。常海霞

（2009）提出，在绿色建筑的成本管理控制中除了采取定量手段管理成本，还应考虑时间和人为因素造成的非传统的定量成本管理控制，绿色建筑成本管理控制可以分为决策、设计、招标以及签订合同、建造、运营维护、废除翻新这六个阶段。闫晶等（2013）提出，运用价值工程方法控制绿色建筑的成本，通过前期合理的设计规划并采用先进有效的技术，在保证建筑质量的基础上减少资源浪费降低环境负荷。

在成本控制管理策略方面，陈寿峰（2014）提出，绿色建筑在节能设备和新型材料方面的增量成本较大，结合项目设计选择合适的设备，与承包商和供应商进行合作，合作的承包商和供应商应具备较多的绿色建筑项目相关经验，以此为基础，保证绿色建筑能够充分满足认证标准。张洁（2018）认为，引入科学合理的施工技术和设备，能够更好地控制工期成本，而且科学合理的施工技术也能够为成本控制提供技术支持，并彰显对合同管理的高度重视。钱经等（2017）提出了绿色建筑成本控制对策包括使用被动式节约能源技术、利用技术实现精准化管理、构造集成成本管理体系以及完善绿色建筑相关的优惠激励制度。

1.3.6 绿色建筑项目管理

近年来，由于绿色实践对可持续发展的诸多好处，绿色建筑项目在建筑行业引起了广泛关注。但是，与绿色建筑成本研究相比，绿色建筑项目管理方面的研究相对比较少且不够深入。

在国外，一些学者进行了绿色建筑项目管理方面的研究。例如，Hwang 和 Tan（2012）研究显示，由于缺乏合适的管理框架，新加坡的绿色建筑开发面临着一些障碍，因此提出可以在未来的绿色建筑项目中通过引入可持续发展的思想来构建绿色建筑项目的管理框架。紧接着，Hwang 和 Wei（2013）分析了未来项目经理在实施绿色建筑项目时可能会面临的挑战，以及在识别绿色建筑项目管理过程中需要掌握的关键知识和技能，并提出应建立一套基础管理体系以帮助项目经理实行有效和可持续的项目管理。Wu 和 Sui（2010）认为，绿色建筑项目管理涉及理论和实践两个层面，建筑工程公司应当从这两个层面考虑如何满足绿色建筑项目的需求。Azizi 等（2014）研究发现，绿色建筑技术在项目运作阶段的效率并不高，为达到节能目标所采取的各项措施和实施效果也各不相同，由此他们认为，绿色建筑技术本身并不能保证高效的能源利用率，而对项目和设备的科学管理能够发挥十分重要的作用。Halil 等（2016）指出，绿色建筑项目的市场评估和经济可行性研究能够为利益相关者提供场地合理性、市场需求以及投资利润等信息，并据此做出决策判断。通常，备选的绿色建筑项目还需要根据需求报告修改目标和范围、设计概念、选择材料、景观设计以及自然环境等。Tsai 等（2014）以房地产企业投资利润最大化为目标，在运用作业成本法估算备选绿色建筑项目总成本的基础上，综合考虑直接材料的价格折扣、人工工时和机器工时的扩展以及碳税等多个因素，构建绿色建筑项目组合选择的整数规划模型，并结合案例进行计算和选择。

随着绿色建筑项目的推广，我国学者在绿色建筑项目管理方面的研究也取得了一定的进展。例如，薄卫彪和周明（2010）以绿色建筑项目管理的应用为例，探讨了不同建造管理模式的具体应用情况，分析得出目前绿色建筑发展得最恰当的管理模式是由业主与绿色专项咨询机构直接签订委托合同的项目管理承包（project management contract model，PMC）模式。郁勇等（2010）研究认为，在 PMC 模式下，绿色建筑项目的绩效评价需要在传统工程项目评价的基础上增加绿色需求相关的指标，构建关键绩效指标（key performance indicator，KPI）体系，包括进度、成本、质量以及绿色需求四个维度的指标，以此为基础，分析绿色建筑项目绩效管理的步骤、内涵和一般流程。陈珏（2016）详细剖析了不同类型绿色建筑项目工程管理的难点，并有针对性地提出了管理措施，包括“绿色总包”模式以及加强目标控制和过程控制这两种途径。张金玉（2012）分析了目前绿色建筑项目成本管理中面临的问题，提出应在项目方案比选时增加建筑节能以及建筑环境经济性评价指标的权重，以提高项目决策水平。何小雨等（2016）构建了绿色建筑评价体系，为使所构建的体系更加符合逻辑，其使用了群层次分析法和证据推理法，且从体系中找出其存在的问题并进行改进。杜泓翰（2019）提出了生命周期项目管理的重要性，因而其认为绿色建筑应按照生命周期模式进行管理，并提出需要从理论、实践推广和技术驱动三个层面进行绿色建筑项目管理。国务院发展研究中心和世界银行联合课题组等（2014）在研究中提出建立有利于加强协调、降低能耗投资成本的管理机制，帮助城市政府在实践中运用低碳原则，发展绿色建筑项目。

由此可以看出，绿色建筑项目管理方面的研究还很薄弱，偏向于单一绿色建筑项目管理模式的初步探讨，而能够连接企业战略目标和项目实施的绿色建筑项目组合管理的研究更是欠缺，亟须具有实践指导意义的绿色建筑项目组合选择的决策机制和管理体系的相关研究。

相关理论分析

绿色建筑是一个非常复杂且庞大的系统工程，所以绿色建筑的相关研究会涉及许多学科领域的知识。本章将分析绿色建筑成本研究相关的基础理论，首先介绍绿色建筑概念、绿色施工理念、绿色建筑特征、绿色建筑与传统建筑的差异，其次分析作业成本理论，介绍其内涵、成本系统设计及核算流程、作业成本估算、特点及优越性和局限性，分析环境成本相关的理论，包括碳排放理论、可持续发展理论，以及社会成本相关理论中的交易成本理论、资本成本理论，并阐述其概念及计量方法，然后进行生命周期及成本效益分析的相关理论阐述，生命周期相关理论包括生命周期成本理论、循环经济理论和生态经济理论，成本效益分析的相关理论与方法包括效用理论、边际分析理论、外部性理论、增量成本与增量效益、净现值法以及层次分析法，最后阐述项目组合管理的概念、意义及项目组合选择的流程，为后续研究奠定理论和方法基础。

2.1　绿色建筑概述

2.1.1　绿色建筑的概念

20 世纪 60 年代，“生态建筑”理念第一次被提出，直至 70 年代，突然而至的石油危机对节能建筑体系的发展起到了推动作用，其可以看作是建筑发展的开端。随着可持续发展理念的进一步确立，“绿色建筑”这一概念由联合国环境与发展会议在 1992 年首次明确提出。从此，绿色建筑成为世界建筑发展的重要方向。

关于绿色建筑的概念，许多科研机构和专家学者从不同的角度进行诠释。建设部于 2006 年颁布了《绿色建筑评价标准》（GB/50378—2006），将绿色建筑定义为：在建筑的生命周期内，最大限度地节约资源（节能、节地、节水、节材）、保护环境和减少污染，为人们提供健康、舒适和高效的使用空间，与自然和谐共生的建筑。2014 年，住房和城乡建设部对于该标准中的部分内容和条目进行修订和补充，而绿色建筑的内涵一直沿用至今，得到普遍的认可和接受（中华人民共和国住房和城乡建设部和中华人民共和国国家质量监督检验检疫总局，2014）。美国国家环境保护局认为绿色建筑是“从建筑物选址、设计、施工、运营、管理、更新到拆卸的生命周期使用过程中都最大限度地节约资源和对环境负责”（U. S. Environmental Protection Agency，2009），该定义从生命周期的角度出发，充分考虑了有限资源的充分利用和与相关环境的和平共处。英国皇家特许测量师协会则将绿色建筑定义为“有效使用资源、减少废弃物排放，并能提供良好的室内空气及其他环境的建筑”，强调绿色建筑对环境保护的重要性。虽然国内外目前对绿色建筑的定义尚未达成普遍共识，但基本都认同绿色建筑应具备以下三个内容：对有限资源的充分利用、创造适宜居住的生活环境以及与环境友好共处。

根据《绿色建筑评价标准》的定义可知，绿色建筑的界定是以性能表现而不是技术措施作为衡量标准的，其不等于绿化率较高的建筑。因此，绿色建筑并不一定意味着大量的绿化面积或者复杂的高新技术的堆砌，其核心是通过采用环保材料、绿色建筑技术，利用自然条件等方式达到降低建筑物在生命周期内的资源和能源消耗，保护自然生态系统的目的。而这一切不能降低使用功能，即保证室内居住的舒适性以及室外环境质量，为居住者创造健康适宜的生活工作环境，实现人类、生态环境和社会三者协调发展的终极目标。

如图 2-1 所示，绿色建筑的设计目标主要体现在经济、社会、环境三个方面。经济目标为在建筑的生命周期，协调经济发展需求与生态环境保护之间的矛盾；社会目标是融合人类的心理、文化、社会需求和环境目标，构建和谐健康的新生态文化；环境目标则是利用新技术，提高资源利用率，减少耗用传统动力能源，减小建筑对环境的影响，将其控制在生态可承载力水平内，实现人居环境与自然环境的和谐发展（刘抚英等，2013）。绿色建筑的特点包括：提高能源利用效率、减少污染排放、实现废弃物循环利用、延长建筑物周期；在保证人类健康和居住舒适度的条件下尽可能地改善环境、节约能源；从最初决策计划阶段的选址到施工建设阶段，都要根据当地实际情况，针对每个项目选择最适合的方案；绿色建筑要综合考虑经济、环境、气候、社会等多项因素，实现投资成本与后期效益的统一。

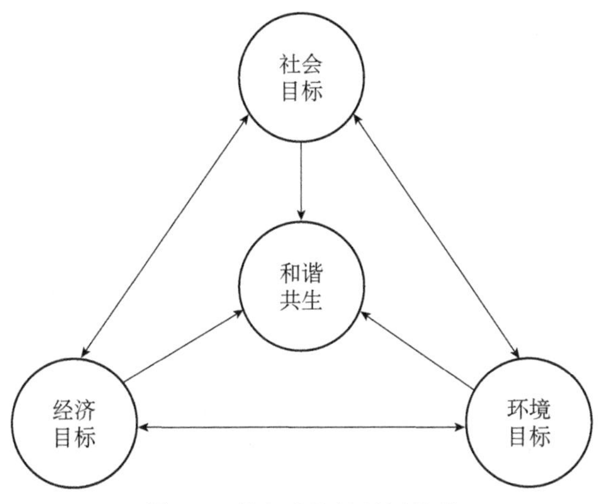

图 2-1 绿色建筑的目标体系

为了使绿色建筑的实施有切实可操作性，不同国家先后根据本国实际情况，建立了绿色建筑评价体系，目前广泛应用的主要有：英国的评价体系英国建筑研究院环境评估方法（Building Research Establishment Environmental Assessment Method，BREEAM）、法国的评价体系（Evaluation des établissements dénseignement supérieur et de recherche，ESCALE）、美国的评价体系 LEED、日本的评价体系综合质量性能评价系统（Comprehensive Assessment system for Building Environmental Efficiency，CASBEE）、德国的生态导则（Leitlinien füreine Nachhaltige Bun desverwaltung，LNB）、澳大利亚的建筑环境评价体系（National Australian Built Environment Rating System，NABERS）以及我国的《绿色建筑评价标准》等，这些评价体系均由早期的定性评估转为定量评估，并从单一的性能评价指标转为经济、技术性能、环境的综合评价指标体系。

建设部推出的《绿色建筑评价标准》，用于评价宾馆、商场、办公建筑等住宅建筑和公共建筑。根据《绿色建筑评价标准》，绿色建筑是指在生命周期内，建筑物应最大限度地提高资源利用率、减少对环境的危害、提高人们居住舒适度，其实际上是一种环境友好型的建筑。绿色建筑在最初的决策、计划阶段就充分考虑了社会和环境因素，在建设施工过程中大幅度减少对环境造成的不良影响，在运行阶段为居住者提供更加健康、适宜、节能的条件，拆除后通过循环再利用进一步降低对环境的危害。《绿色建筑评价标准》要求绿色建筑的建设应对规划、设计、施工及竣工阶段进行全过程控制，严格遵循绿色施工标准。绿色建筑评价指标体系一般由六种指标组成，即节地与室外环境、节材与材料资源利用、节能与能源利用、节水与水资源利用、室内环境质量和运营管理（中华人民共和国住房和城乡建设部和中华人民共和国国家质量监督检验检疫总局，2014），绿色建筑根据控制项、一般项、优选项的程度，划分为一星级、二星级、三星级建筑，各地方可以根据建筑所在地区、气候与建筑类型等特点，选择一般项和优选项数，来建立相应等级的绿色建筑。

2.1.2 绿色施工理念

我国这几年全力倡导绿色建筑，使其得以实现的基本保证是：以绿色施工为重点，借助一些设计手段以实现绿色建筑的基本要求，绿色施工与绿色建筑是两个不同的概念，绿色施工是绿色建筑的核心理念（王有为，2008)。《绿色施工导则》是建设部于 2007 年推出的，用于指导建筑工程的绿色施工。该导则指出，绿色施工是指工程建设中，在保证质量、安全等基本要求的前提下，通过科学管理和技术进步，最大限度地节约资源与减少负面环境影响的施工活动，实现四节一环保（节能、节地、节水、节材和环境保护）（建设部，2007)。绿色建筑强调在建筑物的生命周期中实现资源的有效利用和环境保护，而在规划、设计、施工、运营及拆卸的生命周期中，施工阶段是资源耗用、环境影响最大的模块，是绿色建筑的重要组成部分，绿色施工秉承着绿色建筑“四节一环保”的理念，是实现绿色建筑的核心所在。

绿色施工重在绿色建筑整体方案的优化，工程施工作为绿色建筑工程项目最核心的阶段，其绿色施工方案决定了建筑工程项目能否达到绿色建筑评价标准，并保证绿色建筑在施工和使用阶段都可以实现“四节一环保”。绿色施工指标体系由六个方面组成，即环境保护、施工管理、节地与施工用地保护、节水与水资源利用、节材与材料资源利用、节能与能源利用，与绿色建筑评价标准交相呼应，并使用定性与定量相结合的评价标准，提高标准的可操作性，重点在于在这六个方面推行绿色施工的新技术、新设备、新材料与新工艺，改变原有建筑工程粗放型施工，追求资源的有效利用和环境的有效保护，具体施工要点及措施如表 2-1 所示。

表 2-1 绿色施工导则

基本要求	施工要点	具体措施举例
施工管理	组织管理	完善绿色施工组织机构的搭建，制定绿色施工管理制度等
	规划管理	在建筑工程规划阶段，编制绿色施工方案及工程预算
	实施管理	实施动态管理，定期对员工进行绿色施工培训、施工检查
	评价管理	成立专家评估小组，对绿色施工效果、方案等进行评价
	人员安全与健康管理	施工现场建立卫生急救、保健防疫制度
环境保护	扬尘控制	施工出口设置洗车槽，对易产生扬尘的堆放材料采取覆盖措施
	噪声与振动控制	实时监控噪声
	光污染控制	夜间室外照明灯加设灯罩，电焊作业采取遮挡措施
	水污染控制	针对不同的污水，设置相应的处理设施，如沉淀池、隔油池
	土壤保护	设置地表排水系统、稳定斜坡、植被覆盖
	建筑垃圾控制	建筑垃圾的再利用和回收率达到30%
	地下文物和资源保护	勘查地下自然资源和相关文物的存在情况，以进行保护
节材与材料资源利用	节材措施	保证建筑材料和设备来源于施工现场周围生产场所的比例
	结构材料	采用高强度钢筋、商品混凝土等，并实现专业加工
	围护材料	围护结构选用耐候性及耐久性良好的材料
	装饰装修材料	采用非木质的新材料或人造板材代替木质板材
	周转材料	选用耐用、维护与拆卸方便的周转材料和机具
节水与水资源利用	提高用水效率	现场机具、设备、车辆冲洗用水设立循环用水装置
	非传统水源利用	建立雨水收集利用系统
	用水安全	推出有效的卫生保障与水质检测措施
节能与能源利用	节能措施	充分利用可再生能源，使用高能效、环保的设备
	机械设备与机具	合理安排工序，提高各种机械的使用率和满载率
	生活及办公临时设施	临时设施采用节能材料，墙体、屋面使用隔热性能好的材料
	施工用电及照明	采用声控、光控等节能照明灯具
节地与施工用地保护	临时用地指标	临时建筑设计合理，有效减少用地面积
	临时用地保护	利用和保护施工用地范围内原有绿色植被
	施工总平面布置	施工现场道路按照永久道路和临时道路相结合的原则布置

资料来源：Kats G. 2003. The Costs and Financial Benefits of Green Buildings：A Report to California's Sustainable Building Task Force。

2.1.3 绿色建筑设计原则

绿色建筑设计是指在建筑设计中实施低碳环保的理念，加入自然资源保护和人与自然和谐相处的概念，并改善建筑设计方案，实现人与自然和谐共生。绿色建筑设计主要包括绿色规划、绿色设计和环保材料等方面。

目前国内外还未对绿色建筑的定义达成统一的标准，但都认同绿色建筑具有以下特点：减少对能源消耗的负荷；创建更适宜人类居住的生活环境；对生态环境更加友好。绿色建筑设计原则包括资源利用的3R原则、环境友好原则以及地域性原则三项。

2.1.3.1 资源利用的3R原则

节约能源必须作为绿色建筑设计的重点。为提高绿色建筑的整体性能，建立合理的节能体系，要优选建筑材料，最佳选择是节能材料。绿色建筑在建设和运行使用阶段将涉及土地、材料、水以及各项能源等。3R原则包括再利用（reuse）、再循环（recycle）以及减量化（reduce）。

（1）再利用：强调过程控制，是指中间产品反复利用的过程性方法，即尽量增加使用资源或者产品的次数和方式。再利用原则要求在绿色建筑生命周期中最大限度地提高各项资源的利用率，尽可能以多种方式使用建筑材料和相关设备，并提高使用次数。

（2）再循环：强调末端控制，是一种废弃物资源化的终端方法，即将废弃物品视为原材料，在工厂中生产新产品。再循环原则要求在选用建筑材料时，尽可能选用可再生的，在建筑生命周期结束时可以回收相关原料进行循环利用，所释放的废弃物能够自行进行分解和消化。

（3）减量化：强调源头减量，是指减少经济活动来源的稀缺资源投入和废物污染物输出的方法，即通过适当的方法和手段尽可能减少废物产生和污染排放的过程。减量化原则要求合理利用建筑在建设期间所需要的土地、材料、水以及各项能源，减少运行使用阶段各项资源的消耗量，减少环境污染，高效利用资源。

2.1.3.2 环境友好原则

绿色建筑又名环境友好型建筑，自出现以来，绿色建筑便逐渐受到建筑师的追捧，并影响人们的生活，在绿色建筑设计理念中，环境保护是重中之重，应对项目及周围环境进行详细分析，并分类整理各种施工技术，综合考虑施工的不利影响。

（1）室内环境品质：不仅考虑建筑提供的基本功能，还要兼顾居住者的生理以及心理需求，努力创造宜人的室内环境，打造更优于传统建筑的居住场所。

（2）室外环境品质：应努力打造阳光充沛、空气清新、无噪声影响，以及具有较高绿化率的广阔的户外场地，给居住者提供良好的活动场所，以及有美好环境的健康安全的居住条件。

（3）周围环境影响：尽量使用二次能源或清洁能源，从而减少能源排放对环境的污染；同时，在早期规划阶段应充分考虑对能源资料的合理利用，提高废料的回收效率，并以对环境更加友好的方式处理废弃物。

2.1.3.3 地域性原则

地域性原则不是为了人类需求而强行改变自然条件，而是在自然因素的基础上，结合人类的需求进行建筑设计。该原则需要注意与当地自然环境相结合，充分调研分析建设项目当地的天然地形、光线、水源、风和植物等，针对不同项目融入当地特色的自然因素，将自然环境中的有利因素与建筑设计进行结合，实现人与自然和谐共处的友好关系。

对于当地材料的使用，包括植物和建材，建筑设计师应最大限度地保护和高效利用当地特色物种，并且使用本土的建筑材料，这可以减少材料在运输过程中的能源消耗和对环境的污染。

2.1.4 绿色建筑特征

新兴产业的发展离不开外部环境的帮助，绿色建筑的促进和发展必定也离不开所有参与者的支持。在首届国际智能与绿色建筑技术研讨会上，仇保兴（2005）曾详细分析过绿色建筑与普通建筑之间的区别，包括以下几点。

一是绿色建筑室内与室外是相互联系的，采取有效的连接方式对内部环境进行调节以自行适应变化。其结构布局健康、舒适且十分合理，并且良好的采光和通风系统也是其特点之一，绿色建筑对气候具有较强的自我调节功能，能够为住户创造出更加宜人的居住环境。

二是绿色建筑基于当地气候、资源及社会条件，针对不同的项目选择最适宜当地项目的施工方案。其强调建筑物的地域性特征和与自然融为一体的建筑理念和风格。建筑物随当地各种条件的不同而呈现出不同的建筑美，给人浑然一体的感觉。

三是可以将绿色建筑整体看成一种资源，其遵循循环发展的原则，力争在对资源和环境造成最小影响的基础上，获得最大的效益。

四是绿色建筑重视人与环境的关系，绿色建筑崇尚的是不以牺牲大自然为代价而发展。绿色建筑的土壤应该达标，不能存在有毒、有害物质，并且需要地温适宜，地下水也应达到纯净的要求，其崇尚开辟绿地，尽量减少生态和资源为此付出的代价。

五是绿色建筑切合“四节一环保”的标准，通过采用可再生的材料能源以及前期设计达到节约土地、节约材料、节省能耗、节约水资源以及保护环境的目标。

六是绿色建筑在整个生命周期内的各个阶段均坚持绿色原则，强调全局观，不仅减少对环境的破坏，更能主动提供维护环境的多种可能性，为人类提供更加健康宜人的居住条件。

因此，绿色建筑所谓的绿色，是指在不损害环境的前提下，对自然资源进行充分利用，实现人与自然和谐相处。绿色建筑采用了经济、健康、资源和环境的综合思想，以减少消耗资源为前提，采取增加资源利用率的方法，保证了居住环境的健康、舒适和安全，从而达到绿色建筑的目标——“人与自然和谐统一”。随着绿色建筑的发展，应该形成以点带面的理念，节约资源，坚持可持续发展，从每座建筑物、每个社区、每个城市做起，在“绿色建筑”的基础上，逐渐上升到“绿色社区”和“绿色城市”的水平，最终实现建筑、城市与环境的融合。

我国从 2006 年开始实施绿色建筑评价标识制度，随着制度的逐渐建立，绿色建筑在我国迎来迅速发展。2006 年以来，获得绿色建筑评价标识项目的数量越来越多，截止到 2017 年底，全国绿色建筑数量已经累计达到了 11 250 个左右，面积也增长到了 13 亿 m^2（赵鹏，2018）。随着可持续发展观念的逐渐普及以及绿色环保理念在全国范围内的提倡，我国绿色建筑行业具有很大的发展空间。

2.1.5　绿色建筑与传统建筑的区别

传统建筑与不节能建筑并不是一个概念。从狭义上来看，传统建筑是指取代了自然的和不可持续的建筑，它是由工业文明创造的。从广义上来看，传统建筑的概念更加宽泛，其应该具备一个时代的特征。回顾人类发展的历史，我们可以看到人类的生活居住条件总体上经历了以下五个阶段：依赖自然、利用自然、替代自然、辅助自然和共生自然。

工业革命创造了如空调、电灯等的众多可以替代自然的工具，这些工具可以模拟自然来满足人们的居住需求，但是存在巨大的危害，即会消耗大量的资源。辅助自然主要指的是对于自然环境，人类不只是具有依赖性，而是在缺乏一定自然条件的情况下，以技术手段来满足人类的日常生活需求。共生自然指的是人类在不超过环境承载能力的境况下最大限度地利用自然和创造适宜环境，在建造标准相同的情况下，保持其余条件的一致性。以上三个阶段的成本从高到低依次是：替代自然、辅助自然、共生自然。

绿色建筑属于新型的节能环保建筑。与传统的建筑物相比，其从设计理念到建造目标等许多方面都存在比较大的差异，具体表现如下。

（1）在结构设计与建造模式方面。绿色建筑在设计之初就注重建筑物和生态环境的联通，根据建筑物当地的具体情况，包括气候条件、地理环境、文化传统等因素，因地制宜、因势取材地建造具有地域文化特色的建筑物，因此，绿色建筑往往和自然融为一体，独具鲜明的特色。传统建筑物的设计将建筑物和环境相隔离，没有充分考虑它们内在的相互作用，建造的过程一般是采用标准化、产业化的模式，虽然有效地推动了建造进程，然而雷同甚至千篇一律的建筑形式不利于发挥地域优势，降低能耗和环境负荷。

（2）在能源消耗与环境影响方面。绿色建筑通过采用环保的建筑材料以及合理的绿色建筑技术等方式，能够显著地降低建筑物在整个生命周期内包括规划设计、施工建造、运营维护、拆除填埋等过程中的资源和能源消耗量，从而降低建筑物产生的环境负荷。传统的建筑物主要目的是满足用户的使用功能需求，很少考虑甚至忽略建筑物的能源消耗情况以及对周围环境造成的污染。现阶段，比较常用的绿色建筑技术多达几十种，表 2-2 列举了几种比较典型的绿色建筑技术体系。

（3）在效益方面。如前所述，绿色建筑没有片面地追求经济效益，而是将环境效益和社会效益全面考虑在内，致力于实现综合效益的最大化。传统的建筑物仅强调经济性和使用功能，相对而言，这种方式还不够科学，也不符合时代发展潮流。

除此之外，与传统建筑物相比，绿色建筑在建造初期往往需要花费较高的成本，但是其运营维护阶段的资源和能源消耗成本相对更低，以此实现生命周期内的总成本和环境影响最小。这种模式导致绿色建筑各参与方的利益分配方式会有所变化，需要包括政府、建筑企业以及业主在内的利益相关者进行有效的沟通并制定出科学合理的利益分配机制以推进绿色建筑行业快速健康发展。

表 2-2　常用的绿色建筑技术体系及其内容

绿色建筑技术	详细内容
透水地面设计	采用透水铺装技术收集雨水、补充地下水以及净化污水，以此实现路面无积水，地面无扬尘
土建装修一体化	可以最大限度地提高建筑材料的使用效率、土建结构与装修设计的兼容性，能够有效地避免在装修过程中对既有建筑的破坏，从而在保证结构安全性的同时减少建筑材料的消耗和浪费，降低了土建装修成本
太阳能热水系统	采用专用设备收集光能并将之充分地转化为热能，能够为居民生活用水提供稳定的来源，降低了不可再生能源的消耗
绿色照明系统	采用高效长寿的照明电气设备，通过声光控制等措施，最大限度地实现照明系统的安全、舒适和环保性
高效能暖通设备系统	通过太阳辐射暖通节能、优化建筑物的结构和材料等方式降低采暖、通风及空调设备的能源消耗和环境污染

2.2　作业成本理论

2.2.1　作业成本理论概述

作业、作业会计、作业账户等概念第一次出现在 1952 年的《会计师词典》中，该词典由美国杰出会计大师埃里克·科勒（Eric Kohler）教授编著。随后，《作业成本计算和投入产出会计》一书于 1971 年出版，在该书中，乔治·斯托布斯深入全面地探讨了作业投入产出系统、作业会计等概念。1988 年，在借鉴斯托布斯的思想后，库伯（R. Cooper）和卡普兰（R. Kaplan）正式提出作业成本法，从此作业成本法受到了会计界的广泛关注，作业成本法开始被推广应用到企业的成本管理系统中。随着企业的制造环境、管理思想和生产模式等方面发生转变，这种先进的成本核算思想才开始引起学者的广泛关注和重视。经过几十年的理论发展和实践应用，逐渐形成比较完善的作业成本计算管理体系，该方法也凭借其在企业管理中的卓越贡献被誉为 20 世纪管理会计最重要的创新之一。

乔治·斯托布斯的“作业”“成本”“作业会计”等概念在 1984 年首次被余

绪缨教授引用，从此打开了中国研究作业成本法的大门。20 世纪 90 年代以来，一大批学者，包括陈良、王平心、潘飞等发表了多篇文章就作业成本的理论基础和应用进行了介绍和论证，推动了作业成本法在国内企业的广泛应用。

作业成本法以作业为间接费用的归集对象，是一种基于作业的成本计算方法。作业成本法是一种间接费用的分配方法，它通过确认和计量资源动因，将资源费用归集到作业当中，再通过确认和计量作业动因，将作业成本归集到产品或顾客当中。由此可以看出，作业成本计算以“成本驱动因素”为基础，以作业为核心，并且认为“作业消耗资源、产品消耗作业”，以此将资源与成本核算对象科学、合理地联系起来，实现了产品成本在新的制造环境下更准确地归集与分配。

在作业成本法下，多样化的成本动因作为企业间分配的依据取代了单一的分配标准，因此，出现了几个新的概念，包括资源、作业、成本动因、作业中心、作业链以及价值链。

2.2.1.1 资源

资源在成本核算中处于最原始的地位，是成本产生的源泉。所有支持企业生产经营的有形和无形的物质都是资源，它们是企业正常运转的基础，在成本核算过程中，资源处于起点位置，而在成本管理过程中，控制资源消耗是最终目标。企业的资源种类繁多，包括直接材料、厂房机器、发明专利、设备燃料等。

2.2.1.2 作业

作业是作业成本法的核算基础，是成本分配和计算的媒介。作业是指企业生产经营过程中能够实现某种特定功能的具体经济活动，显然，作业可量化且与企业整个生产经营的各个环节都息息相关。企业所有的经营活动都可以划分为不同类型的作业，即作业就是企业所有部门和组织重复进行的活动和任务，如企业的采购活动、产品的加工活动。一项作业的形式可以是具体的，也可以是一类活动，例如，建筑施工过程中的基坑放线、降水处理、基坑支护、土方开挖作业都可以统称为地基工程作业，若干个具有相关性的作业组成的集合即为作业成本库或作业中心。任何一项作业的进行都需要耗费相应的资源，资源主要指耗费的材料、人工、能源、机械设备等，作业成本的形成，是将资源作为成本分配到作业中，而产品成本的形成，是将消耗的作业作为成本分配到产品中，因此作业成为连接资源和产品的纽带。

作业是作业成本法下的新概念。从广义方面来看，作业是指贯穿生产经营全过程的全部相关经济活动。在所有的经济活动当中，如果该经济活动能够创造出相应的附加价值，则该经济活动就是增值作业，反之，该经济活动就是非增值作业。从管理的角度来讲，我们要尽可能剔除非增值作业。作业成本法下的作业是狭义的作业，即可以产生附加价值，并会发生成本的经济活动。作业按层次进行划分，可以具体划分为以下四种。

（1）单位级作业，是作业当中的最底层作业，其指的是分项工程或中间产品直接受益的作业。每单位产品至少需要执行一次这样的作业，故其具有重复性，如机器工时、直接人工、直接材料等。单位级作业成本是直接成本，经常与工程数量、工程进度成正比例变动。其可以追溯到每个单位产品上，即直接计入成本对象的成本计算单。

（2）批次级作业，是指可以按标准的方式组织施工或管理的作业。常规施工和管理的作业会出现在每一项工程之中，而这类作业的流程、工序、工艺以及管理方法都可以实现标准化。材料采购、存储和运输、测试试验成本等都属于这一类作业。其会产生共同成本，因此在分配时要选取合理的成本动因。

（3）产品级作业，指整个产品都受益的作业。产品级作业是一系列的活动，这些活动是为了实现项目质量、造价等要求，是在满足项目施工合同约定和技术规范的前提下进行的。新的工艺技术、成本核算、编制施工组织设计等都属于这一类活动。这类的作业成本比较独立，能够追溯到具体的产品。

（4）生产维持级作业，指使某个机构或者某个部门受益的作业，它与产品的种类和某种产品的多少无关。如工厂安保、维修、行政管理等，它们是为了维护生产能力而进行的作业。

2.2.1.3 成本动因

成本动因是作业成本法创造的新概念，又称为成本驱动因素。简单地说，它是指诱导成本发生的根本原因，具有隐蔽性、相关性以及可计量性的特征。在作业成本计算和管理过程中，选择成本动因是一件十分困难的事情，往往需要企业的管理、技术以及财务等人员通力合作，在明晰企业生产和管理业务流程的基础上，审慎选取具有代表性、重要性并且简单易行的成本动因。

成本动因是接连资源、作业以及成本计算对象的桥梁，我们可以按照成本动因在成本核算中的地位，将其分为两类，即资源成本动因和作业成本动因。

（1）资源成本动因。资源成本动因是驱动作业成本增加的核心因素，是连接企业资源和作业的纽带，对一项作业的资源消耗做出衡量。在作业成本核算的第一个阶段，以作业的资源成本动因为基础，分配耗用的资源成本。例如建筑工程中的排水系统安装作业，需要耗用水管材料、人力、电钻、电能等多种资源，是成本分配的对象，其成本就是耗用的各种资源，耗用的水管材料、人力可以直接计入安装作业成本，但是电钻的折旧和电能则需要根据设备工时和耗电量来进行分配，即设备工时和耗电量是该作业的资源成本动因。

（2）作业成本动因。作业成本动因是指最终产品或服务消耗作业的原因和方式，是产品或服务成本增加的核心因素，其能够衡量产品的作业消耗量。在作业成本核算的第二个阶段，作业成本可以根据作业成本动因分配到相应的产品，从而构成产品的总成本。例如，建筑工程小区总项目建设中的一栋住宅楼项目，需要耗费地基工程作业、桩基工程作业、模板工程作业、混凝土工程作业等多种作业，住宅楼项目为成本分配的对象，混凝土工程等各种作业则构成了住宅楼项目的成本，根据混凝土耗用的重量可以将混凝土工程作业的成本分配到该住宅楼项目，即混凝土的重量是该住宅楼项目的作业成本动因。

2.2.1.4 作业中心

作业中心也称为作业成本库，指负责完成特定产品功能的一系列作业的集合。在企业生产经营过程的作业成本核算中，如果将识别出的每一个作业都独立地设立一个作业成本库，虽然可以提供非常准确而详细的成本信息，但是成本核算与管理的工作量会呈现出几何式增长，相关费用支出随之大幅提高，由此可能违背成本效益原则。为此，通常将具有相同作业动因（同质作业）的作业合并形成作业中心以提高成本核算和管理的效率。

2.2.1.5 作业链与价值链

现代企业的本质是多项作业的集合体，其旨在满足客户需求。作业链是由一系列相互关联的作业组成的链。这些作业通过消耗资源并将产出传递给下一个作业的方式彼此联系，环环相扣。在这个过程中，产出的价值会随之增加，从而形成价值链，因此，价值链的本质就是组成作业链的活动产生价值的表现。

从相关概念的定义以及它们的关系中，我们可以看出作业成本计算有两个步骤：首先，资源成本通过资源动因分配到作业；其次，作业成本通过作业动因分配到成本对象。该方法以作业为桥梁、成本动因为理论基础，实现了成本更准确的核算。

2.2.2 作业成本系统设计及核算流程

作业成本法以成本动因理论为基础。随着科技水平的不断提高，现代企业也拥有了更为先进的自动化水平，与之相对应的是总成本中制造费用的比例显著增长，其中大部分制造费用的发生和产品产量并没有直接的线性相关关系，而是受复杂多样的作业动因驱动，基于此，作业成本法重点研究成本发生的驱动因素，并以此为基础进行成本核算管理。

作业成本法以“作业消耗资源、产品消耗作业”为指导思想。该方法将资源成本分别运用多元化的资源动因和作业动因分配到成本计算对象中，其计算的基本原理如图 2-2 所示。

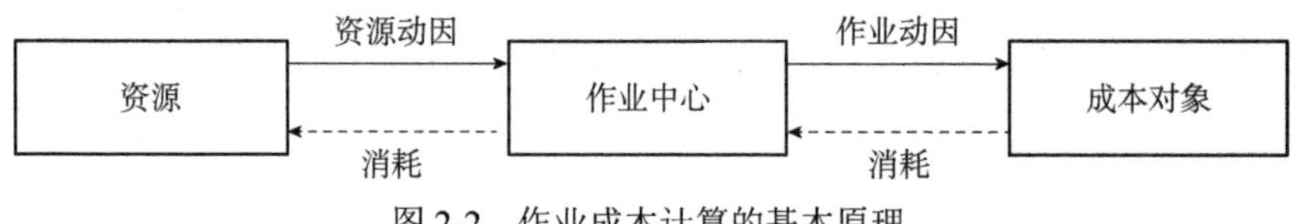

图 2-2　作业成本计算的基本原理

比较发现，作业成本法和传统的成本计算方法在间接成本分配的思路和方法上有着本质的区别，主要表现在：在传统方法下，成本费用是以部门为单位进行归集的，采用单一的与产量相关的标准进行分配，其核心是产品；作业成本法是以作业或作业中心为单位归集费用的，其成本分配的依据是多元的资源动因和成本动因，其核心是作业；另外，作业成本法和传统的成本计算方法在适用环境、成本核算范围、核算对象、成本信息等许多方面都不尽相同。

作业成本法使成本的计算和管理深入到产品的具体生产制造环节，即作业层次，有利于从根源上发现并解决问题，对于企业价值链的优化、战略目标的实现有重大影响。

根据上述理论分析，在作业成本法下，把企业的间接费用分配到成本计算对象中需要以下两个步骤：首先，通过资源动因将资源成本分配到作业中心；其次，根据作业动因将作业中心归集到的成本分配给成本对象。在成本核算中使用作业成本法时，需要掌握各要素和逻辑结构的关联关系，具体的核算流程如下所示。

2.2.2.1 作业的认定

作业成本系统设计是从项目的作业认定即合理划分经营活动开始的，然后确认作业的工作及所耗用的资源成本，关于作业的认定可以通过对生产流程自上而下分解或者自下而上地确定企业员工的工作内容进行。绿色建筑项目的作业划分在于合理分解其施工流程，识别各项建筑工程作业，明确其作用和资源耗费情况。初级作业划分结束后，通常需要对认定的作业进行进一步分析和合并，最终形成作业清单。

2.2.2.2 作业成本库的设计

作业成本库在对消耗资源的作业进行定义、识别作业在企业生产经营活动中的作用以及作业耗用资源情况的基础上，可以将同质作业合并为作业成本库，作业成本库的所有费用共同构成了其成本，作业成本库通过将作业成本分配到产品中转站而实现了初步的成本分配。作业成本库依据作业类型和作业发生的频率可以分为以下四类。

（1）单位级作业成本库。单位级作业是每个产品都需要最少执行一次的可以追溯到单位产品的直接成本，即成本直接计入成本对象。例如建筑工程中的门窗工程作业，每一栋住宅楼都必须执行。这类作业的成本则包括直接材料、直接人工、能源消耗以及设备折旧等，单位级作业通常随工程数量、建筑面积而变动。

（2）批次级作业成本库。批次级作业为同时服务于多种产品或多批作业的作业，通常需要单独归集，计算批次成本，最后根据产品数量在单位产品间进行分配。例如建筑工程中材料的批次采购、施工工艺的验收等，其成本取决于批次，而不是单位项目的数量。

（3）产品级作业成本库。产品级作业是随着产品品种的变化而变化的服务于某种型号或样式产品的作业，它是随着产品的类型而存在的。建筑工程中属于这一类的作业通常有图纸设计、施工技术、绿化施工等，需要独立核算，依据工程类型进行分配。

（4）生产维持级作业成本库。该作业成本是不依赖于项目的数量和类型而变化的服务于整个工厂或项目的成本，通常无法追溯到单位产品。建筑工程中地质勘查、道路施工、临时建筑工程等均属于生产维持级作业，这些作业服务于整个工程项目。

2.2.2.3 分析计量并归集资源成本

分析产品或服务生产过程中耗用的全部资源，计量其成本，并基于成本类型进行归集。资源成本通常包括材料、人工、机械设备折旧、能源耗用等类型，而随着可持续发展理念的推广，资源成本将不再局限于经济成本，还包含环境成本和社会成本，需要结合产品特点及需求进行分析计量。

2.2.2.4 确定资源动因，将资源成本分配到作业成本库

资源动因根据资源成本被作业消耗的方式来确定驱动资源成本发生的关键因素，即资源成本动因，通常驱动资源消耗的因素会有多种，如材料数量、人工工时、机器工时等，因此在各种因素之中来合理确定资源动因是作业成本分配关键的第一步，不合理的资源动因可能会引发成本的扭曲分配。资源动因确定后，则可以根据选取的资源动因将资源成本分配到相应的作业来形成作业成本库，再汇总作业成本库的各种资源的消耗并且计算作业成本库的总成本。

2.2.2.5 确定作业动因，将作业成本分配到产品

作业动因根据产品消耗作业的方式来确定驱动作业发生的关键因素，它是用来衡量成本对象作业量的基础的。作业动因的选取涉及两个方面，一是作业动因确定后，基于成本效益原则，可以通过合并同质作业的方法来对成本核算的流程进行简化；二是基于选取的作业动因将作业成本分配到下一级作业成本库或产品并且通过确认各个作业成本库的作业动因的方式来计算出它们的单位作业动因率，即单位作业动因的成本，然后乘以对应的数量进行累加就可以准确地计算出核算对象的作业成本，结合成本核算对象耗用的直接成本就可以算出产品的成本。作业动因的选取具有较强的复杂性，同质作业合并时也需要兼顾成本效益原则和成本分配的准确性，因此通常具有一定的主观性。

处在全新的生产条件下，作业成本法可以提供准确而详细的产品成本信息并且为企业的流程再造、成本控制、预算管理和产品定价等重要的决策提供必要的信息支持。在理解作业成本法先进性的同时，必须客观地分析它的不足之处，包括成本动因的选择通常具有一定的难度和主观性、忽略了剩余产能、实施费用较高等。这些都是阻碍作业成本法广泛实施的绊脚石，也是该领域的专家学者研究的主要方向。

2.2.3 作业成本估算

在项目前期为投资者提供详细而可靠的成本估算信息对于经济可行性评估、成本管控、产品定价等都具有十分重要的意义。迄今为止，专家和学者研究出很多比较成熟的定量成本估算方法。按照估算原理的不同，可将其划分为两大类，分别是以参数成本估算、神经网络法等为代表的以统计和参数拟合为基础的方法，以及以工程成本法、作业成本估算为代表的分析估算法。

作业成本估算，即基于作业成本法的成本估算，其本质是作业成本计算的逆过程。该方法以详细分析估算对象的成本形成过程为基础，识别成本发生的根本诱因并结合企业历史相关数据进行估算。和基于参数拟合的成本估算方法相比，这种方法通过明晰产品或者项目生产制造过程中的关键流程，预测各作业的成本信息，能够认清成本发生的方式和原因以及各分项成本之间的关系，从而有利于进一步的成本管理和控制。

作业成本估算是以企业提供大量产品和作业相关的数据为基础的，也就是说，这种估算方法是以企业实施作业成本法为前提的。根据作业成本核算的基本流程可知，作业成本估算的思路可以分为以下两个步骤：首先，基于企业的历史数据，通过产品或者项目的主要属性来获取其所需要耗用的作业类别和相对应的作业动因量；其次，结合作业消耗资源的标准，计算作业需要消耗的资源动因量以及资源成本，加上直接成本就可估算出成本估算对象的总成本。

2.2.4 作业成本法的特点及优缺点

2.2.4.1 作业成本法的特点

间接费用在传统方法中是以从资源到部门再到产品的路径进行分配的，部门是成本分配的成本中心，而作业成本法基于“作业消耗资源、产品消耗作业”的思想，间接费用分配的路径为从资源到作业再到产品，成本分配围绕作业展开，作业成为连接资源和产品的纽带。将企业的生产经营活动划分为作业，让作业成为成本发生的载体，可以全面计量企业生产经营的成本。

成本分配是成本核算的核心所在。在该方法中，有三种成本分配方法：追溯、分摊和动因分配。传统成本核算方法通常只涉及追溯和分摊，而作业成本法的创新之处则在于成本动因的分配方法，强调尽可能扩大可追溯到产品的成本比例，减少成本分配的信息失真。采用动因分配可以找到引起成本发生的真正原因，从而实现较为准确的成本分配，提供更加真实的成本信息。

目前企业的传统成本核算中成本分配通常采用单一的途径，产量或人工工时、机器工时是主要的分配途径，但成本和费用并不仅仅是基于这些因素而发生变动的，因而成本分配的准确性有待商榷。作业成本法的独特之处在于运用相异层次的多种成本动因进行两个阶段的成本分配，使准确性显著增加。

2.2.4.2 作业成本法的优越性

企业使用作业成本法，可以帮助其更加精准地计量产品成本并对产品的盈利能力进行分析，是其做出正确决策的保证，有利于企业进行战略决策。作业成本法的优越性主要表现在以下几个方面。

（1）该方法可以使成本核算范围增大。分配基于多层次和多种成本动因就可以使分配基础和成本之间发生的相关性显著提高，处于该方法下，成本的计算过程决定了作业成本法不仅仅计算了企业分析盈利所需要的产品成本信息，而且对各个作业环节的成本做出了核算，使成本核算范围得到显著扩大，为企业进行成本管理控制方面的决策分析提供了可靠的依据。

（2）作业成本核算扩大了产品成本的可追溯比例，减少了在成本分配中的不合理，提供了比较准确的成本信号，减少了传统成本信息对决策的误导，有利于指导企业战略决策。传统方法以单一的分配标准，如机器或人工工时，将制造成本分配到具体的产品上，随着生产环境的变化，制造费用占产品成本的比例越来越小，因此传统计算方法在一定程度上扭曲了产品的真实成本。作业成本法根据成本动因将成本追溯至产品，保证了产品成本发生的合理性和准确性，并为企业的一系列生产销售过程中的决策提供了较为准确的信息，辅助指导企业的战略决策。

（3）作业成本核算可以改进成本控制和管理，促使各部门加强成本控制，提高盈利能力。作业成本法将企业经营活动划分为作业，以作业为成本发生的载体，可以使管理人员清晰地了解成本发生的根源，从源头控制成本。并且重点关注产品流程，根据对作业的分析就可以划分项目中的增值作业和非增值作业。增值作业是产品生产必不可少的环节，其成本只能加强控制，而非增值作业是不必要的环节，理想状态下，这部分成本可以消除。在管理方面，作为项目中仅有的合理成本，增值成本核算的最主要目标就是将作业划分为增值和非增值两类，其对作业进行分析，力求达到减少或消灭非增值作业，与此同时，还力求提高增值作业效率，从而把成本控制到最佳水平线上。作业成本法的这种根据作业驱动因素追溯成本的特性，使得管理层明晰了成本控制的范围和需要加强管理的方向，从而减少浪费，有助于不断减少成本，并有助于时刻提倡节约，最终达到增加收益的目的。

（4）将作业成本法应用到绿色建筑行业，可以提高项目成本信息的准确性，改进施工建设中的成本控制与管理，实现更为准确的成本效益分析，提高项目投资决策的质量。绿色建筑的实施和建设是一个复杂的工程，特别是施工建设涉及众多工程和作业，成本繁杂，传统的成本核算方法通常只能笼统地核算出项目总成本，非常不利于成本管理和控制。基于作业成本法，可以实现项目各项作业、各类工程、各个子项目以及项目总成本的核算，明确其产生的源头，对非增值作业进行控制，增加增值作业效率，把项目成本控制在较优的水平上，提高绿色建筑项目的成本效益，从而更好地推广绿色建筑项目，达到节能减排的目标和实现可持续发展。

2.2.4.3 作业成本法的局限性

（1）忽视权益资本成本。企业日常生产经营活动都需要一定数量的资本，作业成本法虽然提供了较精准的成本数据，但其成本是经营成本和费用，并未考虑资金占用成本，即机会成本。企业资本成本根据其来源的不同可划分为两类，即债务资本成本和权益资本成本。

（2）作业成本的分配带有主观色彩。作业成本法的计算分为两个阶段，首先分配资源到作业，再分配作业到产品。在这两个计算过程中，不仅都需要确定成本动因，还需要建立作业同质成本库，而这重要的两步工作都具有一定的主观色彩。尤其是确定成本动因的时候，虽然作业动因和成本之间的相关程度，可以通过可决系数的计算和检查，但有时难以找到与成本相关的驱动因素，有时设想的驱动因素与成本相关程度较低，或者取得驱动因素数据的成本较高，从而导致在确定成本动因时并不总是客观的和可以验证的，会出现人为主观分配，使得产生难以抉择的局面。

（3）作业成本法的实施成本高。实施作业成本法，首先要配套支持作业成本法的相关资源，包括作业成本会计专用软件、计算机网络技术和熟悉作业成本法流程的人员等，而构建这些基础设施和吸收、培训相关人才的初期投入是巨大的，尤其是对于一些中小型企业而言，很可能得不偿失，风险过大。对于产量大、经营过程复杂的企业，全面实施作业成本法是一项庞大的系统工程，作业成本的计算要随着企业经营环节的变化而变化，而每一次的调整都要付出一定代价，可以想象其开发、维护的费用之高，如果不能通过作业成本法明显提高公司竞争力，可能会得不偿失。加之该方法在较短的时间内对企业的影响并不明显，企业只看到投入，不能立竿见影地看到产出，从而影响了作业成本法的普及。

（4）作业成本法计算量大。从实际应用情况来看，作业成本法在项目成本中的应用情况主要有数据大、计算步骤多、计算周期长、计算影响因素多等相关问题，加之绿色建筑项目本身就存在数据大、步骤多等问题，使得作业成本法在应用过程中计算量较大，花费时间较长。

（5）作业成本法不符合对外财务报告的需要。使用该方法计算得出的成本可能包含制造成本，也可能包含非制造成本，这与会计准则要求的对外财务报告成本核算方式存在较大差异，企业需要花费大量的人力和物力对成本数据进行必要的调整，这种调整存在工作量大和技术十分复杂的问题，极易导致成本核算混乱。

此外，作业成本法忽视了企业的财务风险，也可能会使管理者在经营过程中忽视投资者风险，从而低估企业价值。因此，企业在应用作业成本法时应充分利用其优点，提高成本信息的决策相关性，也要衡量其缺陷，综合考虑，做到符合成本收益原则。

2.3 环境成本相关理论

2.3.1 碳排放理论

2.3.1.1 碳排放概念

温室气体是指存在于大气中会吸收和释放红外线辐射的任何气体，《京都议定书》附件中指出，温室气体包括二氧化碳、六氟化硫（SF_6）、氢氟碳化合物（HFCs）、甲烷（CH_4）、氧化亚氮（N_2O）、氟碳化合物（PFCs）共六种气体（Project Management Institute，2001）。其中，二氧化碳所占的比例超过一半，被认为是全球气温上升的罪魁祸首，其他五种温室气体含量虽然相对较小，但是它们具有很强的吸收红外辐射的能力并且会影响气候变化。人类所有的活动都会产生二氧化碳，联合国政府间气候变化专门委员会（Intergovernmental Panel on Climate Change，IPCC）报告显示，20 世纪以来，全球气温升高的 90%源于人类活动排放出的温室气体。因此为应对全球气候变化，联合国气候变化大会要求世界各国政府都要做出降低温室气体排放量的承诺，以有效降低全球碳排放水平。

碳排放原指各类温室气体的排放，可以用于衡量某个地区、生物体或者群体的温室气体的排放量。通过碳源的差异，我们能够把碳排放分为两种类型：可再生碳排放与不可再生碳排放，前者是可再生能源所导致的，如自然界中各种生物的碳循环；后者是不可再生能源导致的，如各种一次能源的使用导致的碳排放。由于不可再生碳排放是人类活动将地下储存的碳元素释放出来造成环境污染并且可以通过人类的努力进行控制，所以，这部分碳排放往往是学术研究的焦点。

建筑活动是引起碳排放的主要人为活动之一，建材的生产运输、建筑的建造以及建筑的运行均产生大量的能源资源消耗，是我国能源消耗的三大来源之一（郭慧等，2005）。根据《中国建筑节能年度发展研究报告 2021》，建筑建造和运行相关二氧化碳排放占中国全社会总二氧化碳排放量的比例约 38%，其中，建筑建造占比为 16%、建筑运行占比为 22%（清华大学建筑节能研究中心，2021）。

因此发展低碳绿色建筑成为社会可持续发展的必要途径。目前碳排放仍然是经济发展的外部效应，针对碳排放测量以及碳排放权交易的研究和实践受到越来越多的关注，碳排放效应的内部化指日可待。

2.3.1.2　碳足迹核算

控制碳排放的前提在于测定碳排放量，碳足迹即碳排放量。目前针对碳足迹的定义分为两种，一是将碳足迹界定为产品生命周期或活动直接和间接二氧化碳排放的核算（Wiedmann and Minx，2009），即将二氧化碳排放作为研究对象；二是将碳足迹定义为一个产品或服务生命周期内二氧化碳和其他温室气体的总排放量（Baldo et al.，2009），即将全部的温室气体排放量作为研究的对象。在碳足迹的表征方面，大部分研究都采用了重量单位来表征。通过研究对象差异，我们可以将碳足迹划分为企业碳足迹、项目碳足迹、产品碳足迹以及个人碳足迹。企业碳足迹是指以企业为边界来进行的活动所产生的所有温室气体的排放；项目碳足迹则是指一个项目的开展所引发的温室气体的排放、储存或消除；产品碳足迹是指在产品或服务的生命周期内所排放的温室气体；个人碳足迹是指个人在衣食住行等日常活动中所产生的温室气体排放。

目前主要有两种基于生命周期评价理论的较为成熟的碳足迹核算方法：经济投入产出-生命周期评价（economic input-output life-cycle assessment，EIO-LCA）法、产品生命周期评价（product life cycle assessment，PLCA）法（高源，2017）。经济投入产出-生命周期评价法是一种自上而下的碳足迹核算模型，可用于评估一个国家、经济部门、企业等的碳足迹。该方法编制投入产出表，建立经济投入产出模型，并采用矩阵计算法分析经济部门从投入到产出的碳足迹，可以计量经济活动对环境产生的直接影响以及间接影响。产品生命周期评价法是一种以过程分析法为基础发展而来的适合评价一个产品或项目的碳足迹的自下而上的碳足迹核算模型，该方法通过对产品生命周期内的物质以及能量流进行清单分析，核算出产品生命周期内的碳足迹。

IPCC 运用全球增温潜能值（global warming potential，GWP）将《京都议定书》附件中明确指出的六种温室气体对于气候变化造成潜在影响的能力进行统一量化。简单地说，全球增温潜能值就是反映一定时间内特定的温室气体相对于二氧化碳所获取的热量或者使全球变暖的相对能力指标。因此，全球增温潜能值是以二氧化碳作为基准并且将其他气体的环境影响进行折算后计算出的碳排放量，即碳当量。不同时间跨度下各种温室气体的全球增温潜能值如表 2-3 所示。

表 2-3 温室气体的全球增温潜能值 （单位：kg_CO_2）

气体名称	特定时间跨度的全球增温潜能值		
	20 年	100 年	500 年
CO_2	1	1	1
CH_4	72	25	7.6
N_2O	29	298	153
HFCs	3 830	1 430	435
PFCs	8 630	12 200	1 820
SF_6	16 300	22 800	32 600

由表 2-3 可以看出，不同温室气体造成气候变暖的能力有着很大的区别，尤其是氟碳化合物和六氟化硫的环境影响潜力更是不容小觑，因此，应对温室效应不仅需要采取有效的措施全面控制二氧化碳的排放量，还要密切关注并分析其他温室气体的排放源。

综合上述分析，碳排放量的计算公式可以表示为

$$\mathrm{GWI}=\sum_{i=1}^{n}\mathrm{GWP}_i\times W_i \tag{2-1}$$

其中，GWI 为碳排放当量；GWP_i 为特定温室气体 i 的全球增温潜能值；W_i 为温室气体 i 的排放量，n 为温室气体种类数。

碳排放量的测算是有效控制温室气体，缓解气候变暖的基础和前提。现阶段，国家层面的碳排放控制政策主要包括碳税和碳排放权交易制度两种。前者顾名思义是指通过税收的形式来解决碳排放的负外部性。20 世纪 90 年代，芬兰、瑞典和丹麦等国家采用这种工具来降低碳排放量，同时增加国家财政收入。后者则是以碳排放权交易市场为平台，将企业免费拥有或者拍卖所得的碳排放配额以商品买卖的方式进行交易。这种机制能够在一定程度上降低政府的交易成本，防止“政府失灵”现象的出现。

2.3.1.3 碳源与碳汇

二氧化碳排放体系有碳源和碳汇两个方面。《京都议定书》将碳源定义为能够产生温室气体的各类活动、制度以及区域，即二氧化碳的产生源头；碳汇则指将

温室气体从大气中消除的活动、制度和区域。碳源与碳汇的构成情况如图 2-3 所示。

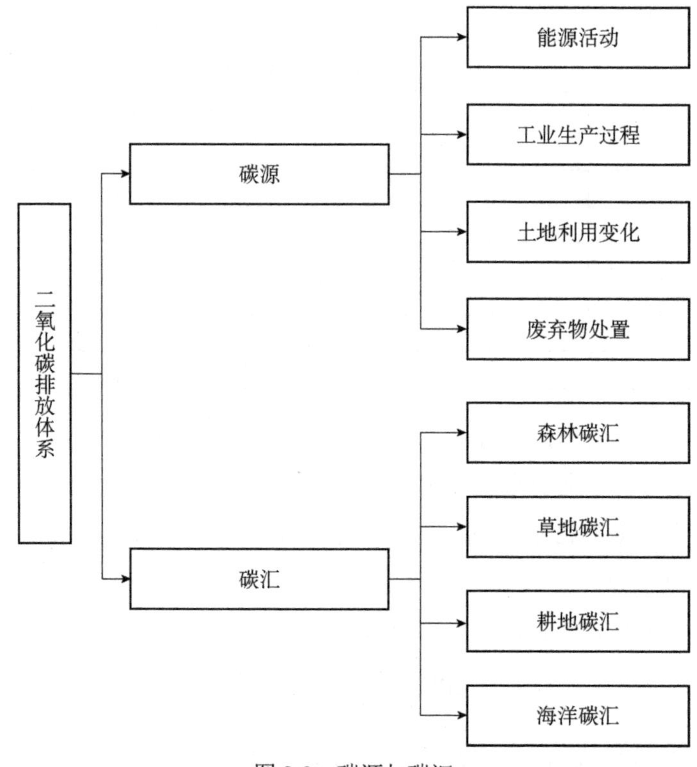

图 2-3　碳源与碳汇

1）能源活动

碳排放的主要源头是能源活动。据统计，发达国家 90%以上的二氧化碳和 75%的温室气体排放来自能源活动（陈斌，2021）。《IPCC 国家温室气体清单指南》中指明，化石资源的使用会产生大量的二氧化碳。

2）工业生产过程

工业生产过程中产生的碳排放指在工业生产过程中，除能源活动产生的碳排放以外，物理或者化学过程中产生的二氧化碳排放。例如，在水泥熟料生产过程中，因为发生了化学反应而产生的碳排放。

3）土地利用变化

土地利用变化和林业活动中，同时存在碳排放与碳吸收两种方式，即森林砍伐会产生碳排放，但是林木生长的过程中也会发生碳吸收。所以，可以通过研究森林砍伐的生物量和森林生长的生物量来判断碳排放和碳吸收的情况。

4）废弃物处置

废弃物中的矿物碳（如塑料、纺织物等）在分化过程中氧化就会产生碳排放，这个过程中的碳排放主要由废弃物中的碳含量确定。

碳汇指生态系统中吸收储存碳的数量，包括耕地碳汇、森林碳汇、草地碳汇等多种类型，在这些类型中，森林碳汇比重高达 46%。

在碳排放系统中，碳源和碳汇共同决定着人类活动向大气中排放的二氧化碳的量。碳源发挥着排放作用，碳汇进行吸收，两者缺一不可。

2.3.1.4 碳排放权交易体系

21 世纪以来，欧美等发达国家相继建立起国家甚至区域级的碳排放权交易市场，并且取得了较为显著的碳减排效果。在总结国际碳排放权交易经验的基础上，结合实际情况，2013 年，国家发展和改革委员会在北京、天津等 7 个城市陆续进行碳排放权交易试点工作。截至 2022 年底，全国碳市场排放配额累计成交量 2.3 亿吨，累计成交额 104.8 亿元，是全球覆盖温室气体排放量规模最大的碳市场。

《京都议定书》于 2005 年 2 月开始实施，这是人类历史上第一次通过法律规定来限制排放温室气体。其规定发达国家在第一承诺期（2008—2012 年）内温室气体的排放量在 1990 年的基础上减少 5%以上。《京都议定书》中提出了清洁发展、联合履行、国际排放贸易三大减排机制。上述措施的颁布和实施，有利于世界各国推出符合自己国情的节能减排计划。碳排放权交易市场随着《京都议定书》的发布而在全球范围内迅速发展，全球已出现了四个基于配额、较为完备的碳排放权交易市场体系，如表 2-4 所示。碳排放权交易总额从 2005 年的近 100 亿美元上升到 2009 年的 1440 亿美元。

表 2-4 国际碳排放权交易市场体系

英文简称	英文名称	中文名称	成立年份	成立地点
CCX	Chicago Climate Exchange	芝加哥气候交易所	2003	美国
NSWGGAS	New South Wales Greenhouse Gas Abatement Scheme	新南威尔士温室气体减排体系	2003	澳大利亚
EU ETS	European Union Emission Trading System	欧盟碳排放权交易体系	2005	欧洲
RGGI	Regional Greenhouse Gas Initiative	区域温室气体减排行动	2009	美国

欧盟碳排放权交易体系始于 2005 年，遵循循序渐进的原则。第一阶段的分配额度达到基准的 95%以上，第二阶段为 90%以上，第三阶段则不能超过 50%。该体系中囊括了碳排放量占总的碳排放 45%以上的电力、水泥、钢铁、石油、玻璃、造纸、石油、航空等行业，欧盟碳排放权交易体系在以后的发展中会继续扩大行业的范围。

欧盟碳排放权交易体系的核心是国家分配计划（National Allocation Plan，NPA），这个方案体现了欧盟各个成员国阶段性的碳排放指标，其是根据《京都议定书》的减排目标制定的，同时，考虑了参与企业的能源效率、二氧化碳排放量技术进步的潜力、公平对待等因素。总体来说，国家分配方案分为两步：首先，每个成员国提交参与碳排放权交易的公司名单；其次，根据总额分配配额。

欧盟碳排放权交易体系采用的是总量交易，即排放到全球大气中污染物总量不高于所允许的碳排放量或者每年进行降低的条件下，内部各种碳排放来源之间可以通过一种货币化的方式进行相互协商地调剂碳排放量，实现了减少碳排放、维持环境质量等目的。欧盟对碳排放贸易管理体系建立的具体做法主要是欧盟各个成员国依据欧盟委员会制定的规则，为其本国制定一个二氧化碳排放额的最高限额，确定碳排放权交易管理系统中包含的行业和公司，并为这些公司分配排放贸易权限——欧盟排放配额（European Union allowance，EUA）。若公司的实际排放量低于分配的排放配额，那么还存在剩余的排放权就可以放到市场中卖出去，否则，就必须要从市场上进购其他企业剩余的碳排放权，不然就会遭受到非常严厉的处罚。

而且碳税也是针对环保问题而实施的，是针对燃煤以及石油下游的汽油、天然气等化学燃料，根据它们含碳量所占比例进行计算的一种税收，有利于实现碳减排。近年来，政府也在积极地探索适合国情的碳减排政策。

为推动碳排放权交易，促进节能减排工作的有效进行，我国不断探索碳排放权交易市场的建立。2013 年，正式开始试点运行一些碳排放市场，如北京环境交易所、上海环境能源交易所、广州碳排放权交易所、深圳排放权交易所、天津排放权交易所、福建省碳排放权交易市场等，各碳排放权交易所基于各地碳排放现状，实行碳排放免费配额+超额交易模式，试点企业的碳排放配额不可预借，但可跨年度储存使用。2017 年底，备受瞩目的全国碳排放权交易体系正式启动，标志着我国碳排放权交易进入新征程，该体系以碳排放监测、报告、核查制度、重点排放单位配额管理制度和市场交易相关制度为基础，构建碳排放数据报送、碳排放权注册登记、碳排放权交易和碳排放权结算四大支撑系统，从而建立我国独有的碳排放权交易市场。

2.3.2 可持续发展理论

2.3.2.1 可持续发展理论的提出与含义

在 20 世纪 60 年代就开始出现了可持续发展思想的萌芽。1962 年，蕾切尔·卡逊（Rachel Carson）在《寂静的春天》中，展现了因为过度使用农药而引起污染的可怕现象，很快就在世界范围内引发了一系列人类关于发展观念上的争论。十年后，非正式国际著名学术团体罗马俱乐部发布《增长的极限》，提出“持续增长”和“合理的持久的均衡发展”的理念。可持续发展概念的正式提出则是在 1987 年，在联合国世界环境与发展委员会发表的报告《我们共同的未来》中，可持续发展被定义为“既满足当代人的需求，又不对后代人满足需求的能力构成危害的发展”，这一概念之后得到了广泛的认同和接受。1992 年 6 月，联合国环境与发展大会使可持续发展成为共识，会上来自世界 170 多个国家和地区的领导人通过了《生物多样性公约》《21 世纪议程》《联合国气候变化框架公约》等一系列文件，第一次将可持续发展战略落实成为世界范围内的行动，使可持续发展得到了全球的政治承诺。该会议是人类转变传统的发展模式，进行可持续发展的重要节点。在联合国于 2002 年举行的可持续发展世界首脑会议上，形成了《约翰内斯堡可持续发展声明》，自此可持续发展理念已经成为时代主流，并已成为面向 21 世纪的全人类无法忽视的必要选择。

可持续发展的本质含义是：从自然资源和生态环境的角度出发，强调自然资源的长期承载能力和环境与发展的协调和谐以及对提升生态环境水平的重要性，并提出人类长期发展的战略模型。其核心是强调经济和社会发展应与环境协调，使得人与自然和平共处；实施可持续发展主要是为了在保证我们当代人能够满足生存和发展的各项基础上，关注经济活动的生态合理性，保护生态资源和环境，不损害后代人生存和发展的需求。在宏观经济增长指标上，可持续发展不再把国民生产总值（gross national product，GNP）作为衡量经济增长的指标，而是在计算国内生产和收入时纳入一系列的自然资源和环境因素，用经济、社会、环境、文化等各个方面的指标来综合衡量发展。

2.3.2.2　可持续发展理论的内容与原则

1）可持续发展理论的主要内容

可持续发展是针对经济、生态环境、社会三个层面的统一调度，要求人类在发展进程当中谋求经济节约、有益社会以及环境和谐，实现长远发展。在该理论的指导下，经济增长鼓励不以牺牲环境及社会作为代价，注重增长的质量。

（1）经济。经济发展对于国家实力、社会财富来说十分的重要，所以经济增长是可持续发展的重中之重，而非用保护环境的借口来放弃经济增长。但是与经济增长的数量相比，发展质量才是可持续发展的关注重点。可持续发展要求改变传统的消费模式，即高投入、高消耗、高污染模式，实施清洁生产和理性消费，以提高经济活动所产生的相关效益，并减少废弃物的排放，达到节约能源资源的目的。从某种角度来说，可持续发展在经济方面的体现主要就是集约型的经济增长方式。

（2）生态环境。可持续发展要求在经济和社会发展的同时，也要考虑到自然本身的承受力，充分保护生态资源，在使用自然资源时，应该注重方式，应采用可持续发展的方法进行，进而使得人类社会的发展与进步时刻处于地球的承受力之下。因此，可持续发展强调有限制的发展才是可持续的，没有限制的发展一定不符合可持续发展的要求。生态可持续发展同样强调环境保护，但是不能将社会发展和环境保护相对立，可持续发展要求以转变发展模式的方法，着眼于发展的源头，解决环境问题。

（3）社会。可持续发展关注社会公平，认为社会公平就是环保的最终目的。可持续发展指出，世界上各个国家和地区的发展阶段和目标可以有所不同，但可持续发展的实质应该包括创造一个保障自由、平等、人权、教育和免受暴力侵害的生活氛围，提高人类生活水平，保障健康。这也意味着，在可持续发展系统当中，经济、生态、社会的可持续分别是基础、条件和目的。未来，人类所追求的是以人为本的自然-经济-社会复合系统的稳定可持续发展。

可持续发展强调从源头、根本上保护环境，不能一味地建设经济和开发社会而忽视自然承载实际能力。它着重在强调发展如何能延续，发展并不是毫无限制的，发展不能超越地球承载力而无止境地利用资源。与此同时，转变发展经济与保护社会环境矛盾的传统观念，在保护地球环境的基础上发展经济才是长久的，与自然共生才是长远上看最明智的做法。可持续发展还指出世界各国发展目标、发展所处阶段可以有所差异，但其本质是为全人类提供一个更加平等、教育条件更好、更加自主以及友好的环境条件。因此人类所努力的应该是经济、自然条件以及社会全面协调、健康地发展。

2）可持续发展理论的基本原则

目前公认的可持续发展理论的基本原则有以下几条（刘培哲，1996）。

（1）公平性原则。一是当代人区域发展的公平，实现可持续发展的一个条件就是要消除贫困，解决贫富差距、区域发展两极分化的问题，因此必须使资源在区域间进行公平分配；二是代际间的均衡发展，人类生活在共同的环境中，各代人享有共同的、有限的资源，因此每代人必须公平地使用这些资源，不能在损害后代利益的基础上发展；三是资源在不同国家间的公平分配，可持续发展是全世界所追求的未来发展方式，需要全球各个地区和国家的协同并进，这也意味着资源在各国间进行公平分配，公平地使用本国主权所有的资源。

（2）持续性原则。可持续发展理论中一个重要原则就是持续性原则，即必须考虑资源的持续性利用。我们所使用的资源是有限的，而非取之不尽用之不竭，因此若要实现可持续发展就必须考虑资源的有限性，在考虑资源临界性的基础上限制资源的耗费速度，使有限的资源得到最优分配与利用。

（3）共同性原则。地球是人类共同的家园，其资源的合理开发及利用与各国发展休戚相关，因此可持续发展是全世界所追求的未来发展方式，需要全球各个地区和国家的协同并进，携手推进该目标的实现。世界各国应该协商制定既符合各国利益，又在最大限度上满足资源的持续性利用原则的国际协定，发展共同的认识和共同的责任感。

3）具有中国特色的可持续发展战略

中国是世界上首先提出并实施可持续发展战略的国家之一。1992 年，国家计划委员会、国家科学技术委员会就组织编写了《中国 21 世纪议程》，并在 1994 年 3 月颁布《中国 21 世纪议程——中国 21 世纪人口、环境与发展白皮书》，该白皮书从中国的实际情况出发，提出了符合我国国情的可持续发展战略目标。之后，我国提出了许多基于可持续发展的理念。例如，1996 年，提出《中华人民共和国国民经济和社会发展“九五”计划和2010年远景目标纲要》，将可持续发展作为国家战略；2003年，提出科学发展观，其核心是“坚持以人为本，树立全面、协调、可持续的发展观”；2005年，提出加快建设资源节约型、环境友好型社会的先进理念，并于2007年将该理念写入党章，同时提出了建设生态文明的概念；2012年，在中国共产党第十八次全国代表大会上，提出“五位一体”的总体布局，首次将生态文明建设纳入中国特色社会主义事业的建设当中。

实际上，具有中国特色的可持续发展战略主要是指在建设现代化进程当中，需要把环境保护、人口控制以及资源节约作为首要目标，使经济建设与环境保护相适应，使人口增长与社会发展相匹配，实现可持续、良循环的社会发展。该战略的提出体现了我国对于节约资源、保护环境的重视，是一项造福当代、泽及子孙的重要措施，是中华民族对全球可持续发展进程做出的积极贡献。

可持续发展战略的主要目标有以下三个方面。

（1）经济的可持续发展。经济基础决定上层建筑，经济的发展关系到一国的综合发展，而只有经济的稳定发展才能为可持续发展战略的实施提供坚实的基础。可持续发展战略并非要求通过抑制经济增长来实现资源的可持续发展，而是要求将经济增长与节约资源、保护环境相结合，将经济的高速增长转变为经济的高质量增长，在实现资源可持续利用的同时实现经济的可持续发展。经济的高质量增长为可持续发展提供经济基础，资源的可持续发展为经济的高质量增长提供良好的土壤以持续生存。

（2）生态的可持续发展。经济社会的发展应以资源生态的可持续发展为前提，这就是可持续发展战略的要求，生态的可持续发展是可持续发展战略实施的条件。生态的可持续发展要求在追求经济发展的同时，需要考虑到大多数资源是不可再生的，因而大多数资源都是有限的，使资源得到最优化利用，避免资源枯竭造成生存问题；在社会发展的同时注重节能与环保，建立人与自然的和谐关系，保持人与自然和平共处的意识。只有实现生态的可持续发展，才能保证社会、经济的持续发展。

（3）社会的可持续发展。对于不同的国家而言可持续发展战略的具体目标及实施方式可能不同，但其本质都在于为人类创造更好的生存环境。社会的可持续发展是可持续发展战略的根本目的，其要求在人类社会发展进程中将人们的生活质量放在第一位，其中就包括解决贫富差距、控制人口增长等问题，旨在为人类创造更好的社会环境。因此，实施可持续发展战略，就一定要重视社会可持续发展，切不可本末倒置。

2.4 社会成本相关理论

2.4.1 交易成本理论

交易成本的概念是由经济学家科斯提出的，他指出市场中价格的运行是存在一定成本的，否则不会出现企业这种组织形式，而这些运行成本（包括谈判、签约等费用）就被称为交易成本。Williamson（1999）认为交易成本包括两类，即事前的交易成本与事后的交易成本，前者主要包括起草合同、签订合同及谈判等费用，后者则主要包括偏离成本、抵押成本、纠正成本等。迈克尔 •迪屈奇（1999）认为，从企业经营管理角度出发，交易成本主要由政策的制定实施成本、信息成本、谈判与决策成本构成，是为支持企业交易活动产生的成本。

目前学术界对于交易成本的概念存在不同的意见，尚未形成统一观点，但其本质上是交易活动产生的成本。我们一般认为广义的交易成本包括市场交易成本、管理交易成本及政治交易成本，而狭义的交易成本则不包括企业内管理交易成本，因为该成本不具有交易性质。交易成本从表现形式上可以分为搜寻成本、信息成本、谈判成本、制订和签署合同成本、执行成本、代理成本、服从成本以及监督成本（张雪艳，2016）。另外，从交易范围来看，可以认为交易成本分为内部交易成本与外部交易成本，前者包括监督成本、代理成本等，后者则包括信息成本、诉讼成本等。

交易成本的计量是指对某一市场、组织交易活动中交易成本的测量。由于交易成本的定义未达成统一共识，交易成本的计量也处于不断地研究中。交易成本的直接测量需要测量一项交易发生的信息搜寻、谈判及合同签订、诉讼及违约等一系列交易成本，即所需花费的时间及物质成本。目前交易成本的直接测量多应用于金融市场，在证券交易中，通常采用买卖价差以及经纪费用来直接测量交易成本，而在商业银行企业中，则采用资金使用的利息费用以及银行的运营成本来衡量银行企业的交易成本。

交易成本的间接测量方法则主要有比较测量方法和交易效率测量方法两种方法。比较测量方法基于契约角度，认为交易成本的测量与契约类型有关，因此交易成本的直接测量较为困难，但可以间接测量。Williamson（1999）指出，可以通过制度比较间接测量交易成本,每一种制度安排下都可以建立相应的交易成本模型，将交易成本与交易频率、资产专用性等建立联系，通过建模分析交易如何影响组织效率来间接测量交易成本。交易效率衡量法是通过衡量交易效率来衡量交易成本的,其中交易效率是指完成交易活动所花费的时间和材料,投资越少,交易效率越高，相应的交易成本就越低，因此可以通过衡量一项交易中，时间和物质的投入多少来间接衡量交易成本的大小。

2.4.2 资本成本理论

资本成本是指投资的机会成本,即投资一个项目而放弃的其他项目能够带来的收益。一般情况下，投资人在对某一项目进行投资前，要对该项目的机会成本进行核算，只有该项目的投资收益率大于其机会成本时才会对其进行投资。对企业而言，资本成本涉及筹资和投资两个方面，在筹资活动中，资本成本为企业筹集、使用资金的成本，被称为公司的资本成本；在投资活动中，资本成本为投资的最低报酬率，被称为投资项目的资本成本。

公司的资本成本指的是企业筹集、使用资金所需的成本，即企业取得其资本使用权所需付出的代价，是公司资本结构中各种资金来源成本的加权平均。通常公司的融资包括债权融资和股权融资两种途径，由于投资风险的不同，相应资本所需的报酬率也有所不同。在债权融资中，债务人要求的利率为银行同期发行债券的利率或银行贷款利率,债务成本基于债务期限、公司的偿债能力而有所不同。在股权融资中，股东的报酬率是不确定的，股东的报酬即股利和股价的上升一般取决于公司的经营和财务状况，因而股东的风险大于债权人，因此一般情况下股权融资要求的报酬率要大于债权融资。投资项目的资本成本是指投资该项目所需资本的机会成本，其大小同样由投资风险决定。若投资某项目的风险与公司现有资本的风险相同，则认为投资项目的资本成本与公司的资本成本相同。

加权平均资本成本是指公司业务活动所需的各种长期成本的平均成本，也是公司投资项目的平均成本，因此其在企业价值评估和资本决策中，起着至关重要的作用。在对企业的资本成本进行计算时，可以将资本成本看作企业债务成本与权益成本的加权平均，其具体的值取决于各种资本成本的大小以及它们所占的权重。

其中，债务资本成本的计算可以选择到期收益率法、可比公司法、风险调整法和财务比率法，这四种方法的精确性依次降低。若公司存在上市债券，则可以选择到期收益率法进行准确核算，否则只能利用后三种方法对公司债务资本成本进行粗略的估算。公司的权益资本成本主要包括公司的普通股、优先股和留存收益，其中普通股是公司权益资本成本的主要构成成分。普通股的资本成本可以选择资本资产定价模型（capital asset pricing model，CAPM）、股利增长模型和债券报酬率风险调整模型这三种模型进行估算，目前还没有公认的最准确的模型。另外，在加权平均资本成本的计算中，可以选择账面价值权重、实际市场价值权重和目标资本结构权重这三种模型。由于目标资本结构反映企业未来的资本结构，而另两种权重值反映现在和过去的资本结构，因此目标资本结构的使用最为广泛。

2.5 绿色建筑评价标准体系

绿色建筑行业的发展不仅需要专业的技术（如建筑设计与施工、设备、管理等），还必须依靠科学和完善的评价体系。发达国家在1997—2006年根据本国特点建立了各自的绿色建筑评价标准体系（如美国LEED、英国BREEAM、加拿大GBC、日本CASBEE等），设计了多项指标评价绿色建筑的经济效能、节约能源的效果、减少对外部环境污染的影响以及水资源的节约情况等，为建筑开发企业前期决策以及购买者比较提供了具体的依据。我国自1995年开始构建节能标准体系，并结合实际情况相继出台了《中国生态住宅技术评估手册》《绿色奥运建筑评估体系》《绿色建筑评价标准》等评价体系。

2.5.1 美国LEED

1995年，美国绿色建筑委员会建立并推行了LEED计划，起初其主要评价的对象为美国的商业建筑。LEED 是世界上目前应用覆盖最多的一种评价绿色建筑的体系，也是目前全世界绿色建筑评价标准体系中最完善、最具影响力的评价标准。LEED 为全球绿色建筑的发展提供了创建健康、高效、节约成本的绿色建筑的框架，LEED 认证也是全球公认的可持续发展成就标志，其具体评价内容如表 2-5 所示（侯玲，2006）。

LEED 体系的评估对象是新建或重建的大型项目，具体包括公共机构、商业建筑、工业建筑和 4 层及以上的大型住宅建筑。该体系主要从 6 个角度，通过定性分析结合定量计算来对建筑项目进行测评，对建筑项目的评分总共为 69 分，根据得分的范围将建筑项目的认证分成 5 个等级，评分和等级的对应情况如表 2-6 所示。

表 2-5　LEED 评价内容

评价指标	前提条件	分数/分	得分点
场地选址	冲击与沉积控制	14	建筑选址
			城市改造
			褐地开发
			可选择的交通设施
			减少对场地的扰动
			雨水管理
			景观和室外设计减少热岛效应
			减少光污染
水资源利用效率	节约使用水资源、中水回用； 基本建筑系统调试启动	5	景观用水效率
			废水创新技术
			节约用水
			优化能源
			可再生能源
			其他调试启动
利用能源效率及保护大气及环境	最低能源消耗； 减少暖通空调制冷设备中的氢氯烃	17	禁止使用含氢代氟氯烃类化合物和卤盐产品以减少臭氧
			计量和核准
			绿色电能
			旧建筑的更新
最大化利用材料及资源	可回收物质的储存与收集	13	施工废物管理
			资源再利用
			可循环使用的物质

续表

评价指标	前提条件	分数/分	得分点
最大化利用材料及资源	可回收物质的储存与收集	13	就地取材
			可快速再生的材料
			使用经过认证的木材
室内环境质量	室内空气质量的最低标准；环境中烟草烟雾的含量	15	二氧化碳监测
			提高通风效率
			施工场地管理空气质量的方案
			低挥发材料
			室内化学品和污染源控制
			系统可控度
			热舒适度
			天然采光和视野
创新流程设计	建筑技术与评价体系更新	5	设计创新
			LEED 职业评估

表 2-6　LEED 评价系统认证等级

得分情况/分	认证等级
26—32	认证级
33—38	银级
39—51	金级
52—69	白金级

2.5.2　英国 BREEAM

1990 年，英国建筑研究所制定了世界上第一个绿色建筑评价标准体系——BREEAM 系统，该系统清晰地反映了在建筑的整个生命周期中如何在各个阶段实现更高性能的价值。BREEAM 使用英国建筑研究所开发的标准，关注于经济层面、环境层面及社会层面等多层面可持续发展，通过设置评分体制，对前期设计、建设以及后期运营维护各个阶段完成情况进行评价。该评价标准体系共包含 9 项内容，每项评价内容又包含若干条目，BREEAM 评价内容具体如表 2-7 所示。

表 2-7 BREEAM 评价内容

评价项目	分值/分	具体内容
能源	136	能源节约和排放控制
污染	144	臭氧层减少措施
		酸雨控制措施
水资源	48	节水措施
材料	98	材料再循环使用
交通	104	节能交通
		健康房屋标准
		高频照明
健康	150	室内空气质量管理
		有害材料管理/预防
		氧元素管理
生态价值	126	预防微生物的污染
土地利用	30	土地的利用与土地质量的变化
		环境政策和采购政策
管理问题	160	能源管理
		环境管理
		房屋维修

BREEAM 评价标准体系在英国知名度较高，最终结果按照各部分权重进行计分。计分结果分为 5 个等级，分别为通过（Pass）≥30%、良好（Good）≥45%、优秀（Very Good）≥55%、优异（Excellent）≥70%、杰出（Outstanding）≥85%。

2.5.3 加拿大 GBTOOL

1998 年 10 月，加拿大自然资源部在温哥华主持召开了主题为“Green Building Challenge 98”（98 绿色建筑的挑战）的绿色建筑国际议会。该会议的主要目的在于全球各国可以进行充分的交流和探讨，构建一个能在全球范围内得到广泛使用的标准的绿色建筑评价标准体系，以便能够跨越国界比较评价各地的绿色建筑。会上发布绿色建筑工具（GBTOOL）系统，是目前世界上唯一一个由多国参与制定的绿色建筑评价标准体系。该系统对于办公建筑、住宅以及学校等进行了相应的调整，总体上对建筑的资源耗费、环境影响、室内品质、设备使用情况、成本以及运行情况等 6 个方面的性能进行评估，GBTOOL 系统评估内容如

表 2-8 所示（侯玲，2006）。

表 2-8 GBTOOL 系统评估内容

评价项目	权重	具体内容
建筑物所耗费的资源	0.20	能源的消耗
		土地利用与土地质量变化
		饮用水的净消耗
		建筑材料的消耗
		3R 材料的利用
对外在环境影响	0.20	建筑材料生产过程中产生的环境负荷
		建设过程中的温室气体排放
		酸雨问题
		光氧化剂问题
		氮氧化合物的排放
		瑕体废弃物的排放
		液体污染物的排放
		有毒、有害污染物的排放
		电磁污染情况
		对周围环境的影响
室内环境质量	0.20	空气质量与通风
		热舒适度
		采光与光污染防治水平
		声学效果与噪声控制
设施功能质量	0.15	建筑物对未来变化的灵活程度
		设备控制系统
		维护与管理
		私密性与视觉景观
		娱乐设施质量与公建配套
经济评价	0.15	建筑物整个生命周期下的成本评价
		建设成本评价
		运行与维护成本评价
绿色管理	0.10	整理建造中涉及的文件
		人员培训与考核
		售卖合同的制订

GBTOOL 评价结果分值最低为−2 分，最高为 5 分，具体的分值所对应的建

筑性能表现如表 2-9 所示。

表 2-9　GBTOOL 达标程度评价

分值/分	达标程度
5	高级标准，高于标准建筑实践的要求
1—4	中间水平，代表了中间水平的建筑性能
0	基准标准，刚好达到可接受的最低标准
−2—−1	不满足要求，没有达到建筑性能最低要求

2.5.4　日本 CASBEE

2001 年，由日本学术界、企业界专家和政府三方组成的“建筑综合环境评价委员会”开发了 CASBEE，该系统注重评价建筑物在节省能源、环境保护上所采取的措施，兼顾室内居住条件及室外景观。CASBEE 的特点是从客观评估建筑环境各方面的目标出发，从“环境效率”出发，利用“建筑环境效率”（built environment efficiency，BEE）指标进行评价。生态效率是指“单位环境负荷下产品和服务的价值”，一般用输入和输出量进行定义，因此可以据此提出新的模型，即“（有益输出）/（输入+非收益输出）”。如图 2-4 所示，这种新的模型被用来定义 BEE，CASBEE 将其用作评估指标（日本可持续建筑协会，2005）。

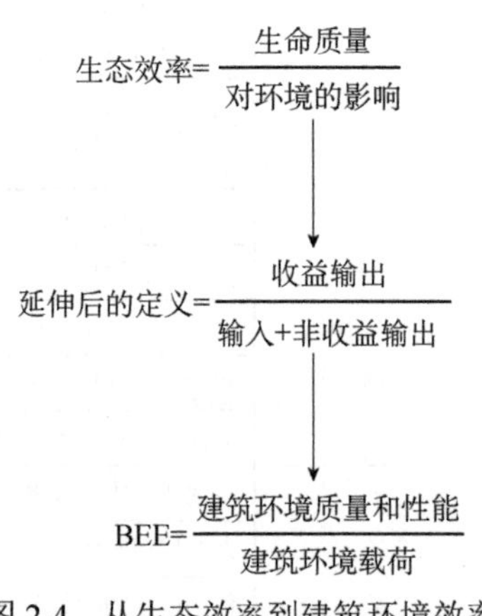

图 2-4　从生态效率到建筑环境效率

在 CASBEE 下，有两个空间，即内部空间和外部空间。其中将“超越虚拟封闭空间的环境影响（公共财产）的负面影响”和“改善建筑用户的生活舒适性”并列考虑在内。在 CASBEE 下，主要评估类别，并单独评估。

$$\mathrm{BEE} = Q / L \tag{2-2}$$

其中，Q 为建筑环境的质量情况，用来评估建筑中用户生活质量各方面的改善；L 为内置环境负载，用来评估超出建筑本身的外部环境影响（公共财产）的负面影响。

如上所述，将 Q 和 L 作为两个类别计算的指标进行评估是 CASBEE 系统的核心。最后将评估结果分为“S”（大）、“A”（非常好）、“B+”（良好）、“B−”（较差）、“C”（差）五种情况。

除了以上美国、英国、加拿大、日本的四种评价体系外，还有法国的 ESCALE 和高环境质量（Haute Qualité Environnementale，HQE）评价体系、澳大利亚的绿色之星（Green Star）和 NABERS（2010 年）评价体系、德国可持续建筑评价体系（Deutsche Gesellschaft für Nachhaltiges Bauen，DGNB）和荷兰的 Green Calc 等。这些评价体系的建立及完善，一方面促进了本国绿色建筑的发展进程，另一方面也给其他绿色建筑发展较慢的国家提供了可供借鉴的经验方法，为全球能源与环境事业做出了一定的贡献。

国际上对于绿色建筑的评估逐渐从早期的定性分析以及比较单一的指标转向加以定量测定并结合经济、技术、环境生态等多项指标，并且越来越与本国实际情况契合。

2.5.5 我国绿色建筑评价标准体系分析

我国自 1995 年起构建节能标准体系，并制定了分三步走的未来节能目标，该目标在建设部颁布的《建筑节能“九五”计划和 2010 年规划》中得到了充分体现。自此以后，建设部住宅产业化促进中心从 2001 年开始相继制定了《绿色生态住宅小区建设要点与技术导则》与《国家康居示范工程建设技术要点》，陆续推出《中国生态住宅技术评估手册》《商品住宅性能评定方法和指标体系》《上海市生态型住宅小区技术实施细则》《绿色奥运建筑评估体系》等评价准则。2015 年，《绿色建筑评价标准》开始实施，该标准是“十五”国家科技攻关计划重点项目的“绿色建筑规划设计导则和评估体系研究”的初步研究成果，以下选取了我国绿色建筑评价系统逐步发展中三个具有代表性且含有重大意义的评价准则进行详细分析。

1)《中国生态住宅技术评估手册》

《中国生态住宅技术评估手册》是我国第一个对生态住宅进行评估的体系，是由中华全国工商业联合会、清华大学、全联房地产商会、建设部科技发展促进中心以及中国建筑科学研究院等多个单位共同参与的成果。该体系主要有五个组成部分，包括住区环境规划设计、能源与环境、室内居住条件、住区水环境、材料与资源，全面地考虑到住宅的各项性能（表 2-10）。

表 2-10 《中国生态住宅技术评估手册》评估体系的框架

<table>
<tr><th>一级指标</th><th>二级指标</th><th>三级指标</th></tr>
<tr><td rowspan="14">住区环境规划设计</td><td rowspan="7">住区区位选址</td><td>使用废弃土地作为住宅用地</td></tr>
<tr><td>保护用地及周围自然环境</td></tr>
<tr><td>保护用地及周围人文环境</td></tr>
<tr><td>利用具有潜力的再开发用地</td></tr>
<tr><td>提高土地利用率</td></tr>
<tr><td>有利于减灾和防灾</td></tr>
<tr><td>远离污染源</td></tr>
<tr><td>住区交通</td><td></td></tr>
<tr><td>规划有利于施工</td><td></td></tr>
<tr><td>住区绿化</td><td></td></tr>
<tr><td>住区空气质量</td><td></td></tr>
<tr><td>住区环境噪声</td><td></td></tr>
<tr><td>日照与采光</td><td></td></tr>
<tr><td>改善住区微环境</td><td></td></tr>
<tr><td rowspan="7">能源与环境</td><td>建筑主体节能</td><td></td></tr>
<tr><td rowspan="4">高效优化利用常规能源</td><td>冷热源和能量转换系统</td></tr>
<tr><td>能源输配系统</td></tr>
<tr><td>照明系统</td></tr>
<tr><td>热水供应系统</td></tr>
<tr><td>可再生能源利用</td><td></td></tr>
<tr><td>能耗对环境的影响</td><td></td></tr>
<tr><td rowspan="4">室内居住条件</td><td rowspan="4">室内空气状况</td><td>施工现场</td></tr>
<tr><td>通风及空调系统</td></tr>
<tr><td>污染源控制</td></tr>
<tr><td>室内空气质量客观评价</td></tr>
</table>

续表

一级指标	二级指标	三级指标
室内居住条件	室内热环境	
	室内光环境	室内日照与采光
		室内照明
	室内声环境	平面布置合理
		建筑构件隔声
		设备噪声控制
		室内噪声
住区水环境	用水规划	水量平衡
		节水率指标
	给水排水系统	给水系统
		排水系统
	污水处理与回用	回用率指标
		污水处理系统
		污水回用系统
	雨水利用	屋顶雨水
		地表径流雨水
		雨水处理与利用
	绿化与景观用水	绿化用水
		景观用水
		湿地
	节水设施与器具	节水设施
		节水器具
材料与资源	使用绿色建材	
	资源再利用	旧建筑改造
		旧建筑材料的利用
		固体废弃物的处理
	住宅室内装修	
	垃圾处理	

2)《绿色奥运建筑评估体系》

2008 年北京奥运会提出绿色奥运理念，这对奥运建筑提出了更高的要求。2002 年 10 月，绿色奥运建筑标准及评价研究课题参考对于奥运建筑建造的各项要求制定了奥运建筑和奥运园区的绿色评价方法和标准体系。2003 年 8 月，《绿色奥运建筑评估体系》正式发布，通过对计划、招投标、建设、调控以及运营管理等各个阶段进行严格把控、强化监督，实现奥运建筑及园区的绿色化目标。该体系参考了日本 CASBEE 中建筑环境效率的有关定义，将评估指标分为建筑环境与服务（Q）以及环境负荷和资源消耗（L）两项指标，具体如表 2-11 所示。

表 2-11 绿色奥运建筑评估体系

评估阶段	Q-L	评估指标	权重
第一部分：计划阶段	建筑环境与服务	场地质量	0.15
		服务与功能	0.45
		室外物理环境	0.40
	环境负荷和资源消耗	对周边环境的影响	0.35
		能源消耗	0.35
		材料与资源	0.10
		水资源	0.20
第二部分：设计阶段	建筑环境与服务	室外环境状况	0.10
		室内物理环境	0.30
		室内空气品质	0.35
		服务与功能	0.25
	环境负荷和资源消耗	对周边环境的影响	0.05
		大气污染	0.10
		能源消耗	0.40
		材料与资源	0.30
		水资源	0.15
第三部分：建设阶段	施工质量与人员安全	人员安全与健康	0.70
		工程质量	0.30
	环境负荷和资源消耗	对周边环境的影响	0.55
		能源消耗	0.15
		材料与资源	0.20
		水资源	0.10
第四部分：验收与运行阶段	建筑环境与服务	室外环境品质	0.10
		室内物理环境	0.20
		室内空气品质	0.15
		服务与功能	0.20
		绿化管理	0.35
	环境负荷和资源消耗	对周边环境的影响	0.10

续表

评估阶段	Q-L	评估指标	权重
第四部分：验收与运行阶段	环境负荷和资源消耗	能源消耗	0.30
		水资源	0.15
		绿色管理	0.45

3）《绿色建筑评价标准》

《绿色建筑评价标准》（GB/TB50378—2006）是我国首个绿色建筑评价体系由建设部2006年发布。该标准从多目标、多层次的角度对绿色建筑进行了评价，促进了我国绿色建筑发展的进程，表明我国绿色建筑发展已经形成了初步的体系，取得了一定的进展。然而，随着各行业对绿色建筑提出的要求以及国际绿色建筑的发展趋势，该标准逐渐暴露出一些问题，例如，从绿色理念上来看，缺乏更广泛的社会系统层面的评价；从评价指标上来看，评价重点是绿色建筑的生态技术，而忽略了从经济社会角度对绿色建筑的评价；从评价主题上来看，评价重点集中在绿色建筑自身的优劣及其效益方面，而忽略了用户反馈等信息。

2014年，现行《绿色建筑评价标准》发布。该标准将绿色建筑从设计和运行两个大类进行评价，其中以七类细分评价指标组成，包括节约地表面积、节省能源耗用、节约水资源、高效利用材料、室内环境条件、施工情况、运行状态，具体如表2-12所示。该标准要求绿色建筑必须满足该标准中提到的基本控制项的全部要求，各类指标评分要求不得低于40分，最终根据各项评分进行等级评价（50分对应一星级建筑、60分对应二星级建筑、80分对应三星级建筑）。

表2-12 绿色建筑各类评价指标的权重

项目	建筑类型	节约地表面积	节省能源耗用	节约水资源	高效利用材料	室内环境条件	施工情况	运行状态
设计评价	居住建筑	0.21	0.24	0.20	0.17	0.18	—	—
	公共建筑	0.16	0.28	0.18	0.19	0.19	—	—
运行评价	居住建筑	0.17	0.19	0.16	0.14	0.14	0.10	0.10
	公共建筑	0.13	0.23	0.14	0.15	0.15	0.10	0.10

2.6 生命周期相关理论

2.6.1 生命周期成本理论

2.6.1.1 生命周期成本的内涵与发展

生命周期成本是一种统筹规划计划、建造、生产、运营和回收等各阶段的管理方式，以项目整体最优化及实现长远利益为核心目标。该理论于 20 世纪 60 年代起源于美国军方，主要用于购买军用物资以及研发相关军事装备。该理论与寿命长、耗材大、维修难的产品适配性较高，比如军队航母、先进战斗机等高科技军用武器的研发、采购。由于这些军用武器的后期维护成本相对较高，可以占到总成本的 75%左右，因此要求对这些军用武器的成本采用生命周期成本法进行核算。20 世纪 70 年代起，各国相继引用该理论，并积极应用于交通运输、航天科技、国防建设等各个领域。

生命周期成本的核心观点在于，对一些使用周期长、后期维护费用高的产品而言，在核算其成本时仅考虑其研发、采购费用是不合理的，其总成本应该包括该产品的后期维护费用等产品使用周期内发生的全部成本。在工程建造中其生命周期成本是指建筑建造使用过程中的全部费用，即建筑物从建筑初步规划到最终废除的全部成本，包括工程开发、设计、建造、使用运营、维修、报废过程中的全部费用。

从能源和环境的角度而言，建筑的生命周期包含了材料物资的采购、计划、建设施工、运营管理以及最后废气回收的全流程。研究建筑的生命周期即是找到绿色建筑前期建设成本与后期运行管理成本之间的最佳平衡位置（图 2-5）（朱燕萍和胡昊，2006）。

英国皇家特许测量师学会（Royal Institution of Chartered Surveyors，RICS）在 2001 年定义了一项资产的生命周期成本为该资产在其使用寿命内的总成本的现值，包括初始资本成本、占用成本、运营成本以及该资产在其寿命结束时最终处置的成本或收益。该生命周期成本方法定义了所有未来的成本和收益并通过评估项目的经济价值使用贴现技术将其折现。

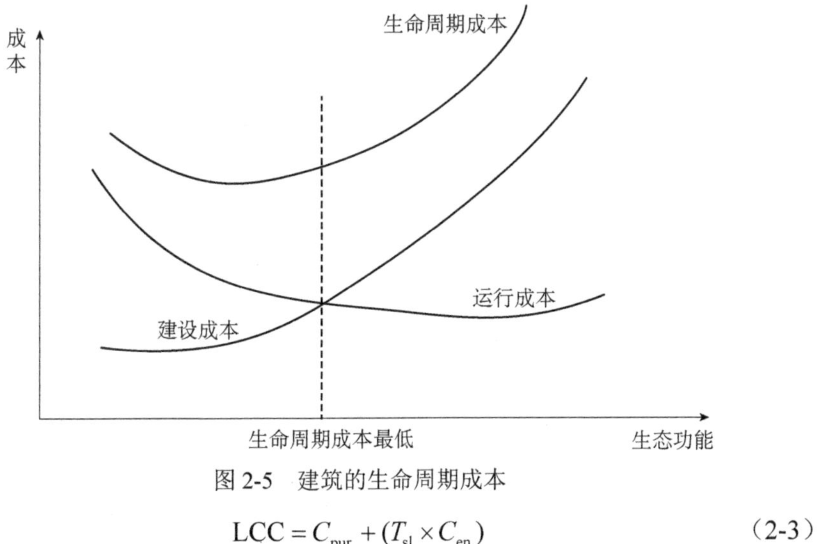

图 2-5 建筑的生命周期成本

$$\mathrm{LCC} = C_{\mathrm{pur}} + (T_{\mathrm{sl}} \times C_{\mathrm{en}}) \tag{2-3}$$

其中，C_{pur} 为购买成本，被理解为建筑项目研发分析、设计和执行的成本；T_{sl} 为使用寿命；C_{en} 为年度能源成本。

$$\mathrm{LCC} = C + \mathrm{PV}_{\mathrm{reccurring}} - \mathrm{PV}_{\mathrm{residual\text{-}value}} \tag{2-4}$$

其中，C 为初始建设成本，包括硬成本（人工、材料、设备、家具等）和软成本（设计费、许可费等）；$\mathrm{PV}_{\mathrm{reccurring}}$ 为所有经常性现值成本（公用设施、维护、替换、服务等）；$\mathrm{PV}_{\mathrm{residual\text{-}value}}$ 为剩余价值的现值（在使用寿命结束时销售资产的预期价值）（Plebankiewicz et al.，2016）。

国际标准 ISO 15686-5：2008 指出建筑生命周期成本主要由计划和建造成本、运营成本、维修成本以及生命周期终止成本四部分构成，该标准还对每一项成本所包含的内容进行了具体的解释，该成本构成结构被称为成本分解结构（cost breakdown structure，CBS）。

因此，生命周期成本，顾名思义，就是指某产品或项目的全部生命周期内产生的所有费用之和。对于生命周期的界定，可以分为狭义和广义两类。狭义的生命周期成本是从企业角度出发的，包括企业所承担的研究设计、生产制造、市场营销、物流运输等阶段的成本支出；而广义的生命周期成本则是从社会角度出发的，其范围进一步向前延伸至消费者承担的成本，包括使用成本和最终的废弃处置成本。显然，社会视角的生命周期成本最大限度地拓宽了成本管理的时间和空间范围，有助于管理者根据产品各个阶段的成本信息采取控制措施，能够避免片面地考虑特定阶段成本而损害整体利益的情况，是现阶段生命周期成本研究的主流方向。

需要注意的是，生命周期成本往往会跨越不同的时间范围。根据成本发生时间的不同，可将生命周期成本划分为现在成本和未来成本两部分。当研究对象的生命周期期限较长时，就需要考虑资金的时间价值，即将未来的费用支出采用折现率折算到同一时间点后累加求和计算总成本。因此，决策者必须根据当时的市场利率、通货膨胀率及项目风险等因素选择合适的折现率，进而对成本进行科学核算。从这个角度来说，生命周期成本和传统的预算成本、产品成本等都有着很大的区别。

另外，与传统建筑相比，绿色建筑更加注重对建筑长远利益的考虑，其目标在于追求长远利益的最大化，而非局限于当下的费用。因此，在对项目进行决策时，要全面考虑其综合效益，即建筑的经济效益、环境效益及社会效益。经济效益指的是该项目会带来的经济收益，环境效益则是该项目对环境造成的正向影响、是否有利于生态可持续发展，而社会效益则指的是该项目的进行对全社会长远效益的影响。

2.6.1.2 生命周期评价的概念

对于生命周期思想的研究起源于 20 世纪 60 年代末，其首次应用是美国中西部研究所在可口可乐的包装中运用“从摇篮到坟墓”的思想进行定量计算分析。然而，20 世纪七八十年代，该理论并没有得到迅速推广与广泛研究，直到 90 年代，随着环境污染问题愈演愈烈，该理论才重新受到政府、学者以及从业人员的广泛关注，并迅速发展成为环境管理领域里最具有潜力的决策工具。

国际标准化组织（International Organization for Standardization，ISO）与国际环境毒理学与化学学会（Society of Environment Toxicology and Chemistry，SETAC）各自通过研究与探讨，分别对生命周期评价的概念做出了较为具有说服力的定义。其中，SETAC 将生命周期评价定义为一个分析产品、工艺或者活动造成环境负荷的工具方法，它通过识别和量化物质和能源的利用以及环境碳排放，评价它们产生的环境影响，以及评估研究对象优化环境质量的可能性（张翔杰，2015）。ISO 将生命周期评价定义为一种工具，该工具能够对产品和服务对环境造成的潜在危害进行评价，且该评价贯穿初始获取原材料至最后终结的全部过程（郭春明，2005）。

根据上述对生命周期评价的定义可知，生命周期评价可以被认为是一种识别、量化特定的产品或者活动在整个生命周期内，包括原材料的采集加工运输、产品的生产包装销售、消费者使用维修以及最终的循环利用与处置等阶段的资源和能源消耗以及产生的环境负荷的管理工具。也就是说，生命周期评价关注的是产品或者活动“从摇篮到坟墓”各阶段的资源耗费和生态环境影响。

生命周期评价和生命周期成本都是以生命周期思想为基础的。不同的是，生命周期成本侧重于研究对象的经济性计算与分析，而生命周期评价侧重于对产品和过程的环境影响评估。现阶段，以可持续发展为背景，两种方法的整合可以实现经济效益和环境负荷的平衡与共赢，成为未来学术研究和实践应用的必然趋势。

2.6.1.3 生命周期评价的方法框架

1993 年，SETAC 将生命周期评价分为四个阶段，即目标和范围的确定、清单分析、影响评价以及改善评价，并据此建立了生命周期评价的框架。ISO 则认为 SETAC 框架中的改善评价阶段是生命周期评价的终极目标而不是必须环节。基于此，ISO 在 1997 年提出了如图 2-6 所示的生命周期评价框架，该框架是 ISO 是在 SETAC 评价框架的基础上去掉改善评价的同时增加了结果解释环节，详细地阐述各步骤的原则和一些基本方法而建立的。

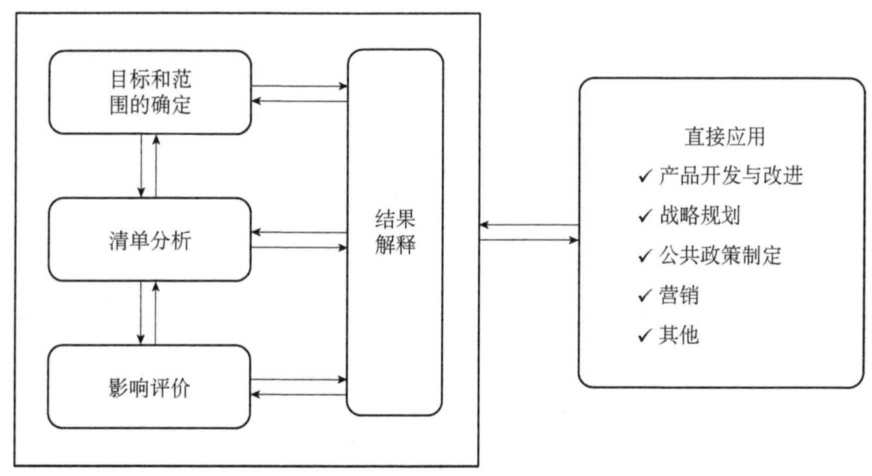

图 2-6 ISO 生命周期评价框架

1）目标和范围的确定

在生命周期评价过程中，明确地界定目标以及系统范围是研究的基础和前提，对后续的评价工作和最终结果会产生直接而深远的影响。研究范围的界定受到许多因素的影响，比如研究的对象、目标、广度、深度等。因此，必须明确这些问题，并以此为依据来界定研究的系统边界，设定功能单位，介绍假设条件和数据选定要求等。

2）清单分析

生命周期清单分析（life cycle inventory，LCI）是指对研究对象在系统边界范围内投入的资源情况及污染物排放情况进行分析统计的过程。该流程贯穿于研究对象的整个生命周期，可为决策者提供概括性的投入产出信息。

3）影响评价

生命周期影响评价（life cycle impact assessment，LCIA）是整个生命周期评价环节的重中之重，其指在对研究对象进行了清单分析后，通过定性或定量的分析手段指出该研究对象对环境造成的影响的过程。ISO14040 对此原则性地说明了实施的步骤，包括环境影响分类、特征化和加权赋值，并没有给出具体的方法工具。目前，学术研究在这里出现很大的争议，专家学者提出了 20 多种影响评价的方法，它们各自有着不同的适用范围和优缺点，而评价方法的研究依然是环境管理领域的热点。

4）结果解释

通过界定研究目标和范围、进行以投入产出为核心的清单分析、定性或定量地评价环境影响得出研究结果并以社会大众易于理解的方式进行解释说明，为生产过程的优化等提供了针对性依据。

生命周期评价能够全面地考虑产品或者项目在整个存续期间所造成的环境负荷，力图从源头上进行预防和控制，有效地避免了仅根据生产制造环节的信息进行决策导致的损失，成为可持续发展的重要支持工具。

2.6.1.4 常用的生命周期成本评价方法

1）费用效率法

费用效率是指系统效率与项目整个周期内的成本的比值。其中系统效率是项目投入生命期成本能够取得的效益、价值和效果等，是最终输出的指标，一般情况下以功能、效用、效益等表示；对于项目整个生命周期内的成本的估算尽可能在早期阶段进行，可以先大体按照安置费用以及维持费用进行归类，之后再根据所处的不同阶段适当调整每一大类下的细化指标。

2）固定效率法和固定费用法

固定效率法是以固定效率值为前提，在此基础上选择费用最少的方案；而固定费用法与此相反，是在固定费用的基础上，选择效率最高的方案。

3）权衡分析法

权衡分析是对两个具有相反性质的要素进行适当的处理，通过比较权衡来提高总项目的性能。有效的比较权衡不仅能高效利用人、财、物等资源，还能保证任务的实现。

2.6.2 循环经济理论

1）循环经济的内涵与发展

循环经济的内涵主要有以下三种观点。第一种观点是经济角度的循环经济，即将材料到产品再到排弃物再利用形成循环，在这样一种循环体系中资源通过合理的利用延长其寿命。第二种观点是生态角度的循环经济，即在生产过程中考虑生态因素，建立人与自然和谐相处的发展模式。第三种是环境角度的循环经济，即综合使用材料包括其排弃物，以达到节省能源、保护环境的目的（胥献宇，2008）。

循环经济理论的发展完善主要经历了三个阶段，第一阶段为 20 世纪 60—70 年代，人类着重思考传统发展模式对于资源使用及环境所造成的严重问题，采取措施解决排弃物的利用回收；第二阶段为 20 世纪 70—80 年代，人类开始关注在全过程中控制资源的使用，提出清洁产生和生态工业等新型的利用资源模式；第三阶段为 20 世纪 80—90 年代，循环经济的概念正式出现。随后 20 世纪 90 年代在日本、德国等国家开始实施这一理论，通过政策制度以及法律条例的引导，在理论界和实践领域引发了广泛的探讨与研究（陈德敏，2004）。

2）循环经济的原则与绿色建筑

循环经济理念遵循 5R 原则：再思考（rethink）原则，表明在作项目决策时，不仅要考虑建筑开发企业的利益，更要考虑经济、环境、社会的协调发展；减量化（reduce）原则，即建筑企业在最初通过合理设计管理技术，采用环境友好的材料和能源，提高资源利用效率，最终减少整个过程中所耗用的资料，从而降低成本；重复利用（reuse）原则和循环（recycle）原则，提高建筑内各项材料、物资在整个建筑系统内的重复利用率，尽量通过建筑结构的合理设计和选择材料实现良好循环，减少对自然资源单方面的损耗；再修复（repair）原则，要求在建筑的整个生命周期内，建立自动修复体系，使得在建筑施工和运行期间受损的生态系统得以修复，实现自然系统的长久发展。与一般建筑相比，绿色建筑依据当地情况选取材料、设计方案，满足低碳、节约能源的目标，重视与自然和谐共处，是完全遵从循环经济理念的建筑形式。

2.6.3 生态经济理论

1）生态经济理论的特点

一是强调经济与环境协调发展，经济发展要考虑到自然的容量和环境的承载情况，发展经济所带来的排弃物的增长速度应该小于环境自我洁净的速度。二是强调节约资源，在资源有限的情况下，应发展节能技术，减少能源和资源的消耗。三是维护资源分配的平等性，表现为代内平等和代际平等，代内平等即经济发展程度不同的国家之间、地区之间、种族之间资源分配应平等；代际平等考虑的是前人与后人的资源享有应平等。四是整体优化，要实现全世界的可持续发展，发展生态经济，需要全体人类共同携手，统一认识、共同努力才能实现。

2）生态经济理论与绿色建筑

对于能源大户的建筑行业来说，改变以往的生产方式，积极推广绿色建筑是大势所趋。一般建筑通常用资本、耗时以及质量来评价，即推崇用最低的资本和最少的时间来满足设定的质量要求，而这种评价模式容易导致建筑企业盲目追求眼前的经济效益；在早期的节能建筑评价系统中，补充了损耗资源、排放废弃物、大气状况和物种多样化等环境指标；随着绿色建筑的进一步发展，评价系统也越来越完善，经济、社会文化等新的指标被纳入评价绿色建筑效益系统中，这些要素成为绿色建筑效益评价的新维度，逐渐形成涵盖经济、环境以及社会等多方面的完善的建筑效益评价系统（王廷杰，2009）。

2.7 成本效益分析理论与方法

2.7.1 效用理论

效用（utility）指的是消费者通过消费产品或服务而使自己的需求得到满足的程度。在一般情况下，消费者的理性决策往往都是建立在效用最大化的原则上的。因此效用理论通常被用来研究人类如何在各种产品或服务间分配其有限的收入，使其得到最大满足的问题。

以效用理论为基础可以延伸出许多其他的理论，福利经济学就是其中之一。福利经济学，顾名思义，主要就是探究人类福利最大化问题。如果以福利经济学为基础，可以得出成本效益分析法。此方法作为一种度量方法，通过比较公共产品的成本与其所带来的社会福利的大小，进而判断政府是否应该提供该种公共产品。若该产品的成本小于其所带来的社会福利，则政府应该提供该产品，反之则相反。另外，总效用最大化应该时刻被考虑，尤其是在政府提供公共产品或服务时，也就是说，在此种情况下应该使该产品或服务的边际效用为零。

2.7.2 边际分析

在现代西方经济学中，边际分析法作为最基本和最科学的分析方法之一被广泛应用。边际分析法的基本思想在于通过研究一个经济变量的变动所带来的另一个经济变量的变动来研究经济问题。该方法为优化理论奠定了基础，它将额外支出与获得的收入进行比较，当它们相等时，就是临界点，即当投资金额获得的收益等于产出损失时的状态。

总效用是指消费者在一定期间内用有限的收入购买的全部商品或服务而获得的效用的总和。边际效用是指消费者在一定期间内增加单位商品或服务的购买量而造成的总效用的增加量。总效用是边际效用之和，当边际效用大于零时，总效用不断增加，反之则相反。边际分析法就是将企业追加的支出与追加的收入进行比较，临界点为二者相等时的投入或支出，而这一临界点也是使企业取得最大利润的点。

2.7.3 外部性理论

庇古以马歇尔（A. Marshall）提出的外部性理论为基础，在一定程度上对其进行了延伸与丰富。庇古指出，外部性是指在进行生产消费交易活动时，生产者和消费者对其他个人所带来的超越主体活动范围的利害关系。

外部性理论是环境经济学的理论基础。在社会活动中，人类为了追求经济利益的最大化，不顾后果地开发和掠夺环境资源，并将产生的废弃物毫无顾忌地排放到自然界中，而这些行为后果最终都由环境来承担，这就表现为环境的外部性。

不同经济学家对外部性的概念做出了不同的解释。其中，最著名的是萨缪尔森（P. A. Samuelson）和诺德豪斯（W. D. Nordhaus）以及兰德尔（G. Randall）的解释。前两位指出，外部性就是位于经济活动中的某些生产消费活动对第三方产生的不可弥补的成本或不必补偿的收益。兰德尔则认为，外部性是在经济活动中，决策者并未考虑到的某些因素产生的一些效率不足的状况，即某些效益和成本被强加到与该项经济活动无关的人身上。用数学语言来描述，所谓的外部效应就是某经济主体福利函数的自变量中包含了他人的行为，而该经济主体又没有向他人提供报酬或索取补偿。即：

$$Q_i = Q_i(X_{1j}, X_{2j}, \cdots, X_{mi});\ \ j \neq k \tag{2-5}$$

其中，Q_i 为 j 的福利函数；$X_i(i=1,2,\cdots,m)$ 为经济活动。

从式（2-5）可以看出，对于经济主体 j 来说，其福利不仅仅受到其本身所控制的经济活动主体 X_i 的影响，而且还受到另一主体 k 所控制的经济活动 X_m 的影响，这种现象就可以称为该经济主体存在外部效应。

国务院出台的《“十三五”生态环境保护规划》分别对大气、水、土壤的保护进行了路线规划，并计划组织实施工业污染源全面达标排放等 25 项重点工程。这也进一步印制了外部性理论的重要性，以及国家对环境中大气治理的重视程度。李小东评估了建材生产过程中各排放废弃物对环境的影响，刘玉明估算了建筑节能的环境减排效益，张智慧等人探索构建了建筑环境影响排放量计算边界和框架，总体的趋势是近来关于节能的环境效益的研究开始从定性的角度向定量角度过渡。

2.7.4 成本效益分析

成本效益分析是通过分析项目投入成本的构成及未来带来的效益来辅助项

目决策，以帮助项目投资者以最少的投入而获得最大的效益，常用于量化公益事业产生的社会效益。

成本效益分析的概念由朱乐斯·帕帕特（Jules Dupuit）在 19 世纪首次提出，由尼古拉斯·卡尔德（Nicholas Crafts）以及约翰·希克斯（John Hicks）提出的卡尔德-希克斯准则则为其奠定了理论基础，而后，随着各种项目数量的增多、复杂性的提高，人们越来越重视投资，投资的难度也日益提高，企业需要一种更为合理的方法来评价项目的各项资源的流出以及流入的其他资源，成本效益在此背景下得到广泛的关注并得以迅速完善发展起来。

绿色建筑的成本效益分为显性成本效益和隐性成本效益，前者较为直观，后者则不容易表现出来。顾名思义，显性成本效益就是便于观测和计算的成本收益，其中最常见的就是经济效益，可以通过一定的财务指标对其进行准确的计算评价。隐性成本效益则由于其不能较为直观地测量，只能从国民经济评价的角度进行衡量，通过宏观评价某绿色建筑项目的效益和费用，计算该项目为宏观经济发展所带来的净收益，进而评价其合理性。

2.7.5 增量成本与增量效益

2.7.5.1 增量成本

按照经济学中的说法，增量成本来自边际成本的概念，其定义是指由产出增加而带来的总资本的变动，从量上等同于产出增加后的总资本与产出增加前的总资本的差额。实践中，从生产方式的角度来看，可以将其划分为两种类型，即全业务增量成本和全要素增量成本。

在绿色建筑的一般分析中，引入的基础建筑是满足国家以及地方政府对于建筑的材料的使用、能耗的节约等方面强制性的规定，以满足该最低要求的同等规模、同等能效的建筑作为计算增量成本的起点，研究绿色建筑在此基准上用于计划、建设、材料采购、运行等方面所增加的投资资本。基准建筑的满足程度在不同主体的眼中可能有所不同，房地产企业对于项目的定位以及建造的水准不同也会有所影响，总的来说，基准是满足国家对于建筑的计划、建设及运行等方面的政策以及制度规定的成本，按照流程又可以进一步细分为前期咨询增量成本、建设增量成本以及维护管理增量成本。

2.7.5.2 增量效益

增量效益指的是在同一个时间内项目改造后所带来的比之前的项目效益的增加，两者效益相减得到的就是增量效益。对于绿色建筑而言增加的效益可分为直接和间接两大类，直接效益即指经济层面的，通过节约水资源、能源、材料以及提高运营效率等方式所带来的效益；间接效益指的是效益的评价除了定性角度，还需将其通过货币化的形式进行计量，包括社会文化、环境生态等方面的效益。

间接效益的计算方法主要有以下几种。

1）疾病成本法

该种方法主要通过衡量空气质量、外部环境对人们的身体机能以及劳动力的影响情况，具体通过计算由于雾霾、酸雨等对人体造成损害的环境条件而使人们生病所带来的经济损耗，包括医院的挂号费、咨询费、检查费以及药品费等，以及由于身体不适无法正常工作而缺勤所减少的收入得出。这种方法通过引入函数，将人们受到较差的环境条件影响作为因，将外部环境对人们身体影响作为果，定量地描述二者之间的关系。具体需要确定污染物的种类，确定在恶劣环境条件下增加的疾病，确定身体机能受损时增加的治愈费用、损失的收入甚至影响到寿命的成本。

运用该方法评价恶劣的环境条件对人们身体机能的影响采用式（2-6）：

$$I_c = \sum_{i=1}^{n}(L_i + M_i) \tag{2-6}$$

其中，I_c为环境条件恶劣对人们身体机能影响所带来的疾病损失；L_i为第 i 类人由于身体不适无法正常工作而缺勤造成的收入损失；M_i为第 i 类人由于生病去医院而产生的挂号费、咨询费、检查费以及药品费等。

运用疾病成本法具体需要的数据资料包括：受到恶劣环境影响而导致生病程度的水平；造成人类生病的环境条件的限度；受此影响的生病率；生病时间；生病人群的分布情况；医院的挂号费、咨询费、检查费以及药品费；生病人群的工资构成等（李开孟和张小利，2008）。

2）人力资本法

人力资本法是通过减少的工资来衡量恶劣的环境状况对人类寿命的影响的，而人类寿命的减短或者是正常工作时间的减少所失去的价值等同于在该时间段内正常劳动所应有的价值，为了便于计算，人类正常劳动的价值等于考虑到学历、年龄、资历等多重因素后，每个人在该时间所对应的收入的折现。

早在1690年，威廉·佩第（William Petty）在《政治算术》中就提出了人力资本法的理论，而后该理论被用来评价环境条件宜人的情况下对身体有利的效益或者环境条件恶劣时对人体的损害。里德克（R. G. Ridker）将该方法进行了一定改进加以运用，即用期望的寿命与实际寿命之差来度量疾病对人体生命的影响（王浩等，2004）。

$$\mathrm{YPLL}=\mathrm{EY}-\mathrm{DY} \tag{2-7}$$

其中，YPLL为潜在的寿命损失；EY为期望的寿命；DY为实际寿命。

3）机会成本法

机会成本法用于在缺少足够市场信息的条件下，一种资源的价值用它所拥有的其他用途中的最大效益来衡量，因为一项资源只能用于一个方向，其由于未能应用于其他用途而损失的效用也是其价值，那么损失的效用中最多的效用即可用来评价其价值。机会成本法的应用具有一定的条件，包括所评价的资源需具备两种以上的用途；各用途的使用时间不可协调；资源的总量是有限的；等等（胡晓勇，2003）。

2.7.6 净现值法

净现值法是在众多投资项目中进行选择的一种评价方法，通过计算项目在整个阶段产生现金流量的折现到项目初期的值，减去初始投资的资本所得到的值求得。该种方法的优势在于考虑了时间的因素，项目在不同时期带来的现金流的影响是不同的，而选取一个固定的时间点作为基准，将现金的流入与现金的流出都折现到这一点上进行比较，能够较为科学合理地比较抉择项目。净现值的计算公式如下：

$$\mathrm{NPV}=\sum_{t=1}^{n}\frac{C_t}{(1+r)^t}-C_0 \tag{2-8}$$

其中，NPV为净现值；C_0为初始投资资本；C_t为t年时现金流入量；r为贴现率；n为整个投资项目的周期。

运用该种方法抉择项目的标准是：当得到的值大于零时，说明项目本身是可行的；而当得到的值小于零时，说明项目的投入最终收不回来，本身就不可行。

对于多个净现值都大于零的项目，则选取值最大的项目。

2.7.7 层次分析法

层次分析法在当今的科学研究之中应用相当广泛，其本质是一种多层次的决策方法，最早在20世纪70年代就已经出现，萨蒂（T. L. Saaty）在美国第一次阐述了这个概念。层次分析法在处理复杂的系统问题时，从定性分析和定量分析两方面入手，对于简化系统问题有很高的适用性。因此层次分析法目前已广泛应用于农业、科学、军事、交通、教育、医药以及经济等多个领域的项目决策与复杂问题处理中。

层次分析法具有以下几个基本步骤。

1）建立层次的框架模型

首先根据项目的实际情况，将系统涵盖的所有因素按照一定的规则从上往下进行拆分整理，层次之间遵从一定的逻辑关系，即处于某一层次的因素在受到其上一层次因素影响的同时也会受到其下一层次因素的影响。一般来说，该框架的最上层为该项目的总体目标，最下层为具体的执行方案，中间层次是起到上下联结作用的各指标层，当中间层次划分数量过多时，可以进一步分解出自准则层次。

2）构造成对比较矩阵

从该层次框架的第二层起，对该框架中受到同一上层因素作用或共同作用下层因素的因素，分别进行比较，并按照重要程度从1分到9分对每一组比较打分，构造各层次的矩阵以清晰地进行比较分析，见表2-13，其中A表示各个因素，a表示比较矩阵元素。

表2-13 比较矩阵的打分标准

a_{ij}	定义	a_{ij}	定义
1	A_i和A_j同等重要	6	A_i比A_j介于明显与极其重要之间
2	A_i比A_j介于同等与略微重要之间	7	A_i比A_j极其重要
3	A_i比A_j略微重要	8	A_i比A_j介于极其与强烈重要之间
4	A_i比A_j介于略微与明显重要之间	9	A_i比A_j强烈重要
5	A_i比A_j明显重要		

3）一致性检验

一致性检验是指针对某一矩阵的最大特征根以及其所对应的特征向量，采用一致性指标、随机的一致性指标及一致性的比率而进行的检验。若通过该检验，则将特征向量进行归一化处理进而得到权向量；若没有通过该检验，则重新考虑比较打分的分值情况，重新构建系统比较的矩阵。对于比较矩阵来说，首先要计算其一致性指标，一致性指标值越小则表明该矩阵具有较好的一致性，具体指标的计算如式（2-9）。

$$\mathrm{CI}=\frac{\lambda_{\max}-n}{n-1} \tag{2-9}$$

其中，CI 为一致性指标值；$\lambda_{\max}$ 为最大特征根；n 为矩阵的阶数。

根据表 2-14 可查找平均的随机一致性的指标 RI。

表 2-14　一致性的指标值

阶数 m	1	2	3	4	5	6	7	8	9	10	11
RI	0.00	0.00	0.58	0.90	1.12	1.24	1.32	1.41	1.45	1.49	1.52

根据式（2-10）计算随机一致性比率：

$$\mathrm{CR}=\mathrm{CI}/\mathrm{RI} \tag{2-10}$$

其中，CR 为一致性比率；CI 为一致性指标值；RI 为平均的随机一致性的指标。当一致性比率的最终结果小于 0.1 时，可认为满足一致性的验证要求。

2.8　项目组合管理理论

2.8.1　项目组合管理的概念

组合管理的思想最早起源于 20 世纪 50 年代经济学家马科维茨（W. Markowitz）提出的投资组合管理理论，即分散化投资可以降低风险。到 80 年代，随着项目管理应用研究的进一步深入，沃伦•麦克法兰（Warren McFarlan）将金融领域的组合管理理念引入了项目管理，提出项目组合管理理论。他认为项目组合的选择和管理同样可以实现降低风险，提高收益水平的目的。之后，该领域的相关研究不断丰富，并逐渐形成了较为完整的一套理论，即项目组合管理理论。

在介绍项目组合管理理论之前，首先需要明确项目组合的定义。目前，国内外关于项目组合的理解还没有形成统一的认识，有代表性的定义比较多，包括但不限于以下内容。美国项目管理学会（Project Management Institute，PMI）指出，项目组合是为达到其已定的经营目标，企业进行集中统一管理的一系列项目、工作（Ghasemzadeh and Archer，2000）。Ghasemzadeh 和 Archer（2000）指出项目组合是一种集合，该集合包括某具体集体进行管理的一系列项目。其中，这些项目可能是相互独立的，也可能具有相关关系，项目之间也可能会存在资源竞争关系，但其要实现的战略目标都是一致的（马坤，2008）。

根据上述定义可知，项目组合就是以企业战略方向和目标为指引，发起并且管理的一系列项目或者大型计划，项目之间可能独立也可能存在或大或小的关系和影响，一般还会存在资源竞争的情况。在项目组合管理实践中，能否科学地分配资源在很大程度上影响着项目的成败。

随着项目组合管理研究的不断丰富和深入，项目组合管理理论正在逐步形成比较系统化的理论体系。关于项目组合管理的概念，比较权威的定义有：PMI 认为项目组合管理就是某一组织或集体，为了实现集体目标而集中统一管理一系列项目、大型计划和其他工作，包括识别、优先排序、授权以及管理控制活动等过程。项目管理大师鲍勃·巴特里克（Bob Buttrick）认为，项目组合管理就是企业为了达到其既定的目标和期望，将方法、工具、技术等科学地运用于项目管理中的过程。

根据上述定义，项目组合管理可以理解为企业选择并且管理控制多个项目或者大型计划，以期在企业战略的指导下，利用有限的资源和管理能力实现企业长远发展目标，比如投资收益最大化、综合效益最大化等。可以看出，项目组合管理并不是简单的针对多个项目或者大型计划的方法和工具，更重要的是，它是连接企业的战略和项目实施的媒介，是企业战略实施的重要环节。

2.8.2 项目组合管理的意义

传统的项目管理力图运用各种工具和方法保证单个项目的进度、质量和成本方面的要求。然而，随着企业规模的不断扩大，其往往会实施多个并行的项目。此时，传统的项目管理中对单个项目的管理要求已经不能与企业的发展相适应，企业亟须一套能够同时进行多个项目管理的理论体系，由此，项目组合管理理论应运而生。企业实施项目组合管理的作用可以概括为以下三点。

（1）根据企业的战略方向和目标筛选备选项目，有利于剔除掉不符合企业战略发展方向以及战略贡献度低的项目，确保企业投资的项目与企业战略方向和目标高度符合。另外，该理论从成本核算、收益计量及风险测试等方面为企业中的不同项目提供了统一的衡量标准，使企业能够在统一标准下定性或者定量评价备选项目，降低了项目评价过程中的主观性和盲目性，有利于企业科学地选择项目，按照战略规划实现长足发展。

（2）项目组合管理的过程包括识别项目之间的关系、分配企业有限的资源、实现资源尤其是管理资源的共享等，通过这些方式可以有效地解决资源冲突问题，提高项目的成功率。

（3）多项目的集中管理模式有利于信息的交流和反馈，降低项目的开发风险。项目组合管理为各项目参与人提供了一个信息沟通的平台，通过交流和分享各个项目所处的位置、作用、资源状况、最新进展以及项目成果等信息，学习项目管理过程中的经验并吸取教训，可以及时发现项目中存在的问题，预测可能发生的风险并制定规避或者应对的措施，有利于降低项目的综合风险。

2.8.3 项目组合选择流程

项目组合选择是项目组合管理过程中非常关键的一个环节，这是因为对企业而言，选择做正确的事情要远比正确地做事情更为重要，尤其是在市场竞争激烈的今天，任何一个失误都可能关系到企业的生死存亡。如果项目选择不合理，在项目执行阶段就可能会出现很多问题甚至直接导致项目失败，造成不可挽回的损失。

项目组合选择的流程受到竞争环境、市场条件、风险成熟度等许多因素的影响，总结已有的研究成果，其过程可以概括为三个阶段，如图 2-7 所示。

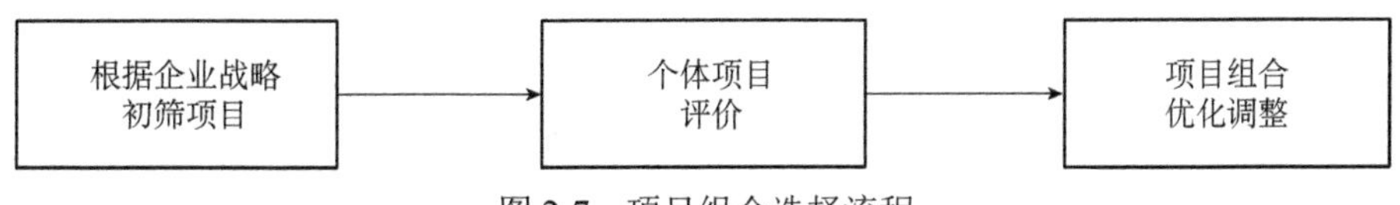

图 2-7 项目组合选择流程

1）第一阶段，根据企业战略方向和目标，初步筛选备选项目

这个阶段的主要任务是识别并初步筛选出和企业战略方向一致的项目。为此，首先，需要确保企业在分析内外部环境和自身资源能力的基础上制订出清晰的远景规划以及科学的战略目标。其次，建立完善的项目产生机制，通过企业战略派生和目标分解、员工建议，以及运营管理需求分析等途径收集新项目。最后，战略项目办公室根据收集的新项目与公司战略方向的符合程度初步筛选出可以进入下一个阶段的备选项目。

2）第二阶段，个体项目评价

个体项目评价阶段的核心是构建项目组合评价指标体系，通过收集并整理分析各备选项目的详细信息，包括费用、效益、风险、资源、项目间关系等数据，运用统一的标准对备选项目的战略符合度、经济可行性和风险等因素进行全面客观的评价，据此确定各备选项目的优先级顺序。

3）第三阶段，项目组合选择与调整

由于在个体项目评价阶段没有考虑企业资源和管理能力的约束以及项目之间的相关性，因此，在既定条件下，最终并不一定会选中优先级高的项目。这个阶段需要深入分析各项目之间是资源共享还是竞争关系，通过构建模型计算出最佳的项目组合。

项目组合选择结束之后，经过资源分配，就可以启动项目进入实施阶段。在这个过程中，往往会存在企业原有项目完成或者新项目产生的情况，此时需要对项目进行重新评估，及时终止没有意义的项目，将可行的新项目纳入项目组合，以此实现对项目的动态管理，确保实现企业的战略目标和经营目标（魏法杰和陈曦，2006）。

绿色建筑成本驱动因素的识别与合并

有效识别绿色建筑项目成本发生的关键驱动因素对绿色建筑项目的成本分析、成本计量和项目组合的选择具有不可忽视的作用。本章首先对绿色建筑的成本构成进行了总体上的分析，其次对绿色建筑成本驱动因素进行了全面的统计和分析，识别导致绿色建筑成本发生的各项驱动因素，最后根据成本效益原则，选择优化代表性因素，确定关键的成本动因。

3.1 绿色建筑成本构成

企业若想在日益激烈的经济全球化竞争中获得竞争优势和最大的经济效益，保持可持续发展，进行成本构成分析，控制其关键成本因素，进而减少成本，提高最后的净效益是企业必不可少的选择。可持续发展的本质含义是从自然资源与生态环境角度出发，强调自然资源与环境的长期承载力对发展的制约性以及可持续发展对改善生态环境质量的重要性。

成本是影响绿色建筑实施的关键因素。绿色建筑的生命周期成本，主要包括初期项目决策、设计、招标、施工、竣工验收等一系列过程中产生的各种费用，以及研究费、制造安装费、运营维护费、报废费和其他相关费用。

绿色建筑生命周期成本效益分析是对传统成本效益分析方法的改进。该方法具有以下特点：以生命周期成本法为基础，强调评价建筑物的经济性能，同时又考虑建筑过程的经济性能。另外该方法同样综合考虑经济效益、社会效益和环境效益，即将一定的显性成本和隐性成本合并起来考虑，将项目产生的经济效益、社会效益、环境效益结合起来，并且实现生命周期成本的最小化。

3.2 绿色建筑成本驱动因素的识别

在分析绿色建筑成本的影响因素时，应与传统建筑成本区别开来。传统工程造价的主体是投资方，通常考虑工程规划和工程建设对造价的影响。绿色建筑成本的主体是企业、顾客和社会，处于生命周期的各个阶段。因此在研究绿色建筑成本的影响因素时，应考虑更多类型和更广泛的因素。此外，由于绿色建筑与其他建筑存在差异，因而，也应该考虑到其维修方法和建材价格。

3.2.1 成本驱动因素的调查

为了更好地分析绿色建筑成本的驱动因素，本书通过发放问卷对影响绿色建筑成本的因素进行了全面地统计和分析。问卷调查对象主要包括绿色建材供应商、建筑业相关政府部门人员、绿色建筑开发企业和绿色建筑用户等，共发出 120 份问卷，收回有效问卷 112 份，回收率 93%。其中，绿色建材供应商 24 份，占发出问卷的 20%；建筑业相关政府部门人员 12 份，占发出问卷的 10%；绿色建筑开发企业 36 份，占发出问卷的 30%；绿色建筑用户 48 份，占发出问卷的 40%。

本次问卷的发放主要分为两个过程：①问卷预测。问卷编制完成后，由部分绿色建筑相关人员进行了预答卷，即问卷的预测。对影响绿色建筑成本的因素无法通过一次问卷得出，因此问卷在预测试后有所修改，最终投入实际调查。②问卷发放。考虑到问卷的层次性和复杂性及调查对象之间的差异性，按照分层抽样方法，对涉及绿色建筑相关人员中的影响绿色建筑成本因素的人员发放问卷，被测者自行填写问卷，在被测后统一收回。

通过对回收的调查问卷进行总结分析可知，绿色建筑行业主管部门制定的政策法规、标准，绿色建筑行业开发企业的设计理念、设计施工技术，绿色建筑行业材料供应商的废料绿色回收、废料绿色再利用等方面都会对绿色建筑的成本产生影响，形成成本驱动因素，具体如图 3-1 和表 3-1 所示。

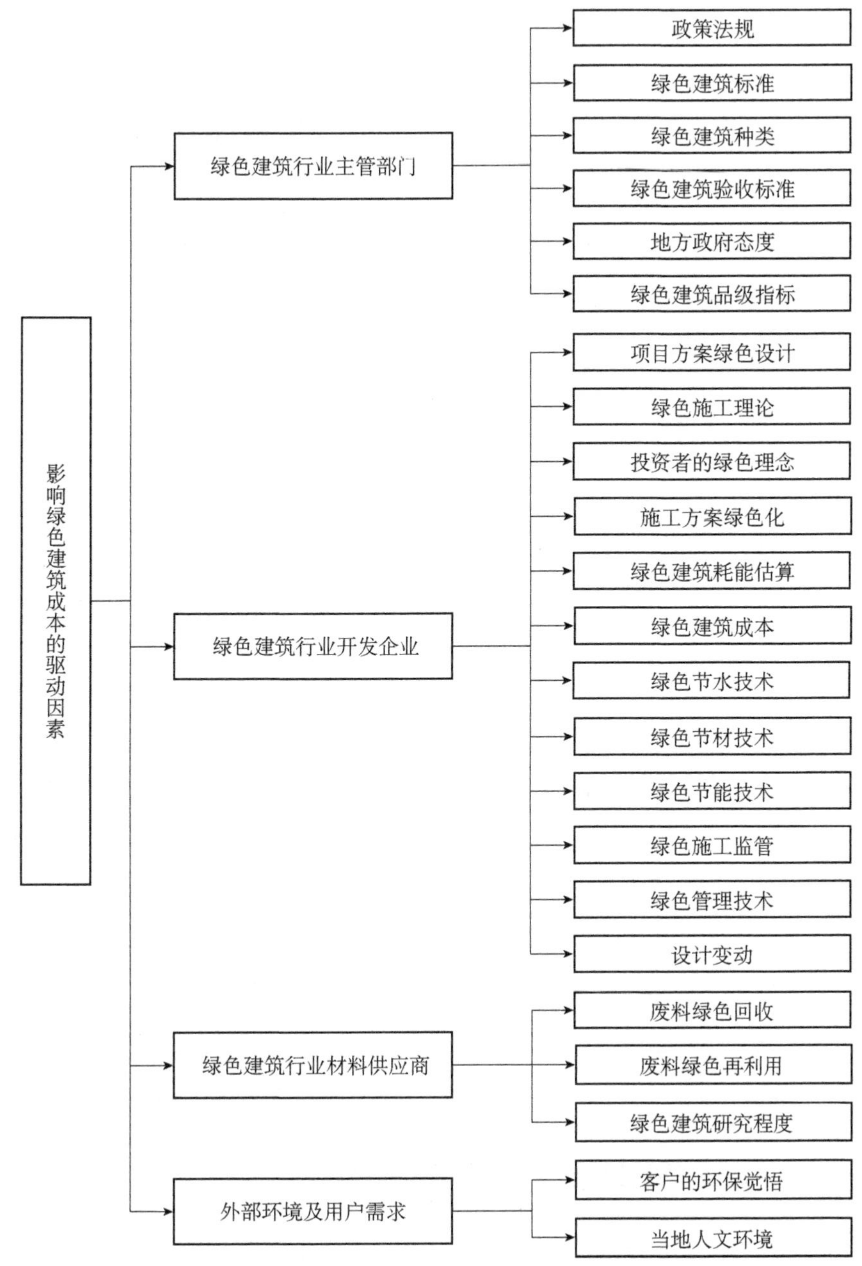

图 3-1 影响绿色建筑成本的驱动因素

表 3-1　绿色建筑成本影响因素

编号	影响因素	因素分析
M1	政策法规	①绿色建筑行业实施的国家政策；②绿色建筑行业制定的规章制度
M2	客户的环保觉悟	①客户对建筑设计的绿色意识；②客户对建筑材料选择的价值判断
M3	项目方案绿色设计	设计方案的绿色理念与可实施性
M4	绿色施工理论	①建筑施工过程绿色环保；②建筑施工方案绿色节能
M5	投资者的绿色理念	绿色建筑项目股东投资利益出发点
M6	绿色建筑品级指标	①国家关于绿色建筑的环保标准规范；②绿色建筑等级指标设计的难易度
M7	施工方案绿色化	①绿色建筑施工方案环保节约；②施工方案过程绿色环保
M8	绿色建筑标准	①绿色建筑技术设计标准；②绿色建筑施工管理标准；③绿色建筑相关方资质标准
M9	绿色建筑种类	①不同类型建筑其绿色设计要求不同；②绿色施工方案不同
M10	绿色建筑耗能估算	①绿色建筑耗能估算精准度；②绿色建筑耗能偏差
M11	当地人文环境	对绿色建筑的需求、偏好等
M12	绿色建筑成本	①绿色建筑施工成本；②绿色建筑经济成本；③绿色建筑社会成本
M13	绿色节水技术	①绿色建筑设计节水效果；②绿色建筑节水性能成本；③绿色建筑节水经济效益
M14	绿色节材技术	①绿色建筑设计材料节约经济成果；②绿色建筑设计材料节约成本
M15	绿色节地技术	①减少建筑占地比率；②提高建筑用地率
M16	绿色节能技术	①提高建筑能源利用率；②绿色节能技术的先进性和实用性
M17	绿色施工监管	绿色建筑施工监管可操作性及施工成本
M18	废料绿色回收	①绿色建筑材料回收利用率；②绿色节能技术的先进性和实用性
M19	废料绿色再利用	①绿色建筑废料利用率；②绿色建筑废料产生率
M21	绿色管理技术	①企业绿色管理技术成熟度；②企业绿色管理技术使用效果
M22	地方政府态度	①政府是否鼓励推行绿色建筑；②政府是否在税收、政策方面给予优惠
M23	设计变动	①绿色建筑施工方案变化；②绿色建筑技术稳定性
M24	绿色建筑研究程度	绿色建筑研发技术积累程度
M25	绿色建筑验收标准	绿色建筑验收标准完整性、规范性

3.2.2　成本驱动因素对各方的影响分析

通过对当前绿色建筑成本驱动因素的总结和分析，可以看出绿色建筑行业主管部门、绿色建筑行业开发企业、绿色建筑行业材料供应商和用户是绿色建筑成本的重要驱动因素，这些不同的驱动因素产生的影响是不同的，具体表现为以下几点。

1）绿色建筑行业主管部门

绿色建筑与传统建筑行业相比，关注更多的是如何在建筑设计理念、建筑施工方案、建筑法规等方面更侧重于绿色、低碳、环保。同时，在实施过程中，绿色建筑更容易受到政策法规的影响，具体表现为：绿色建筑行业政策法规、绿色建筑验收标准、绿色建筑品级指标以及地方政府对绿色建筑的态度等因素。这些因素均为绿色建筑行业主管部门所关注的重点，并且是影响绿色建筑建设成本的重点。

2）绿色建筑行业开发企业

绿色建筑的施工过程是绿色建筑行业成本产生的重要环节，绿色建筑行业开发企业是主要参与者，他们的活动对绿色建筑的成本有重要影响，如绿色建筑行业开发企业所设计和实施的项目方案中的绿色设计；项目方案实施的绿色施工理论；绿色建筑行业开发企业对绿色理念的认识、施工方案的绿色化程度；能否对绿色建筑方案制定科学的估算，采用较为先进和节约的绿色供水、绿色材料、绿色节能计税以及采取科学的绿色施工监督和技术等，从而尽可能减少在绿色建筑施工中由于绿色设计问题而产生的成本影响，以便能够最大限度地控制绿色建筑的成本。通过对驱动因素分析可知，绿色建筑行业开发企业在其中具有重要的作用。

3）绿色建筑行业材料供应商

建筑材料成本的高低对整个建筑成本的产生具有重要的作用。同理，对于绿色建筑成本的产生而言，绿色建筑材料的成本也是较为关键的因素，需要对其开展重点分析。绿色建筑行业材料供应商应该在新型材料、废料回收、废料再利用等方面不断加强研究程度，最大限度地提高绿色建筑废料的回收和再利用，以便能够在绿色建筑的材料环节将成本进行有效控制。

4）当地环境及用户需求

绿色建筑成本与当地的环境因素具有重要的联系，如当地的文化、消费理念等都将会直接影响企业绿色建筑成本。如果政府能够通过适当引导消费者进行合理消费，使消费者形成健康的绿色建筑消费观念，则能够极大地控制和降低绿色建筑的成本产生。同时，用户对绿色建筑的设计风格以及装饰等方面的个性化需求也是导致绿色建筑成本上升的重要因素，也需要重点关注和分析。

3.3 绿色建筑成本驱动因素的合并

3.3.1 关键成本驱动因素的统计

本书采用问卷调查、数据归纳等方法，并根据绿色建筑的独特之处，分析了影响绿色建筑成本的 24 个因素，这些因素对绿色建筑成本有着重要的影响，但它们对其成本的驱动因素的影响程度不尽相同。我们需要采取适当的方式对绿色建筑成本的驱动因素进行整合和优化，从而找到关键的驱动因素。

因此，基于统计学原理，本书采用统计产品与服务解决方案（SPSS）软件。在综合考虑各种因素的基础上，系统设计了问卷，并发放给政府主管部门、建筑开发企业、材料供应商以及从事绿色建筑行业成本管理研究的专业人士、学者和专家，从而分析总结出关键驱动因素。在运用 SPSS17.0 软件对影响绿色建筑成本的关键驱动因素进行分析时，采用主成分分析法进行关键分析，形成最终结果，各个因素的方差结果如表 3-2 所示。

表 3-2 各因素的总方差分析

成分	初始特征值			提取平方和载入		
	合计	方差贡献率/%	累计方差贡献率/%	合计	方差/%	累积/%
1	2.519	18.830	18.830	4.519	18.830	18.830
2	2.238	15.574	34.404	3.738	15.574	34.404
3	1.988	13.283	47.687	3.188	13.283	47.687
4	1.681	11.173	58.860	2.681	11.173	58.860
5	1.285	9.522	68.382	2.285	9.522	68.382
6	1.108	8.782	77.164	2.108	8.782	77.164
7	0.987	4.445	83.609	1.547	6.445	83.609
8	0.962	4.038	88.447	1.161	4.838	88.447
9	0.812	3.800	92.248			
10	0.729	3.036	95.284			
11	0.532	2.216	97.499			
12	0.301	1.253	98.752			
13	0.192	0.802	99.553			
14	0.107	0.447	100.000			
15	4.175E-16	1.740E-15	100.000			
16	3.634E-16	1.514E-15	100.000			
17	1.852E-16	7.717E-16	100.000			

续表

成分	初始特征值			提取平方和载入		
	合计	方差贡献率/%	累计方差贡献率/%	合计	方差/%	累积/%
18	1.078E-16	4.493E-16	100.000			
19	7.483E-17	3.118E-16	100.000			
20	−2.420E-17	−1.008E-16	100.000			
21	−8.805E-17	−3.669E-16	100.000			
22	−1.740E-16	−7.250E-16	100.000			
23	−2.606E-16	−1.086E-15	100.000			
24	−4.547E-16	−1.895E-15	100.000			

根据表 3-2 的主成分分析结果，1、2、3、4、5、6 六个因子的特征值均在 1 以上。因此，选取特征值较大的前六个因子作为主成分进行分析。在得到最大方差结果后，对六个主成分进行正交旋转，然后有效地汇总因子载荷矩阵，具体如表 3-3 所示。

表 3-3　因子载荷矩阵

项目名称	1	2	3	4	5	6
M1	0.060	0.641	−0.025	−0.116	0.223	−0.038
M2	0.308	−0.236	−0.596	0.042	−0.075	0.019
M3	−0.203	−0.179	−0.666	−0.083	−0.112	0.317
M4	0.140	0.415	0.063	0.352	0.135	0.640
M5	−0.495	0.285	−0.204	−0.127	0.075	0.394
M6	0.001	0.040	0.179	0.780	−0.095	−0.032
M7	0.003	0.200	−0.106	0.135	−0.413	0.683
M8	0.086	0.030	−0.049	0.086	0.001	−0.080
M9	0.132	−0.067	0.031	0.132	−0.017	−0.032
M10	0.108	−0.584	0.236	0.108	0.094	−0.242
M11	−0.026	−0.230	0.043	−0.026	0.768	0.060
M12	−0.734	−0.134	−0.041	−0.734	0.064	−0.362
M13	0.414	−0.0087	0.654	0.414	−0.058	−0.156
M14	0.132	−0.0201	0.465	0.132	0.244	−0.202
M15	0.025	−0.398	0.114	0.025	0.141	0.408
M16	−0.094	−0.292	0.737	−0.094	0.285	0.104
M17	0.089	0.720	−0.132	0.089	0.139	0.718
M18	0.256	0.710	−0.025	0.256	0.067	0.119
M19	0.432	0.240	−0.008	0.432	0.225	−0.320
M20	0.065	0.064	−0.740	0.065	0.362	−0.146
M21	0.360	0.097	−0.052	0.360	0.299	−0.040
M22	−0.242	−0.218	0.248	−0.242	0.431	−0.077
M23	0.047	0.097	0.050	0.047	−0.133	−0.077
M24	−0.121	0.738	0.140	−0.121	−0.031	−0.021

通过分析表 3-3 中各因素对主成分的影响程度，得出各主成分与各因素的关系式如下（P 为主成分元素）：

$$P5 = 0.0653M13 + 0.741M16 - 0.667M3 - 0.737M20$$

$$P4 = 0.642M6 + 0.739M9$$

$$P6 = 0.779M13 + 0.801M9$$

$$P3 = 0.638M4 + 0.678M7 + 0.720M17$$

$$P1 = 0.767M11$$

$$P2 = 0.746M16$$

在主成分分析的基础上，总结出绿色建筑成本的六个主要驱动因素，因素具体内容及影响程度见图 3-2。

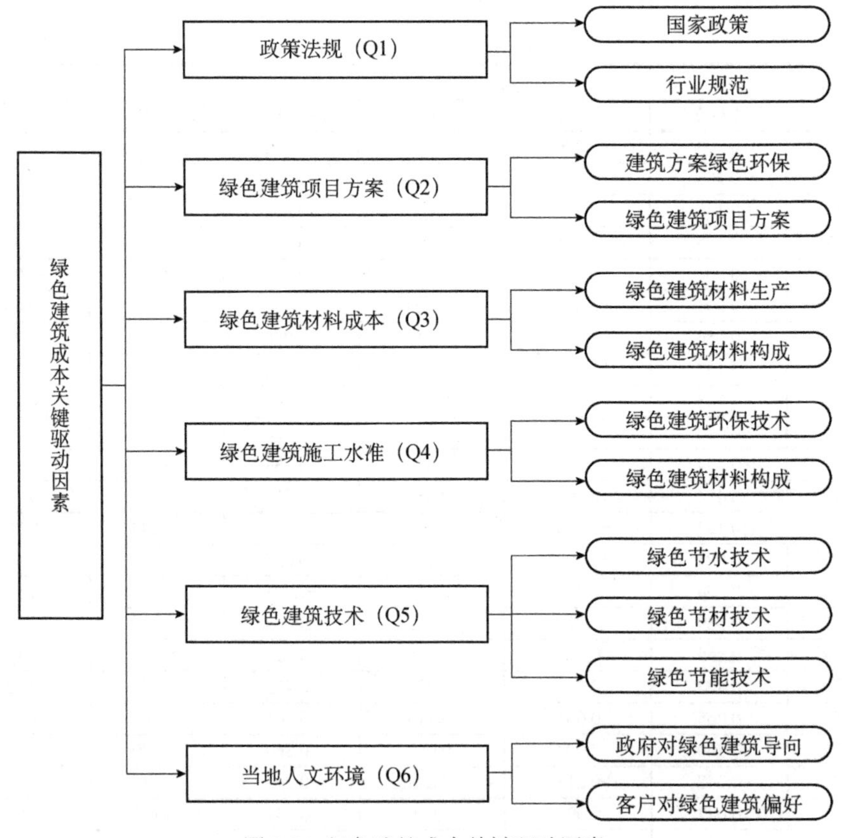

图 3-2　绿色建筑成本关键驱动因素

3.3.2 关键成本驱动因素的分析

（1）政策法规。通过对当前绿色建筑项目成本的分析，可以看出，相关专家学者一致认为，在绿色建筑实施过程中，有关绿色建筑行业的国家政策法规以及相关的绿色建筑体系法规均已通过，这些政策法规推动绿色建筑材料成本的实施和控制，因而其是绿色建筑成本的重要驱动因素。

（2）绿色建筑项目方案。在绿色建筑成本核算过程中，对绿色建筑成本影响较大、关联程度密切的是绿色建筑的施工方案。在设计绿色建筑的过程中，绿色建筑开发企业需要从绿色、环保、低碳、节能、可持续发展等方面进行整体规划设计，实现自己的绿色环保方案，确保自己的绿色环保方案能够按照绿色环保理念的要求实施，以便真正实现建筑的“绿色”。

（3）绿色建筑材料成本。影响绿色建筑成本的另一个重要因素是绿色建筑的材料成本，它可以直接影响绿色建筑的总成本。因此，国家、行业、供应商等人员需要加强绿色建材的研发和优化，从而有效控制成本。

（4）绿色建筑施工水准。在国家相关政策给予充分帮助的情况下，绿色建筑开发企业需要在科学合理的绿色施工方案和控制绿色建材成本的基础上，完善施工技术方案，从而提高绿色建筑施工的技术水平和材料利用率，以实现在绿色建筑施工过程中控制绿色建筑的成本。

（5）绿色建筑技术。绿色建筑是未来建筑业的发展趋势。从事绿色建筑的利益相关者需要不断加强绿色建筑技术的研发，增强绿色建筑的技术储备，真正实现绿色技术的推广，扩展其应用范围，提升绿色建筑行业的建筑技术水平，从而为绿色建筑能力建设提供保障。

（6）地方人文环境。绿色建筑发展目前尚不成熟，尚未在建筑行业得到充分应用，这不仅与绿色建筑的设计技术、建筑材料和绿色建筑行业正式颁布的政策有关，也受到当地文化背景、风俗习惯的影响。地方政府需要不断出台相关政策，引导建筑业向绿色建筑业发展，倡导发展绿色建筑，营造良好的发展环境，使绿色建筑能够更好地被应用，更容易被人们接受。在使用绿色建筑的过程中，用户的偏好也会影响绿色建筑的成本，这也是一个关键的驱动因素。

本章是绿色建筑成本分析的基础，即进行绿色建筑关键成本驱动因素的识别与合并。首先，对绿色建筑的成本构成进行分析；其次，采用文献阅读和调查问卷等方法对绿色建筑成本驱动因素进行全面统计和分析，识别导致绿色建筑成本发生的各项驱动因素；最后，以成本效益原则为依据，在不牺牲太多成本准确性的基础上合并成本动因，确定关键因素，并使取得和管理成本驱动因素所需要的信息成本最小化，最终确立绿色建筑成本的关键成本动因。本章为后文绿色建筑成本分析与计量奠定了基础。

4 基于可持续发展的绿色建筑成本分析

企业若想在经济全球化竞争中取得优势，保持经久不息的可持续发展，优化成本结构，进行成本构成的分析必不可少，以便控制其关键成本因素，进而降低成本，提高净效益。可持续发展的本质是从自然资源与生态环境角度出发，强调自然资源与环境的长期承载力对发展的制约性以及可持续发展对改善生态环境质量的重要性。本章基于可持续发展角度，结合相关案例对绿色建筑成本从经济、环境、社会三个方面进行分析。

4.1 绿色建筑经济成本分析

在进行绿色建筑经济成本分析时，不仅要对现有全部的经济成本进行分析和归类，而且要与传统建筑成本形成对比，分析绿色建筑的增量成本，识别其增量成本的来源。

4.1.1 绿色建筑经济成本

绿色建筑的生命周期成本通常包括规划、设计、施工、运行直至拆除的全过程的成本，涉及政府、建筑开发企业以及消费者三个经济主体，每个经济主体所面对的成本有所不同。基于建筑开发企业或建设单位主体，绿色建筑的经济成本仅包括规划、设计、施工三个阶段发生的成本，即绿色建筑的建筑工程成本。因此基于开发企业角度的绿色建筑的经济成本包括规划设计成本和施工建造成本，规划设计成本主要包括地质勘查、市场调查、政府审批、图纸设计、项目可行性研究等前期工程阶段所耗费的成本，施工建造成本则主要包括绿色建筑在地基基础工程、主体结构工程、装饰装修工程、机电安装工程、室外工程以及临时建筑工程中耗费的全部成本。

绿色建筑的经济成本从费用要素构成角度可以划分为土地费、材料费、人工费、机械设备使用费、动力能源费、税费六种费用，其中土地费包括土地使用权出让金、土地征用及拆迁安置补偿费、土地租用费、土地使用权转让费等；材料费包括建筑施工过程中耗费的原材料、辅助材料、构配件、半成品或成品、低值易耗品等材料的购买以及储存、运输费用；人工费包括在规划设计阶段和施工阶段支付给管理人员、专家、施工人员和后勤人员的基本工资、奖金和津贴、职工福利、“五险一金”等全部费用；机械设备使用费包括建筑施工过程中施工机械、信息技术设备等机械设备的折旧费、修理费、安拆费、燃料动力费等一系列费用；动力能源费包括施工建造过程中除机械设备之外的人员、施工所耗用的水费、电费等能源耗费；税费包括国家税法规定的应计入建筑安装工程造价内的增值税、城市维护建设税、教育费附加以及地方教育附加等税费。

绿色建筑作业成本分析的第一步资源成本归集，将基于费用要素构成角度，将绿色建筑所有的资源耗费归集成土地费、材料费、人工费、机械设备使用费、动力能源费、税费六种资源成本，来进行作业成本的核算。

基于可持续发展及作业成本理论的角度，还可以将绿色建筑经济成本分为以下十几个大类：人工费用、项目策划费用、可行性研究费用、市场调研费用、文本费用、设计费用、土地购买成本、材料采购费用、运输费用、设备购置及租赁费用、设备运营维护费用、项目维护费用、竣工验收费用、废水处理费用等。其中材料采购费用是一个广泛的概念，它包括材料成本、订货成本、缺货成本、仓储成本，而土地购买成本可以作为一项独立的支出，直接计入绿色建筑项目的成本中。在作业成本法的思想下，可将绿色建筑划分为五大作业中心：项目规划中心、材料采购中心、施工建设中心、建筑运营维护中心、报废中心。

以某房地产公司绿源酒店项目为例。该公司是一家房地产开发企业，其经营规模和综合实力居中国房地产行业领先地位。凭借其在房地产行业多年的经营经验，该公司业务已经扩展到建筑设计、建筑工程安装、装修、酒店开发、物业投资、物业管理等多个领域，形成了较为完善的房地产产业链。近年来，随着生态文明建设的发展，该公司开始转型投资绿色建筑项目，其下辖的建筑设计院已完成多个绿色建筑项目设计，将绿色生态建筑技术、智能化办公、多元化配套等应用于绿色建筑项目。该公司已完成包括住宅、酒店、办公等多种类型的绿色建筑项目投资建设，走在了绿色建筑行业的前列。

绿源酒店项目处于湿地公园西侧，东侧为娱乐休闲广场，北侧为文化艺术中心，南侧为会展中心，周围交通便利，集休闲娱乐一体。项目总占地面积35 725m^2，建设项目为酒店及商业、办公综合体用房，分别为1号楼酒店、2号楼酒店、3号楼商业办公楼共3个子项目，总建筑面积64 332m^2，绿源酒店项目被授予三星级绿色建筑设计标志，各子项目的基本指标如表4-1所示。

表4-1 绿源酒店子项目信息

项目名称	基底面积/m^2	建筑面积/m^2	层数	建筑高度/m
1号楼	2 059	24 834	9（含地下1层）	35.65
2号楼	3 156	26 578	7（含地下1层）	27.35
3号楼	995	12 920	9（含地下1层）	35.65

4.1.1.1 绿源酒店项目绿色建筑技术使用情况

（1）透水铺装：项目用地范围内绿地率为23%，办公入口、酒店入口等人行道采用透水砖，室外停车采用植草砖，硬质铺面地面透水铺装面积占比为55%，有助于缓解微环境热岛效应。

（2）屋顶绿化：结合建筑功能，将屋顶设计为屋顶休憩花园，屋顶绿化比例达到32%，屋顶花园采用灌木、小乔木、草地结合的复层绿化方式，营造绿意盎然的生态环境，且在屋顶覆盖泥土，提高房屋保温功能的同时还有助于节能。

（3）围护结构及电梯节能：围护结构节能是建筑节能设计的主要内容，项目外墙采用50mm厚的岩棉保温板作为保温材料，屋面采用85mm厚的挤塑聚苯乙烯板作为保温材料，各部位均有较好的保温隔热效果，采用可调节中置遮阳，可控制太阳辐射热量，有效降低建筑能耗。另外，绿源酒店项目采用节能电梯，以实现群控及变频控制的节能措施。

（4）高效能空调系统：项目采用集中式中央空调系统，冷源均采用高能效比螺杆式冷水机组，热源采用高效率高温热水锅炉，空调冷热水系统循环水泵的耗电输冷（热）比较现行国家标准降低 27%。

（5）太阳能热水系统：太阳能电池板安装在屋顶上。集热器为太阳能真空集热器，集热效率至少能达到 75%。太阳能提供的热水不低于建筑热水消耗量的 50%，热水间接加热，辅助热源为高温热水。

（6）雨水及再生水回收利用系统：项目采用雨水回收利用系统收集道路、屋顶、绿地用水，用于绿化灌溉、水景补水、道路洒水等；绿化灌溉采用微喷灌、滴灌等设置土壤湿度传感器和雨天自动关闭装置的节水控制措施。同时，建立中水回收利用系统，对废水和原水进行收集处理后回用，达到节约水资源的目的。

（7）节水器具的使用：项目卫生器具均选用一级节水型卫生器具，为优质节水、节能产品，满足《节水型生活用水器具》及《节水型产品技术条件与管理通则》的要求。

（8）土建装修一体化：项目采用土建与装修一体化设计施工，可避免装修施工阶段施工措施对原有建筑的破坏，保证结构安全，减少建筑垃圾的产生，满足节约建材的要求。

（9）可循环材料及高性能材料利用：项目建筑材料均就近取材，优先采用可循环材料，包括铝合金、门窗玻璃、石膏等，使用重量占建筑材料总重量的比例达到 10%以上，并采用预拌混凝土，高强度钢筋占受力钢筋总重量的 90%以上。

（10）室内自然通风和自然采光：结合当地气候环境，通过合理建筑布局及单体设计，实现室内良好通风，通过设置大面积外窗，改善自然采光，室内空间采光均匀性好，采光系数高，能满足顾客的健康需求。

4.1.1.2 绿源酒店项目的经济成本

基于费用构成角度，绿源酒店绿色建筑项目的经济成本主要包括土地费、人工费、材料费、机械设备使用费、动力能源费、税费六种，其中土地费、材料费、人工费合计占总经济成本的 95%左右，是绿源酒店项目最核心的成本要素。此外，绿源酒店项目的增量成本仅占项目总成本的 1%左右，绿色建筑技术的使用并未导致成本的大幅增加。

（1）土地费：绿源酒店项目土地费主要包括土地使用权出让金和土地征用及拆迁安置补偿费，占经济成本的 30%左右，具体构成如表 4-2 所示。

表 4-2 土地费信息 （单位：万元）

费用类别	土地使用权出让金	土地征用及拆迁安置补偿费
金额	15 543.95	1 436.69
合计	16 980.64	

（2）人工费：项目的人工主要为设计人员、市场人员、管理人员、综合工（一类、二类、三类）四种，其中一类综合工为装修熟练技工，二类综合工为普通熟练技工，三类综合工为普通劳力工，具体的费用构成如表 4-3 所示。

表 4-3 人工费信息

费用类别	具体名称	单位	单价/元	数量	小计/万元
人工费	设计人员	工日	200	74 250	1 485.00
	市场人员	工日	135	20 592	277.99
	管理人员	工日	150	71 277	1 069.16
	综合工（一类）	工日	144	116 931	1 683.81
	综合工（二类）	工日	117	508 680	5 951.56
	综合工（三类）	工日	92	35 679	328.25
合计					10 795.77

注：单价均为加权平均单价。

（3）材料费：绿源酒店项目的材料类型主要为主体结构材料、装饰装修材料以及水电安装材料，材料费是建筑工程项目的主要成本来源，绿源酒店项目的材料费占经济成本的 44%左右，是其经济成本的主要构成部分，材料费的具体信息如表 4-4 所示。

表 4-4 材料费信息

费用类别	具体名称	单位	单价/元	数量	小计/万元
材料费	预拌混凝土（综合）	m^3	386	25 346	978.36
	钢材	t	2 858	14 386	4 111.52
	水泥	t	366	4 755	174.03
	加气混凝土块	m^3	426	3 845	163.80
	石灰	t	313	5 754	180.10
	砂	t	89	5 667	50.44
	碎石	t	85	8 980	76.33
	石油沥青	t	4 547	155	70.48
	页岩砖	千块	675	3 324	224.37

续表

费用类别	具体名称	单位	单价/元	数量	小计/万元
材料费	混凝土空心砌块	千块	3 191	846	269.96
	其他结构零星材料	元	2 963 425	1	296.34
	改性沥青防水卷材	m^2	52	45 632	237.29
	聚氨酯	kg	21	42 675	89.62
	聚苯板	m^2	53	9 679	51.30
	岩棉保温板	m^3	1 186	4 340	514.72
	大理石板	m^2	339	6 458	218.93
	花岗岩石	m^2	430	5 478	235.55
	陶瓷地砖	m^2	52	18 659	97.03
	墙砖	片	27	49 795	134.45
	木板	m^2	281	7 457	209.54
	铝合金型材	m	29	45 759	132.70
	铝合金门窗	m^2	850	3 658	310.93
	平板玻璃（综合）	m^2	41	17 568	72.03
	中空玻璃	m^2	185	5 369	99.33
	胶合板	张	44	17 646	77.64
	乳胶漆及防锈漆	kg	18	34 568	62.22
	防水涂料	kg	16	45 679	73.09
	油漆	桶-5L	420	1 234	51.83
	铁件	t	7 778	348	270.67
	嵌缝膏及粘接胶	kg	88	8 953	78.79
	石膏板	m^2	14	53 498	74.90
	镀锌铁丝（综合）	t	8 213	563	462.39
	脚手架（租赁费）	元	1	2 475 854	247.59
	其他装修零星材料	元	4 870 798	1	487.08
	节能电梯	台	350 000	11	385.00
	卫生器具	套	2 450	654	160.23
	硬聚氯乙烯（UPVC）建筑排水管及配件	m	93	16 755	155.82
	雨水及中水管道及配件	m	72	18 435	132.73
	PP-R 给水管及配件	m	98	18 403	180.35
	铝塑耐高温管	m	83	12 679	105.24
	排水设备	套	82 455	24	197.89
	给水设备	套	89 464	23	205.77
	热水设备	套	95 347	15	143.02

续表

费用类别	具体名称	单位	单价/元	数量	小计/万元
材料费	消防设备	套	12 520	235	294.22
	雨水及中水处理设备	套	358 560	8	286.85
	其他水系统零星材料	元	3 764 355	1	376.44
	镀锌钢管	m	73	64 523	471.02
	空调终端设备	套	8 895	654	581.73
	冷热水机组	套	586 000	6	351.60
	热水锅炉设备	套	692 000	8	553.60
	循环水泵	套	532 455	12	638.95
	送排风机组	套	1 750	654	114.45
	空调通风系统其他设备	元	6 563 800	1	656.38
	电线及配套零件	km	9 538	736	702.00
	配电箱配套装置	套	84 500	132	1 115.40
	变压器及配套设备	台	655 400	6	393.24
	防雷接地设备	套	325 630	3	97.69
	应急发电机组设备	套	650 000	5	325.00
	断路器及开关设备	套	7 695	445	342.43
	装饰灯具	套	5 465	758	414.25
	太阳能热水系统装置	套	264 780	3	79.43
	其他电气设备	套	3 845 450	1	384.55
	综合布线系统装置	套	384 500	18	692.10
	计算机网络装置	套	548 950	4	219.58
	视频监控系统装置	套	536 450	8	429.16
	楼宇自控系统装置	套	254 500	3	76.35
	入侵报警系统装置	套	273 490	3	82.05
	智能门锁系统设备	套	3 566	656	233.93
	广播及对讲系统装置	套	375 400	4	150.16
	有线及卫星电视装置	套	4 565	654	298.55
	酒店管理系统装置	套	5 677	656	372.41
	其他智能系统装置	套	4 555 600	1	455.56
	灌木及小乔木	株	213	3 670	78.17
	乔木	株	7 806	88	68.69
	其他绿化材料	元	646 650	1	64.67
	办公材料	元	5 667 800	1	566.78
合计					24 518.79

注：单价均为加权平均单价。

（4）机械设备使用费：建筑项目的机械设备使用主要包括大型的机械设备

如挖掘机、推土机、汽车起重机等，以及小型的设备如木工圆锯机、型钢剪断机等，绿源酒店项目的机械设备使用费属于较低的费用，其具体信息如表 4-5 所示。

表 4-5　机械设备使用费信息

费用类别	具体名称	单位	单价/元	数量	小计/万元
机械设备使用费	挖掘机	台班	1 636	124	20.29
	推土机	台班	1 846	134	24.74
	铲运机	台班	2 044	128	26.16
	压路机	台班	1 064	115	12.24
	装载机	台班	1 219	117	14.26
	打桩机	台班	2 676	126	33.72
	静力压桩机	台班	4 584	143	65.55
	汽车式起重机	台班	1 789	760	135.96
	履带式起重机	台班	1 922	540	103.79
	混凝土搅拌输送车	台班	985	1 070	105.40
	混凝土输送泵	台班	2 118	1 156	244.84
	钢筋切断机	台班	142	345	4.90
	木工圆锯机	台班	1 197	232	27.77
	载货汽车	台班	855	456	38.99
	平板拖车组	台班	1 531	289	44.25
	皮带运输机	台班	263	245	6.44
	双笼施工电梯	台班	648	453	29.35
	灰浆搅拌机	台班	149	155	2.31
	挤压式灰浆输送泵	台班	195	167	3.26
	预应力钢筋拉伸机	台班	1 348	35	4.72
	摇臂钻床	台班	7 756	43	33.35
	普通车床	台班	5 385	13	7.00
	型钢剪断机	台班	13 637	8	10.91
	交流弧焊机	台班	153	89	1.36
	电动空气压缩机	台班	639	46	2.94
	小汽车	台班	355	1 866	66.24
	其他机械设备	元	3 744 238	1	374.42
合计					1 445.16

注：单价均为加权平均单价；其中台班指机械设备的工作时间，机械工作 8h 按一个台班计算。

（5）动力能源费：由于机械设备的台班费已包括其所耗用的动力能源费，因此此处的动力能源费是指除机械设备之外的项目各项工程耗用的水、电资源费，其具体信息如表 4-6 所示。

表 4-6 动力能源费信息

费用类别	具体名称	单位	单价/元	数量	小计/万元
动力能源费	水	m^3	8	99 244	79.40
	电	kW·h	1.2	593 488	71.22
合计					150.62

（6）税费：建筑工程项目的税费主要涉及增值税、城市维护建设税、教育费附加以及地方教育附加，绿源酒店项目的税费合计为 1412.35 万元。

4.1.2 绿色建筑增量成本分析

绿色建筑相对于传统基准建筑而言，其经济增量成本是为了达到绿色建筑“四节一环保”的评价标准，使用新技术、绿色材料、绿色施工方式等所增加的额外成本。基准建筑通常是指满足国家或地区法定强制节能要求的相同规模、相同功能、规划设计、施工建造、设备安装和运营的建筑项目。绿色建筑的增量成本主要体现在技术进步、新材料消耗、施工组织、人才培养等六个方面。具体措施见表 4-7。

表 4-7 绿色建筑增量成本分析

评价指标	技术措施	增量成本表现
节地与室外环境	屋顶绿化技术	植被种植，土壤层、蓄排水层、隔根层施工
	生态园林景观	园林设计、植被种植、建筑物施工
节能与能源利用	围护结构技术	遮阳系统、外墙保温隔热材料、门窗设计
	太阳能利用技术	太阳能集热器、太阳能电池安装
	地源热泵技术	施工钻井、网管铺设
	高效照明技术	声控系统、智能系统建设
节水与水资源利用	雨水收集系统	雨水收集回用设施安装，雨水处理系统安装
	中水回用系统	中水处理系统安装
	节能器具的使用	节水水龙头、节水塞等节能器具的购买、安装
节材与材料资源利用	水泥节材技术	高掺量粉煤灰水泥生产技术和高炉渣水泥生产技术
	混凝土新技术	高强度混凝土、石膏混凝土等商品混凝土的使用

续表

评价指标	技术措施	增量成本表现
节材与材料资源利用	新型墙体材料	多孔砖、加气混凝土砌块等新型墙体材料的使用
室内环境质量	空气环境技术	空气净化器、通风装置的安装
	隔音技术	墙体隔音、门窗隔音材料的使用
运营管理	规划设计	绿色建筑规划专家聘请、绿色建筑申请认证
	施工管理	施工人员培训、绿色施工监督组织的成立

绿色建筑的增量成本因绿色建筑所在地区、建筑类型、不同星级、不同绿色建筑技术方案等因素而不同。一般来说，星级越高、绿色建筑技术应用越全面，则绿色建筑的增量成本越高。顾真安（2008）指出，同种绿色建筑技术在不同绿色建筑项目中表现出不同的单位增量成本。叶祖达等（2011）发现，单位公共建筑的绿色建筑增量成本相对高于平时用于居住的建筑。在不同的设计路线下，低星级绿色建筑的增量成本可能高于高星级绿色建筑的增量成本，可见影响绿色建筑增量成本的因素比较复杂。叶祖达等（2011）指出，绿色建筑的增量成本主要表现在节能与能源利用方面。利用可再生能源和建筑节能技术是绿色建筑增量成本的主要增长点，可达到绿色建筑增量成本总额的80%以上，其次是节水与水资源利用、室内环境质量和运营管理，但所占比例较小，而节地与室外环境、节约材料和材料利用的增量成本很小。

由于绿色建筑的发展正处于起步阶段，相关的法律法规、规划设计、绿色建筑的技术创新和绿色材料的研发都在不断成熟和完善。因此，绿色建筑的增量成本仍处于较高水平，随着绿色建筑技术和产品的快速发展和推广应用，相关政策的制定和完善，绿色建筑行业相对于常规建筑的整体增量成本将会大幅下降。另外，由于规划设计和技术方案通常决定了绿色建筑的施工建造成本，因此建筑开发企业可以在设计阶段采取措施，合理选择绿色建筑技术和使用新型材料，选择最优的设计和施工方案，来减少绿色建筑的增量成本。

以绿源酒店项目为例，其绿色建筑的增量成本是相对于传统基准建筑采用的常规技术、材料和设备而言的，绿源酒店项目的增量成本体现在屋顶绿化、围护结构、高能效空调设备、太阳能热水系统、雨水及中水回收利用系统、节水器具等绿色建筑技术设备的使用上，传统建筑会使用普通设备或不进行这些系统建设。绿源酒店项目的增量成本合计为614.58万元，每平方米的增量成本为95.58元，属于三星级绿色建筑中增量成本较低的价格，具体信息如表4-8所示。

表 4-8 增量成本信息

绿色建筑技术	单位	绿建单价/元	标准建筑常规	常规单价/元	应用量	增量成本/万元
屋顶绿化	m^2	320	无	0	1 966	62.91
屋顶围护	m^2	38	常规围护	16	9 679	21.29
外墙围护	m^3	1 186	常规维护	1 021	4 340	71.61
高能效空调设备	台	527 600	普通设备	476 000	26	134.16
太阳能热水系统	m^2	125	无	0	4 638	57.98
雨水回收利用系统	m^2	13	无	0	64 332	83. 63
中水回收利用系统	m^2	35	无	0	32 239	112.84
节水器具	套	2 450	常规器具	2 050	654	26.16
节能电梯	台	350 000	普通电梯	310 000	11	44.00
合计						614.58

4.2 绿色建筑环境成本分析

由于绿色建筑强调人与自然和谐共生，注重居住体验的同时不以牺牲环境为代价，其结构设计强调因地制宜、因势取材，充分利用绿色材料与绿色技术以降低绿色建筑过程中能源的消耗及碳排放。建筑的碳排放可分为直接碳排放和间接碳排放。在绿色建筑的生命周期中，碳排放来自原材料开采、建筑材料生产、建筑安装、运营维护、拆除清理等环节。推动发展绿色建筑的根本原因是减少污染，保护生态环境。然而，从绿色建筑初始建造开始，产生的废水、废气等却对环境产生着不利的影响。因此，对于绿色建筑来说，环保投资是非常重要的，基于此所产生的环境成本也是绿色建筑成本构成中不可忽视的一项。环境成本又称为环境降级成本，分为环境退化成本和环境保护支出，前者指环境污染损失的价值和环境保护的价值，后者指环境保护的实际价值。

在绿色建筑的生命周期中，碳排放主要来自原材料开采、生产、安装、运营维护等环节。在绿色建筑经济成本分析中所划分的各个主要作业中心的基础上，可以将绿色建筑的环境成本划分出一个再循环作业中心和不可利用废弃物处置中心。

项目规划作业中心中的碳排放量在整个建筑生命周期所占比重很小，主要涉及办公机械设备、取暖、照明耗用的电能。但是，项目规划作业的建筑物选址、材料结构施工方、施工方案等对绿色建筑后续的碳排放有着很大的影响。在材料采购作业中心，碳排放量的比重也比较小，主要也是涉及办公机械设备、照明耗用的电能。由于原材料开采、建筑物材料生产、构件加工制造均属于建筑物材料本身的碳排放，因此本书将其归结为建筑物施工建设中心的碳排放。同时，在该作业中心还有施工所使用的施工机械（卡车、推土机、挖掘机等）、施工设备（升降机、电焊机、切割机等）消耗的化石能源及施工照明、办公消耗电能的碳排放。

建筑运营维护中心的碳排放主要是运营过程中采暖、通风、照明、热水供应、电梯等消耗的电能和化石能源以及维护过程中的运输能源及材料碳排放。

再循环作业中心的碳排放主要是可利用的一般废弃物在回收循环利用过程中产生的碳排放、污水处理过程中产生的碳排放、特殊废弃物回收过程中产生的碳排放及废弃物运输车辆所消耗的化石能源。

不可利用废弃物处置中心的碳排放主要是指在建筑物拆除后对不可利用废弃物采用焚烧、填埋等方式所产生的碳排放及废弃物运输车辆所消耗的化石能源。

除以上划分方法外，基于建筑开发企业角度的绿色建筑的环境成本则主要产生在规划设计和施工建造两个阶段。预防、减少、治理环境污染的费用，以及对环境破坏支付的费用都属于环境成本。例如，绿色建筑在施工建造中，为了防止水土流失而进行的绿化覆盖，防止环境污染而对废水、废气等排放物的处理和回收利用以及扬尘控制、排污控制等一系列为保护环境所采取的措施产生的费用。目前，由于温室气体的排放是一个无形的过程，且国家尚未建立完善的碳排放权交易系统，导致碳排放成本的核算仍是一个空缺，但为了全面计量绿色建筑的环境成本，本书将会将碳排放成本纳入环境成本的计量中。因此基于以上分析，本书将绿色建筑的环境成本分为碳排放成本、污染物处理成本、环境保护其他成本三类，下面将进行具体分析。

以绿源酒店项目为例，其环境成本主要为贯彻绿色施工理念而投入的环境保护支出，其中碳排放成本是基于可持续发展理念新核算的成本，不属于建筑工程传统成本。

4.2.1 碳排放成本

绿色建筑的碳排放是指在绿色建筑建造和使用过程中产生的温室气体总排放量。目前基于生命周期法的碳足迹测量，主要有过程分析法和投入产出法，前者适用于产品和项目的碳足迹测量，后者适用于国家以及各经济部门的碳足迹测量。由于本书是进行绿色建筑项目的成本分析研究，因此将采用基于生命周期法的过程分析法来进行绿色建筑的碳排放测量。

1）碳排放量测量

绿色建筑生命周期的碳排放包括规划、设计、施工、运行和拆除五个阶段的碳排放。本书基于建筑开发企业以及建造商角度进行碳排放测量，由于其成本核算仅涉及建筑工程成本，因此本书绿色建筑的碳足迹测量仅以绿色建筑的建造施工为项目系统。碳足迹测量的系统边界为绿色建筑规划设计和施工建造阶段，主要体现在建筑材料的投入、机械设备的使用、能源的消耗三个方面。由于绿色建筑的施工建造是一个复杂且庞大的工程，耗时耗材非常大，因此在绿色建筑的碳排放测量中将选取占绿色建筑总碳排放量 80%的活动进行测量，忽略测量人类活动的碳排放量。

碳排放量测量的基本原理为：首先，确定每个碳排放源的使用量；其次，计算各碳排放源的基本碳排放因子；最后，将每个碳排放源的使用量乘以其碳排放因子，得到该碳排放源的碳排放量，进而总结出整个项目的碳排放总量。碳排放因子是表征某种碳排放源碳排放特征的重要参数，是将单位碳排放源使用量换算成碳排放量的比例。由于碳排放源的种类繁杂，碳排放因子的实测不太现实，目前多采用国际组织公布的碳排放因子数据来进行相关测算。

因此绿色建筑碳排放量的基本测量如式（4-1）所示：

$$\mathrm{CE}_i = Q_i \times \mathrm{EF}_i \tag{4-1}$$

其中，CE_i 代表某碳排放源 i 的碳排放量；Q_i 代表使用量；EF_i 代表碳排放因子。

建筑材料的投入主要集中在绿色建筑的施工建造阶段，在规划设计阶段主要是纸张、笔等一些碳排放量较小的材料投入，因此忽略不计。在绿色建筑的施工建造阶段投入的建筑材料主要有混凝土、水泥、砂石、钢材、木材、玻璃等材料，引用高源（2017）的研究，主要建材的碳排放因子如表 4-9 所示。

表 4-9　主要建材的碳排放因子

建材名称	碳排放因子	单位
C30 混凝土	361.6	kg/m^3
C40 混凝土	388.8	kg/m^3
C50 混凝土	415.4	kg/m^3
C60 混凝土	512.6	kg/m^3
C80 混凝土	616.1	kg/m^3
C100 混凝土	667.3	kg/m^3
实心黏土砖	344.5	kg/m^3
黏土空心砖	285.8	kg/m^3
实心灰砂砖	313.8	kg/m^3
加气混凝土砌块	212	kg/m^3
普通混凝土砌块	146	kg/m^3
粉煤灰硅酸盐砌块	273	kg/m^3
水泥	574	kg/t
砂	50	kg/t
碎石	2	kg/t
石灰	458	kg/t
石膏	210	kg/t
混合砂浆抹灰	125	kg/m^3
钢材	2790	kg/t
木材	−842.8	kg/m^3
中空玻璃	965.5	kg/t
建筑玻璃	1430	kg/t
挤塑聚苯板	3130	kg/t
聚氯乙烯（PVC）卷材	6260	kg/t
UPVC 水管	4700	kg/t
三丙聚丙烯（PPR）管	6200	kg/t
铜	3800	kg/t
铝	2600	kg/t
铸铁	3080	kg/t
建筑陶瓷	730	kg/t
卫生陶瓷	1380	kg/t

建筑材料投入的碳排放量计算公式可以表示为

$$\mathrm{CE}_{\mathrm{material}} = \sum_{k=1}^{n} Q_k \times \mathrm{EF}_k \tag{4-2}$$

其中，$\mathrm{CE}_{\mathrm{material}}$为建筑材料投入所产生的碳排放量；$k$为建筑材料的种类；$Q_k$为建筑材料的投入量；$\mathrm{EF}_k$为建筑材料的碳排放因子，$n$为建筑材料总的种类数量。

机械设备的使用主要是指在绿色建筑施工建造阶段，起重机、挖掘机、打桩机、泥浆搅拌机、汽车等建筑机械设备的使用。机械设备使用的碳排放量主要是其在工作中产生的碳排放量，引用吴淑艺等（2016）基于《全国统一施工机械台班费用定额（2012）》研究得到的机械设备碳排放因子，具体如表 4-10 所示。

表 4-10 主要机械设备碳排放因子

机械设备名称	碳排放因子	单位
履带式推土机	215.42	kg/台班
液压履带式单斗挖掘机	251.37	kg/台班
轨道式柴油打桩机	399.74	kg/台班
履带式起重机	170.61	kg/台班
汽车式起重机	207.16	kg/台班
载重汽车	226.39	kg/台班
自卸汽车	144.68	kg/台班
平板拖车组	228.91	kg/台班
机动翻斗车	24.06	kg/台班
油罐车	120.72	kg/台班
洒水车	118.04	kg/台班
单筒慢速电动卷扬	33.94	kg/台班
皮带运输机	20.79	kg/台班
双笼施工电梯	161.54	kg/台班
电动滚筒混凝土机	24.62	kg/台班
高压油泵	216.09	kg/台班
交流电焊机	143.72	kg/台班
直流电焊机	91.71	kg/台班
电渣焊机	148.47	kg/台班
柴油发电机	961.59	kg/台班

机械设备使用的碳排放量计算公式可以表示为

$$\mathrm{CE}_{\mathrm{machine}} = \sum_{m=1}^{n} Q_m \times \mathrm{EF}_m \tag{4-3}$$

其中，$CE_{machine}$为机械设备的使用所产生的碳排放量；m为机械设备的种类；Q_m为使用时间；n为总的机械设备种类数量；EF_m为碳排放因子。

能源耗用的碳排放测量主要是测量除施工机械设备耗能以外的其他能源耗用产生的碳排放量，主要包括规划设计阶段和施工建造阶段的电脑、空调、照明设施等耗用的电能，各种活动耗用的水资源所产生的碳排放。基于能源耗用的方式不同，将分为两部分进行计算，首先测算电能和水资源的碳排放量，其次计算建材和机械运输的碳排放量。本书采用火力发电的碳排放因子，参考孔凡文等（2017）和王霞（2012）的碳排放研究，结果如表 4-11 所示。

表 4-11　能源耗用碳排放因子

能源种类/运输类型	碳排放因子	单位
电能	1.104	kg/（kW·h）
水	20	kg/t
铁路运输	0.009 13	kg/（t·km）
公路汽油货车	0.200 4	kg/（t·km）
公路柴油货车	0.198 3	kg/（t·km）
水路运输	0.018 3	kg/（t·km）
航空运输	1.090 7	kg/（t·km）

能源消耗的碳排放量计算公式可以表示为

$$\mathrm{CE}_{\mathrm{energy}} = \sum_{l=1}^{n} Q_l \times \mathrm{EF}_l \tag{4-4}$$

其中，CE_{energy}为能源消耗所产生的碳排放量；l为能源的种类；Q_l为能源的消耗量；EF_l为能源的碳排放因子，n为总的能源种类数量。

通过以上分析，基于建筑开发企业角度的绿色建筑项目的总碳排放量可以表示为

$$\mathrm{CE}_t = \mathrm{CE}_{\mathrm{material}} + \mathrm{CE}_{\mathrm{machine}} + \mathrm{CE}_{\mathrm{energy}} \tag{4-5}$$

其中，CE_t代表绿色建筑项目总碳排放量。

2）碳排放成本计算

碳排放成本的计算涉及总碳排放量和单位碳排放的成本两方面。在对碳排放进行测算之后，有必要确定单位碳排放成本。目前，共有 8 个试点运行碳排放权交易市场，各碳排放交易市场的交易价格见表 4-12。

表 4-12 全国碳排放权交易市场交易行情

碳排放权交易所	交易价格（元/t）	时间区间
北京	57.65—58.63	2018.5.2—2018.5.9
上海	38.00—38.23	2018.5.2—2018.5.9
广东	14.11—14.34	2018.5.2—2018.5.9
深圳	26.59—35.20	2018.5.2—2018.5.9
天津	10.00—10.26	2018.5.2—2018.5.9
湖北	15.55—16.00	2018.5.2—2018.5.9
重庆	22.00	2018.5.2—2018.5.9
福建	20.26—22.07	2018.5.2—2018.5.9

虽然我国国家碳排放权交易体系已于 2017 年底正式启动，但截至 2018 年全国性的碳排放权交易市场尚未建立，单位碳排放成本难以确定，本书将 8 个碳排放权交易所根据城市等级和地域进行划分，各地区可以基于城市等级和地区参照 8 个碳排放权交易所的交易价格来进行单位碳排放成本的认定，具体如表 4-13 所示。

表 4-13 各地区碳排放权交易市场参考一览表

地域划分	城市等级	参考碳市场	主要省会城市
华北、东北地区	一线	北京	北京
	非一线	天津	哈尔滨、长春、大连
华东地区	一线	上海	上海
	非一线	福建	福州、南京、杭州、合肥、南昌、济南
华中地区	非一线	湖北	武汉、长沙、郑州
华南地区	一线	深圳	深圳、广州
	非一线	广东	桂林、海口
西南、西北地区	非一线	重庆	重庆、成都、西安、贵阳、昆明、拉萨、兰州、西宁、银川、乌鲁木齐

注：其他城市碳排放权交易价格参考本省省会城市而定。

由于各碳排放权交易市场的碳排放权交易价格一直处于动态交易中，因此绿色建筑项目的单位碳排放成本将基于其建设期内碳排放权交易价格均值进行确定。目前各碳排放权交易市场的碳排放权交易体系基本设定为免费配额+超额交易模式，建筑领域的配额分配基于不同建筑类型的能耗限额和建筑面积确定，各碳排放权交易市场的政策也有所不同。各地区绿色建筑项目的碳排放成本，可参考所参考碳排放权交易市场的交易价格和交易体系，基于测定的碳排放量和交易机制来进行计算，具体计算公式如下：

$$CEC_{GB} = (CE_t - CE_f) \times P_{ce} \tag{4-6}$$

其中，CEC_{GB}为绿色建筑项目的碳排放总成本；CE_t为总碳排放量；CE_f为碳排放量的免费配额；P_{ce}为认定的碳排放权交易价格。

以绿源酒店项目为例，碳排放成本的核算主要分为两个步骤，首先需要进行建筑材料、机械设备、能源等耗用所产生碳排放量的测量，其次确定单位碳排放成本，根据免费配额+超额交易模式核算出总的碳排放成本。根据碳排放权交易所的定价确定其单位碳排放成本为 10.26 元/t，项目分得的免费配额为 60%，超额交易的部分为 40%，最终的碳排放成本由式（4-6）计算可得 32.54 万元。

碳排放量测量的具体信息如表 4-14 所示。

表 4-14　碳排放成本核算表

名称	单位	碳排放因子	数量	碳排放量/kg	碳排放成本/元
预拌混凝土（综合）	kg/m^3	536	25 346	13 585 456	55 755
钢材	kg/t	2 790	14 386	40 136 940	164 722
水泥	kg/t	574	4 755	2 729 370	11 201
加气混凝土砌块	kg/m^3	212	3 845	815 140	3 345
石灰	kg/t	458	5 754	2 635 332	10 815
砂	kg/t	50	5 667	283 350	1 163
碎石	kg/t	2	8 980	17 960	74
改性沥青防水卷材	kg/t	6 260	151	945 260	3 879
页岩砖	kg/m^3	314	21 938	6 888 532	28 271
陶瓷地砖	kg/t	730	5 271	3 847 830	15 791
木材	kg/m^3	−842.8	89	−75 009	−308
平板玻璃（综合）	kg/t	1 430	264	377 520	1 549
中空玻璃	kg/t	965.5	161	155 446	638
挤塑聚苯板	kg/t	3 130	25	78 250	321
铸铁	kg/t	3 080	348	1 071 840	4 399
镀锌铁丝（综合）	kg/t	3 081	563	1 734 603	7 119
卫生陶瓷	kg/t	1 380	785	1 083 300	4 446
UPVC 水管	kg/t	4 700	47	220 900	907
雨水及中水管道及配件	kg/t	4 700	52	244 400	1 003
PPR 管	kg/t	6 200	19	117 800	483
灌木及小乔木	kg/m^3	−842.8	881	−742 507	−3 047

续表

名称	单位	碳排放因子	数量	碳排放量/kg	碳排放成本/元
乔木	kg/m³	−842.8	132	−111 250	−457
推土机	kg/台班	215.42	134	28 866	118
挖掘机	kg/台班	251.37	124	31 170	128
打桩机	kg/台班	399.74	126	50 367	207
汽车式起重机	kg/台班	207.16	760	157 442	646
履带式起重机	kg/台班	170.61	540	92 129	378
载货汽车	kg/台班	226.39	456	103 234	424
平板拖车组	kg/台班	228.91	289	66 155	272
皮带运输机	kg/台班	20.79	245	5 094	21
双笼施工电梯	kg/台班	161.54	453	73 178	300
交流弧焊机	kg/台班	143.72	89	12 791	52
水	kg/t	20	99 244	1 984 880	8 146
电	kg/（kW·h）	1.104	593 488	655 211	2 689
合计				79 300 979	325 451

注：各项投入的碳排放成本由总碳排放成本乘以各项投入所产生的碳排放量的比例计算而来。

4.2.2 污染物处理成本

绿色建筑施工建造的核心是最大限度地减少污染和保护环境，因此绿色建筑建设过程中污染物的治理是关键工程。建筑行业作为传统高污染行业，其施工建造是污染的源头，过程中会造成大量废水、废油、扬尘、固体废弃物等污染物的产生，而针对这些污染物的处理则包括处理排放、回收利用、缴纳排污费、环境保护税等措施，对这些措施产生的成本进行计量构成污染物的处理成本。

针对水污染的废水、废油处理措施通常包括针对不同的污水，设置沉淀池、隔油池、化粪池进行处理，并进行废水水质检测，对可再利用的废水建立废水循环利用收集系统，不可利用的废水排入市政网管，特别是对有害废水进行化学处理再排放，在地下基坑周边设置三轴搅拌桩止水帷幕，隔离地下水与基坑内地下水，避免地下水污染；针对废油设置专用废油隔离回收池，交由废油处理公司进行回收处理；对于排放的污水缴纳污水排污费、环境保护税。

针对大气污染的废气、扬尘的处理措施为在搅拌设备上安装除尘装置。施工道路硬化、洒水，对水泥等易飞扬的颗粒物、粉状物严密遮盖保存，定期清洗施工车辆，对运土方、渣土的车辆用苫布密封，禁止焚烧产生有毒气体的物品，对排放的废气缴纳排污费、环境保护税等。

针对固体废弃物的处理措施为废旧物料分类堆放处理，并基于不同的废弃物类型，对无毒无害有利用价值的固体废弃物进行重复利用或废品回收，对无毒无害无利用价值的废弃物定期自行或由第三方进行清运处理，尽量减少施工现场堆积，而对有毒有害的固体废弃物，则均交由有相关许可证的单位进行处理，对于排放的固体废弃物缴纳危险废物排污费、环境保护税。

以上污染物处理后若对环境造成严重污染，企业还应承担相应的环境治理费用，缴纳排污费并不免除此项责任。因此本书的污染物处理成本由污染物处理费用、排污费、环境保护税和环境治理费用四部分构成。

以绿源酒店项目为例，其施工过程中产生的污染物包括污水、废油、灰尘、固体废弃物等，针对这些污染物的处理措施主要为处理排放、回收利用、缴纳排污费，产生污染物处理成本为316.29万元，具体的成本构成如表4-15所示。

表4-15　污染物处理成本信息

类别	名称	单位	单价/元	数量	小计/万元
污染物处理费用	废水处理设施	座	55 469	2	11.09
	废水循环利用系统设备	套	75 832	1	7.58
	废油回收隔离池	个	3 475	5	1.74
	洗车池	个	3 833	3	1.15
	除尘装置	个	430	47	2.02
	固体废弃物处理	t	2 500	735	183.75
	污染物处理人员	工时	98	2 885	28.27
排污费	污水	元/污染当量	0.7	213 458	14.94
	废气	元/污染当量	0.6	337 482	20.25
	固体废物	元/t	1 000	455	45.50
合计					316.29

4.2.3　环境保护其他成本

绿色建筑项目建造施工过程中对环境保护投入的成本主要为污染物处理成本，但还存在其他环境保护相关成本，主要包括水土流失治理、噪声治理、人员环保控制等环保费用。水土流失防治措施主要包括施工期间在裸露地面种植植被以防止水土流失，施工结束后恢复施工活动破坏的植被；噪声控制措施有对机械设备的噪声采取专项噪声控制措施，设置隔音防护棚，施工现场申办噪声检测委托手续，采用环保振捣器，减少运输作业过程中的噪声，对超标的声级缴纳排污费、环境保护税等措施；人员环保控制措施主要有对人员进行环境保护培训、环保手册发放，施工人员配备防尘口罩、防护服等措施。由于环境保护其他成本的投入具有不确定性，因此在进行绿色建筑具体项目的环境保护其他成本核算时，可以根据项目的实际投入情况来进行核算。

以绿源酒店项目为例，其投入的环境保护其他成本主要为对机械设备的噪声采取专项噪声控制措施，设置隔音防护棚，夜间照明灯架设灯罩，对施工人员进行环境保护专项培训等，共投入环境保护其他成本 7.4 万元。

4.3 绿色建筑社会成本分析

绿色建筑作为社会可持续发展的一项重要系统工程，除了考虑它的经济成本和环境成本外，还应该注重对其社会性因素的考虑。绿色建筑施工建造过程中的外部性对社会产生的额外成本即社会成本。社会成本最早由庇古提出，其指的是产品生产的私人成本和生产外部性给社会带来的额外成本的总和，社会成本分担和补偿的实质是缓解社会冲突，促进社会公平。经济学家诺斯（North）指出，社会成本作为经济增长的重要因素，其积累和控制是决定经济可持续发展的关键因素（刘慧媛，2013）。

由于绿色建筑安全成本涉及很多个环节，比如安全需求设计、安全设备采购、人的生命和财产安全以及众多学者所关注的社区稳定性安全，为此，可以将绿色建筑安全成本作为其社会成本的一个主要考核指标。

安全需求设计主要是从绿色建筑项目开发企业的角度而言的，从绿色建筑项目施工方案的设计角度制定措施，以便能够尽可能地提升绿色建筑的安全性能，满足用户对绿色建筑使用的需求，这也间接导致了绿色建筑社会成本的提升。

安全设备采购主要是指建筑开发企业或用户在绿色建筑建设过程中对于安全设备的期望，以便能有效防止火灾、水灾、地震等相关的人为或不可抗力因素等导致的绿色建筑项目事故，以尽可能地提升绿色建筑项目的安全设备性能。

同时用户在对绿色建筑项目进行选择和使用时，通常会考虑自己的生命和财产的安全性，若是建筑开发企业建设的项目不能够较好地满足用户对绿色建筑项目质量的需求，则可能会对用户的生命和财产安全产生一定的影响。

用户在对绿色建筑项目进行选择时，当地社区治安的稳定性对其选择也具有重要的影响，特别是对当地治安的稳定性有较大需求的用户，其将更会对此方面的因素较为敏感，更为倾向于治安稳定性强的地区。

对于这些考核指标，可以将其视为机会成本，通过采用加权平均资本成本法对该机会成本进行衡量，并间接反映其所占用的社会平均成本。

从另一个角度来看，建筑开发企业进行绿色建筑项目的施工建造，一方面，将与供应商、承包商、政府等各社会主体产生一系列的交易，而交易过程中的交易成本影响着各经济主体的经营以及全部社会资源的配置，从而产生社会成本；另一方面，建筑开发企业将资金用于绿色建筑项目的施工建造，将会放弃将资金用于其他投资获得收益的机会，从而影响融资资金的投资效率，即股东和债权人的投资效率，而资金的投资效率是社会资源配置效率的重要组成部分，因而资金使用的机会成本即资本成本也是社会成本的一部分。因此本书将对绿色建筑项目施工建造产生的交易成本和资本成本进行计量，来分析绿色建筑项目的社会成本，下面将进行具体分析。

4.3.1 交易成本

绿色建筑项目的实施会经历从市场信息收集、地质勘查、政府审批、规划设计，到建材采购、施工建造、建筑工程分包、竣工验收、绿色建筑认证等一系列过程，从而涉及与市场、政府、供应商、分包商等社会主体的一系列交易行为，产生相应的交易成本。交易成本影响着建筑开发企业与各经济主体之间的交易效率，从而影响着绿色建筑项目的实施，是绿色建筑项目不可忽视的成本。

市场信息收集通常是绿色建筑项目开展的第一步，市场的供求情况、消费者的偏好是绿色建筑项目投资的首要考虑因素，确定投资意向后，收集区域规划、地块现状、周边现状、土地权属、地块竞争对手等信息，进行地质勘查，确定项目实施的可行性是确定最终是否投资的关键步骤，这部分市场信息收集成本则是最先发生的交易成本。

绿色建筑项目确定投资后，从项目立项到竣工需要进行全过程的政府审批程序，主要有项目立项审批，土地使用出让审批，规划局规划设计批复，办理建筑工程报建，办理建筑工程公开招标手续，办理建筑工程质量监督、施工安全监督，领取《施工许可证》，建筑工程竣工验收，以及绿色建筑申请认证等程序，这部分政府审批成本是交易成本的重要组成部分。

绿色建筑的施工建造需要大量建筑材料和机械设备的投入，因此会涉及与建材和机械设备供应商的一系列交易。在与供应商的交易中通常会涉及收集市场价格、确定供应商名单、进行交易谈判、制订和签署合同、合同执行与监督、合同风险管理等程序。在此期间需要项目投入一定的人力、物力来维护与供应商的交易，确保项目的顺利开展，这部分供应商交易成本是最主要的交易成本。

一般绿色建筑项目会涉及建筑工程的承包，包括与承包商、工程监理单位的交易，这部分交易具体为举办招标会议，建立评标小组，审查候选承包商、工程监理单位，进行合同谈判，签订承包合同、工程监理合同，实行承包工程施工全过程监理，进行承包工程竣工验收，承包商退场管理，等等。承包交易成本如果存在，将是施工建造过程中投入最多的交易成本，因为建筑工程承包决定了整个绿色建筑项目完成的质量和效率。

基于以上分析，可以将绿色建筑项目的交易成本分为市场信息收集成本、政府审批成本、供应商交易成本和承包交易成本四种。这四种交易成本的产生通常涉及工程管理部门和市场部门的参与，需要大量人力的投入，以及少量物料和设备的投入，因此交易成本的计量则是直接计量这些人力、物力的成本，主要体现在核算人员工资、物料以及设备的成本。

以绿源酒店项目为例，该项目的交易成本可以分为市场信息收集成本、政府审批成本、供应商交易成本和承包交易成本四种，合计 213.98 万元，主要涉及市场人员、管理人员、监理人员和其他材料及设备耗费，具体成本信息如表 4-16 所示。

表 4-16 交易成本信息

类别	名称	单位	单价/元	数量	小计/万元
市场信息收集成本	市场人员	工日	135	1 554	20.98
	管理人员	工日	150	578	8.67
	其他材料及设备耗费	元	44 732	1	4.47
政府审批成本	管理人员	工日	150	243	3.65
	其他材料及设备耗费	元	27 844	1	2.78

续表

类别	名称	单位	单价/元	数量	小计/万元
供应商交易成本	市场人员	工日	135	2 372	32.02
	管理人员	工日	150	175	2.63
	其他材料及设备耗费	元	32 115	1	3.21
承包交易成本	市场人员	工日	135	3 752	50.65
	管理人员	工日	150	851	12.77
	监理人员	工日	150	4 364	65.46
	其他材料及设备耗费	元	66 928	1	6.69
合计					213.98

4.3.2 资本成本

将投资资金用于绿色建筑项目的投资和开发的建筑开发企业将不可避免地失去通过将资金投资于其他项目而获得收益的机会。因此，投资于其他项目而产生的最高收入就可以称为绿色建筑项目的机会成本。投资资本的机会成本就是资本成本，资本成本在项目投资决策中起着非常重要的作用，因为资本成本代表投资项目的取舍率，也代表投资于该项目的最低可接受报酬率，如果该项目的收益率低于资本成本，将不会成为投资的对象，否则将会造成资本的不恰当配置，降低社会资源的使用效率。因此，在绿色建筑项目的社会成本分析时，需要将资本的机会成本即资本成本纳入社会成本的计量。

绿色建筑项目的资本成本是指项目投资资本的机会成本，严格意义上讲，不同项目的机会成本是否相同，主要取决于各个项目之间的风险是否有差异。但由于建筑工程业务通常是建筑开发企业的主要经营业务，公司融资就是为了建筑工程项目的开发，公司建筑工程项目的风险通常与公司现有资产的平均风险相同。然而对于不同的建筑工程项目来说，因债权融资与股权融资为投资资本的来源，所以可得出不同的建筑工程拥有相同的资本成本，即项目的资本成本就是公司的资本成本。因此，绿色建筑项目的资本成本就是建筑开发企业资本成本。

公司的资本成本是各种资本成本的加权平均成本。公司的融资方式通常包括债务融资和股权融资，从而产生债务资本成本和权益资本成本两种资本成本。因此，公司资本成本的计算在于首先分别确定债务资本成本和权益资本成本，其次确定加权权重，最后加权平均得到资本成本。

实际中债务资本成本通常基于公司现有债务的使用成本来进行估计。本书对建筑开发企业的债务资本成本计量采用到期收益率法和现有债务成本估计法。

到期收益率法主要针对公司目前有上市的长期债券，债券的到期收益率即税前债务成本，根据债券估价的公式，到期收益率可以式（4-7）求得：

$$P_0 = \sum \frac{利息}{(1+K_d)^t} + \frac{本金}{(1+K_d)^n} \tag{4-7}$$

其中，P_0 是目前债券的市场价值；K_d 是债券到期收益率即税前债务成本；n 是债务期限，通常以年为单位；t 是年份。

现有债务成本估计法主要是针对公司没有上市债券，利用现有短期债务和长期债务的成本来进行估计。短期债务主要指短期借款，由于公司债务中的应付款项类债务没有利息，因此不将其列入。长期债务主要有长期借款、长期应付款、应付债券和其他长期应付项目。税前债务成本的计算公式为

$$K_d = \frac{D_s}{D_s + D_l} K_{\mathrm{ds}} + \frac{D_l}{D_s + D_l} K_{\mathrm{dl}} \tag{4-8}$$

其中，K_d 是税前债务成本；D_s 是短期负债；D_l 是长期负债；K_{ds} 是短期债务成本，按公司当年银行一年期贷款的利率计算；K_{dl} 是长期债务成本，按公司当年 3—5 年的长期贷款利率加权平均计算。

权益资本成本的估计方法理论上主要有资本资产定价模型、股利增长模型、债券报酬率风险调整模型，实际中还有历史平均收益率法、多因子模型法等。目前资本资产定价模型应用最为广泛，因此本书将采用资本资产定价模型，具体计算公式如下：

$$K_s = R_f + \beta \times (R_m - R_f) \tag{4-9}$$

其中，K_s 是权益资本成本；R_f 是无风险收益率；β 为股票的风险系数；R_m 是市场收益率；$R_m - R_f$ 是权益市场的风险溢价；$\beta \times (R_m - R_f)$ 是该股票的风险溢价。

无风险收益率将基于建筑开发企业的地点采用上海证券交易所或深圳证券交易所的当年最长期的国债年收益率，市场收益率采用最近三年的市场月平均收益率乘以 12，β 系数采用上市公司的系统性风险系数。

加权权重目前有三种权重可供选择，包括账面价值、实际市场价值和目标资本结构。目标资本结构权重是最理想的权重，代表了公司未来融资结构的最佳估

计。本书将首先采用目标资本结构权重，对于无目标资本结构的公司样本，采用账面价值权重。

通过以上分析，公司资本成本的计算公式如下：

$$\text{WACC} = K_d \times (1-T) \times P_d + K_s \times P_s \tag{4-10}$$

其中，WACC 为加权平均资本成本；K_d 是税前债务成本；K_s 是权益资本成本；P_d 为债务比例；P_s 为权益比例；T 为所得税税率。

加权平均资本成本即公司的资本成本，相应地也是绿色建筑项目的资本成本。

譬如，由于该房地产公司的核心业务就是房地产开发，因此绿源酒店项目的资本成本即为该公司的资本成本，其中债务资本成本根据上市债券的到期收益率确定，权益资本成本根据资本资产定价模型确定，加权权重根据公司目前的账面价值权重确定，具体计算过程如下。

1）债务资本成本

目前，该公司已有在上海证券交易所挂牌交易债券 20 亿份，期限 5 年，面值 100 元，票面利率为 3.9%，单利计息，到期一次性还本付息。目前，其每张债券市场价值为 96.97 元，还有 4 年到期，根据到期收益率的计算公式，该债券目前的到期收益率为 4.49%，即税前债务资本成本。

$$96.97 = \frac{100 + 100 \times 3.9\% \times 4}{(1 + K_d)^4}$$

$$K_d = 4.49\%$$

2）权益资本成本

根据上海证券交易所公布的数据，无风险利率为 2.9%，上市公司系统性风险系数 β 为 1.2，市场收益率为 13%，基于选定的资本资产定价模型，可计算得权益资本成本为 9.5%。

$$K_s = 2.9\% \times (13\% - 2.9\%) \times 1.2 = 9.5\%$$

3）资本成本

目前该公司的账面价值权重为债务：权益=0.83：0.17。公司的所得税税率为 25%，计算可得投资项目的必要报酬率值为 4.41%，即投资必要报酬率。

$$4.49\% \times (1 - 25\%) \times 0.83 + 9.50\% \times 0.17 = 4.41\%$$

因此，通过以上分析，可以得到绿源酒店项目中的绿色建筑项目成本构成，如表 4-17 所示。

表 4-17 绿源酒店项目成本构成

成本类别	名称	成本合计
经济成本	土地费	16 980.64 万元
	人工费	10 795.77 万元
	材料费	24 518.79 万元
	机械设备使用费	1 445.16 万元
	动力能源费	150.62 万元
	税费	1 412.35 万元
	增量成本	614.58 万元
环境成本	碳排放成本	32.55 万元
	污染物处理成本	316.29 万元
	环境保护其他成本	7.4 万元
社会成本	交易成本	213.98 万元
	资本成本	4.41%

本章基于可持续发展角度，结合绿源酒店项目对绿色建筑成本从经济、环境、社会三个方面进行了分析。首先，分别从费用构成角度和可持续发展及作业成本理论的角度对绿色建筑经济成本进行了划分，并对绿色建筑增量成本进行了分析；其次，对绿色建筑的环境成本进行了分析，将其划分为项目规划作业中心、建筑运营维护中心、再循环作业中心和不可利用废弃物处置中心，从碳排放成本、污染物处理成本、环境保护其他成本等方面进行讨论；最后，将交易成本和资本成本纳入社会成本计量，以此来实现绿色建筑可持续成本计量。

基于作业成本法的绿色建筑成本计量模型

基于可持续发展角度对绿色建筑项目进行成本分析后，需要对其资源成本进行归集，并计算项目总成本，才能更好地为绿色建筑项目做出决策。因而，本章基于作业成本法，结合相关案例构建了绿色建筑成本计量模型并进行成本计量。

5.1 绿色建筑资源成本归集

基于可持续发展角度的绿色建筑资源成本包括经济成本、环境成本和社会成本三类。在作业成本法下，按照成本能否直接追溯到成本分配对象，项目的资源成本可以分为可直接追溯的资源成本和不可直接追溯的资源成本。因此，资源成本归集的第一步是将经济、环境、社会这三类资源成本划分为可直接追溯和不可直接追溯两类成本。可直接追溯的资源成本直接计入相应成本对象，不需要分配，不可直接追溯的资源成本需要通过不同层面的作业动因进行分配。第二步是将资源成本依照属性归集为材料费、人工费、机械设备使用费等成本类型。

5.1.1 可直接追溯的资源成本

绿色建筑项目经济成本中可直接追溯的资源成本是指可直接追溯到相应作业或者项目的资源成本，通常包括为特定作业专门使用的建筑材料、人工、机械设备，可直接追溯到相应工程，以及整个项目需要缴纳的土地费、税费，不需要进行分配。环境成本中的碳排放成本计量依据建筑材料的投入、机械设备的使用以及能源的消耗来进行计算，成本的发生依存于其碳排放源成本的发生。因此，碳排放成本将基于其所依存的可直接追溯的建筑材料和机械设备计入可直接追溯的资源成本，而污染物处理成本和环境保护其他成本的发生通常贯穿于整个项目，可以在整体层面上追溯到整个项目。社会成本中的机会成本即资本成本，基于整个项目的投资而发生，与项目中任何作业的具体发生无关。因此，将直接根据绿色建筑整个项目的资金使用情况计入项目的总成本，其他特定工程消耗的社会成本也可作为可直接追溯的资源成本。

以上述绿源酒店项目为例，其可直接追溯的资源成本由可直接追溯到相应作业的资源成本和可直接追溯到项目的资源成本两部分构成。其中，可直接追溯到相应作业的资源成本主要为相应作业专门消耗的材料费、人工费、机械设备使用费等；可直接追溯到项目的资源成本则包括土地费、环境成本（除碳排放）、税费、资本成本，合计 36 472.89 万元，具体的资源归集情况如表 5-1 所示。

表 5-1 可直接追溯的资源成本信息 （单位：万元）

追溯类别	成本对象名称	资源名称	资源成本
作业	规划设计 土方工程	设计人员	1 485.00
		挖掘机	20.30
	砌体工程	推土机	24.75
		铲运机	26.16
	桩基工程	打桩机	33.74
		静力压桩机	65.55
	脚手架工程	脚手架（租赁费）	247.59
	电梯工程	节能电梯	385.00
	防水工程	防水涂料	73.09
		改性沥青防水卷材	237.67
	屋面工程	聚氨酯	89.62
	外墙工程	聚苯板	51.33
		岩棉保温板	514.72
	饰件工程	陶瓷地砖	98.61
		墙砖	134.45
	涂饰工程	油漆	51.83
		乳胶漆及防锈漆	62.22
	水系统工程	卫生器具	160.67

续表

追溯类别	成本对象名称	资源名称	资源成本
作业	水系统工程	UPVC 建筑排水管及配件	155.91
		雨水及中水管道及配件	132.83
		PPR 给水管及配件	180.40
		铝塑耐高温管	105.24
		排水设备	197.89
		给水设备	205.77
		热水设备	143.02
		消防设备	294.22
		雨水及中水处理设备	286.85
		其他水系统零星材料	376.44
	空调系统工程	空调终端设备	581.73
		冷热水机组	351.60
		热水锅炉设备	553.60
		循环水泵	638.95
	通风系统工程	送排风机组	114.45
	电气照明工程	电线及配套零件	702.00
		配电箱配套装置	1 115.40
		变压器及配套设备	393.24
		防雷接地设备	97.69
		应急发电机组设备	325.00
		断路器及开关设备	342.43
		装饰灯具	414.25
		太阳能热水系统装置	79.43
		其他电气设备	384.55
	智能工程安装	综合布线系统装置	692.10
		计算机网络装置	219.58
		视频监控系统装置	429.16
		楼宇自控系统装置	76.35
		入侵报警系统装置	82.05
		智能门锁系统设备	233.93
		广播及对讲系统装置	150.16
		有线及卫星电视装置	298.55
		酒店管理系统装置	372.41
		其他智能系统装置	455.56

续表

追溯类别	成本对象名称	资源名称	资源成本
作业	绿化施工	灌木及小乔木	77.87
		乔木	68.65
		其他绿化材料	64.67
	道路施工	石油沥青	70.48
	现场管理	监理人员	65.46
	小计		15 292.17
项目	总项目	土地费	16 980.64
		环境成本（除碳排放）	323.69
		税费	1 412.35
		资本成本	2 464.04
	小计		21 180.72
合计			36 472.89

5.1.2 不可直接追溯的资源成本

经济成本中不可直接追溯的资源成本是指由多个作业或多个子项目共同消耗的资源成本，需要通过不同层面的成本动因进行分配，主要有材料费、人工费、机械设备使用费、动力能源费等成本类型。环境成本中的部分碳排放成本也将基于不可直接追溯的建筑材料、机械设备使用、动力能源等计入不可直接追溯的资源成本。社会成本中的交易成本发生在绿色建筑项目的各个阶段，涉及多个作业，主要为人工费、材料费、机械设备使用费等成本类型的投入，为不可直接追溯的资源成本。

基于以上分析，绿色建筑项目的资源成本可归集为土地费、材料费、人工费、机械设备使用费、动力能源费、税费、资本成本七种成本类型，其中材料费包括入账成本和其碳排放费用，机械设备使用费包括其折旧费用、修理费、碳排放费等费用，动力能源费包括资源自身的成本以及使用所产生的碳排放费用。根据绿色建筑项目实施的具体情况，项目的资源归集情况如表 5-2 所示。

表 5-2 绿色建筑项目资源归集

追溯类型分类	费用要素分类	可持续分类	具体资源成本举例
可直接追溯的资源成本	材料费	经济成本	钢筋、电梯、空调等
		环境成本	钢筋、电梯、空调产生的碳排放、污水处理剂

续表

追溯类型分类	费用要素分类	可持续分类	具体资源成本举例
可直接追溯的资源成本	人工费	经济成本	设计人员工资、福利
		环境成本	污水处理人员工资、福利
		社会成本	工程监理人员工资、福利
	机械设备使用费	经济成本	打桩机、电动滚筒混凝土机等的折旧费、修理费等
		环境成本	打桩机、电动滚筒混凝土机等产生的碳排放
	土地费	经济成本	土地使用权出让金、土地征用及拆迁安置补偿费
	税费	经济成本	增值税、城市维护建设税等税费
	资本成本	社会成本	投资项目的资本成本
不可直接追溯的资源成本	材料费	经济成本	水泥、钢材、管材等
		环境成本	混凝土、水泥、砂等产生的碳排放
		社会成本	纸张、笔等办公用品
	人工费	经济成本	施工人员、管理人员工资
		社会成本	市场人员、采购人员工资
	机械设备使用费	经济成本	起重机、电焊机、汽车等的折旧费、修理费等
		环境成本	起重机、载货汽车、平板拖车组等的碳排放
		社会成本	汽车、电脑等的折旧费
	动力能源费	经济成本	水资源、电力、汽油、柴油等资源及其碳排放
		环境成本	
		社会成本	

以绿源酒店项目为例，该项目不可直接追溯的资源成本是指既不可追溯到作业，也不能追溯到项目的资源成本，合计 20 981.18 万元，主要包括人工费、材料费、机械设备使用费等，需要通过不同层面的成本动因进行分配，具体成本归集情况如表 5-3 所示。

表 5-3　不可直接追溯的资源成本信息

费用类型	资源名称	资源动因	数量	资源成本/万元
人工费	综合工（一类）	工日	116 931	1 683.81
	综合工（二类）	工日	508 680	5 951.56
	综合工（三类）	工日	35 679	328.25
	管理人员	工日	73 124	1 096.86
	市场人员	工日	28 270	381.65
材料费	预拌混凝土（综合）	m^3	25 346	983.93
	钢材	t	14 386	4 127.99

续表

费用类型	资源名称	资源动因	数量	资源成本/万元
材料费	水泥	t	4 755	175.15
	石灰	t	5 754	181.18
	砂	t	5 667	50.55
	碎石	t	8 980	76.34
	混凝土空心砌块	千块	846	269.96
	其他结构零星材料	元	1	296.34
	大理石板	m^2	6 458	218.93
	花岗岩石	m^2	5 478	235.55
	木材	m^2	7 457	209.51
	铝合金型材	m	45 759	132.70
	胶合板	张	17 646	77.64
	铁件	t	348	271.11
	嵌缝膏及粘接胶	kg	8 953	78.79
	石膏板	m^2	53 498	74.90
	镀锌铁丝（综合）	t	563	463.10
	其他装修零星材料	元	1	487.08
	镀锌钢管	m	64 523	471.02
	空调通风系统其他设备	元	1	656.38
	办公材料	元	1	566.78
机械设备使用费	压路机	台班	115	12.24
	装载机	台班	117	14.26
	汽车式起重机	台班	760	136.03
	履带式起重机	台班	540	103.83
	混凝土搅拌输送车	台班	1 070	105.40
	混凝土输送泵	台班	1 156	244.84
	木工圆锯机	台班	232	27.77
	载货汽车	台班	456	39.03
	平板拖车组	台班	289	44.27
	皮带运输机	台班	245	6.45
	双笼施工电梯	台班	453	29.38
	灰浆搅拌机	台班	155	2.31
	挤压式灰浆输送泵	台班	167	3.26
	摇臂钻床	台班	43	33.35
	普通车床	台班	13	7.00

续表

费用类型	资源名称	资源动因	数量	资源成本/万元
机械设备使用费	型钢剪断机	台班	8	10.91
	交流弧焊机	台班	89	1.37
	电动空气压缩机	台班	46	2.94
	小汽车	台班	1 866	83.40
	其他机械设备	元	1	374.42
动力能源费	水	m^3	99 244	80.21
	电	kW·h	593 488	71.49
合计				20 981.18

5.2 绿色建筑作业划分

作业成本法主要是为了定量计量作业产生的成本，因此确认好作业是成本核算的重中之重。作业的识别即确认每一项作业的工作及其耗用的资源成本。作业的识别需要对每项耗费资源的作业进行定义，界定每项作业对生产活动发挥的作用、每项作业与耗用资源之间的联系，以及与其他作业的区别。作业的识别方式主要有两种：一种是根据企业总的生产流程或者项目的实施流程，自上而下进行分解，分层识别各项作业；另一种是使用自下而上的方式，借助项目经理与一线员工之间的沟通交流，从而分别确认各自的工作。在实际使用时这两种方式通常是相辅相成的关系。

为进行绿色建筑项目的作业识别与划分，我们先后查阅了《绿色建筑工程施工评价标准 GB/T50640—2010》《建筑工程绿色施工实践》《建筑工程施工》《建筑工程施工质量验收统一标准 GB50300—2013》等绿色建筑施工相关图书及资料，研究多个绿色建筑以及建筑工程施工项目，并向土木建筑专业技术人员咨询相关专业知识。在熟悉绿色建筑项目具体施工过程后，从分解绿色建筑项目的施工流程开始，自上而下，对项目的作业进行了划分和认定。绿色建筑的施工流程如图 5-1 所示。

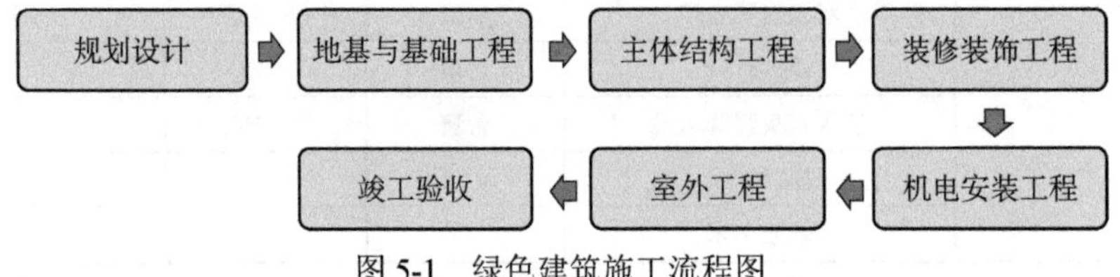

图 5-1　绿色建筑施工流程图

绿色建筑的施工流程与传统建筑工程相同，首先需要进行项目的规划和地形勘察，确定绿色建筑项目的可行性和选址，然后进行建筑物的布局和构造设计、工程预算，明确施工方案以及各项建材和机械的投入情况，在所有前期准备工作完成后，开始地基与基础工程施工，主要包括地基挖掘、桩基施工等工作，地下施工结束后，进行建筑物主体结构的施工以及墙面装修装饰工作，主要包括外架搭设、模板工程、混凝土和钢筋施工、砌体和抹灰工程等，最后完成整个建筑物的供水系统、电力系统、节能节水系统等机电安装工程以及室外配套设施、绿化施工建设，进行竣工验收。基于以上分析，识别和划分的绿色建筑项目初始作业清单如表 5-4 所示。

表 5-4 绿色建筑项目初始作业清单

序号	初始作业	作业简要描述
1	项目规划	市场信息收集、项目可行性分析及决策
2	地形勘察	地质勘查、文物勘察，确定选址
3	图纸设计	基坑设计、主体结构设计、装修设计、室外设计等绿色建筑设计
4	工程预算	确定绿色施工方案，进行成本预算
5	政府审批	项目立项审批，办理建筑工程报建、质量监督
6	工程测量定位	根据规划定位图进行放线定位
7	临水临电报批	电力、水力公司临水临电审批
8	五通一平	通给水、通电、通路、通讯、通排水和场地平整
9	工地围栏建设	工地围栏及大门建设
10	施工用房建设	办公区、生活区搭建
11	图纸会审	建设单位审查图纸，将不合理设计及问题提交设计院
12	建材采购	确定供应商，进行绿色建筑材料采购
13	土方工程	平整场地、基础土方挖掘、土方回填、外运
14	桩基工程	桩基制作、打桩送桩、管桩填充材料、单桩静载检测、机械截桩头
15	基础工程	浇筑垫层、钢筋笼制安、锚杆支护、基础筏板施工、地下室防水
16	脚手架搭设	外架硬化、外架搭设、挂安全网、室内脚手架搭设
17	排降水工程	排水井、集水井制作，排水沟、集水沟施工，抽水机抽水
18	模板工程	模板测量定位、柱模板制安、梁板模板制安、线管预埋
19	混凝土结构工程	绿色混凝土加工、混凝土运输，混凝土、钢筋混凝土浇筑钢零部件加工，钢结构焊接，钢管结构安装，防腐防火涂料涂装
20	钢结构工程	钢零部件加工、钢结构焊接、钢管结构安装、防腐防火涂料涂装
21	砌体工程	轴线引测、砖浇水、砂浆搅拌、非实心黏土砖砌墙
22	抹灰工程	基层处理、粘贴加强网、浇水、喷浆、打点、冲筋、分层抹灰

续表

序号	初始作业	作业简要描述
23	楼地面工程	基层处理、刷生态水泥砂浆层，石材、块料楼地面铺设
24	天棚工程	天棚抹灰、龙骨安装、基层板铺设、面层铺设等天棚吊顶
25	门窗工程	门窗框固定，装饰管安装，节能门窗、节能玻璃、玻璃幕墙安装
26	楼梯工程	踏面放踏步线，水泥施工现浇制作或预制楼梯施工，栏杆制作
27	电梯工程	土建交接检验，悬挂装置、电气装置安装，节能电梯安装
28	防水工程	面层试水、渗点处理、刷处理剂、刷涂膜防水层、闭水试验
29	屋面工程	屋面铺设，屋面保温隔热施工，防雷接地网铺设
30	外墙工程	外墙面板面砖铺设，防腐防水层施工，外墙复合保温施工
31	饰件工程	基层清理、砂浆制作、底层抹灰、结合层铺贴、面层铺贴
32	涂饰工程	基层处理、打底找平、油漆、绿色涂料涂饰、裱糊工程
33	脚手架拆除工程	外架及室内脚手架拆除，材料整理、回收
34	入户门及防火门安装	入户门及防火门的测量、安装固定、打胶等
35	卫生器具安装	卫生器具给水配件、排水配件安装，卫生器具安装
36	室内排水系统安装	排水设备安装，排水管道及配件安装
37	室内给水系统安装	给水设备、给水管道及配件安装，消火栓系统安装
38	室内热水系统安装	管道及配件安装，辅助设备安装，防腐绝热、试验与调试
39	室内供暖系统安装	管道及配件安装，散热器安装，热计量及调控装置安装
40	室内供电系统安装	变配电室建设，供电干线搭建，防雷接地安装
41	室内照明系统安装	绿色电光源、镇流器及节能灯具安装，照明线路搭建
42	室内空调系统安装	空调管道搭建，高性能空调机组、消声设备安装等
43	通风系统工程	送风、排风系统安装，除尘系统安装，防排烟系统安装
44	智能工程安装	通信系统、广播系统、火灾自动报警系统、安全防范系统等安装
45	节能工程	太阳能热水系统、光伏系统、声音红外线人体感应系统安装
46	节水工程	节水器具的安装，雨水收集系统安装，中水处理系统安装
47	室外给水系统施工	管沟挖掘，井室建设，室外消火设备安装，给水管道安装
48	室外排水系统施工	排水池及处理设备安装，与市建排水网络连接，排水管道安装
49	室外供热系统施工	土建结构施工，供热管道及配件安装，热水机组安装
50	室外空调系统施工	地源热泵系统施工钻井，网管铺设，热泵机房建设
51	室外电气照明施工	电线、电缆搭建，照明系统安装，变压器、箱式变电所安装
52	绿化施工	施工时裸露地面绿化，建筑物生态绿化，室外草坪、树木绿化
53	道路施工	施工用道路铺设，室外道路铺设
54	附属建筑施工	建筑物外围围墙、大门、车棚等施工
55	室外景观施工	亭台、连廊、人造湖、景观桥等施工
56	拆除工程	办公区、生活区等施工用临时建筑、设施拆除

续表

序号	初始作业	作业简要描述
57	竣工验收	项目质量验收，各项资料整理汇总
58	现场管理	整个项目施工过程中的现场施工组织、质量监督、安全监督管理
59	绿色建筑认证	绿色建筑项目申请以及星级认证

5.3 绿色建筑成本动因分析

5.3.1 资源动因分析

资源成本可以追溯到资源动因，由此进入不同的作业形成作业成本，最终全部被转入作业成本库中。可直接追溯的资源成本，如门窗工程耗用的各种门窗建材，仅有这项作业耗用，则可直接计入该项作业的成本，不需要通过资源动因分配。通过资源动因分配的资源成本是指由多项作业共同耗费的资源成本，即不可直接追溯的资源成本。

绿色建筑项目中，不可直接追溯的资源成本主要有材料费、人工费、机械设备使用费、动力能源费四种成本类型。材料费的资源动因由材料类型和使用方式决定，一般为数量、长度、面积、体积等量级动因；人工费依据人员类型的不同可以分为设计人员、施工人员、技术人员、管理人员等多种人工费，但其资源动因一般都为人工工时；机械设备使用费包括机械设备的折旧费、租赁费、日常修理费、大修理费、安拆费、碳排放费用、耗用的动力能源费等，其资源动因决定于机械设备的品种以及设备本身的工作形式，一般为机器工时、机器额定功率，运输距离、载重等动因类型；为了成本核算的简单化，将机械设备耗用的动力能源费直接计入使用费中，通过机器工时以及额定功率来进行分配，因此这里的动力能源费是指非机械设备耗用的动力能源费，主要为电能、水资源等，其资源动因一般为数量动因。通过以上分析，绿色建筑项目的资源动因选取情况如表 5-5 所示。

表 5-5 绿色建筑资源动因信息

序号	费用类型	具体资源成本举例	资源动因
1	材料费	混凝土	m^3

续表

序号	费用类型	具体资源成本举例	资源动因
1	材料费	生态水泥	t
		空心砖	m^3
		砌块	m^3
		碎石	t
		石灰	t
		石膏	t
		混合砂浆抹灰	m^3
		钢材	t
		节能玻璃	m^2
		木材	m^3
		砂	t
		水管	m
		铸铁	t
2	人工费	设计人员	人工工时
		施工人员	人工工时
		技术人员	人工工时
		管理人员	人工工时
3	机械设备使用费	履带式推土机	机器工时
		液压履带式单斗挖掘机	机器工时
		轨道式柴油打桩机	机器工时
		履带式起重机	机器工时
		油罐车	机器工时
		洒水车	机器工时
		单筒慢速电动卷扬	机器工时
		皮带运输机	机器工时
		双笼施工电梯	机器工时
		电动滚筒混凝土机	机器工时
		电焊机	机器工时
		发动机	机器工时
		汽车	机器工时
4	动力能源费	水	m^3
		电力	kW·h

5.3.2 作业动因分析

绿色建筑项目作业繁杂，作业动因促使建筑项目成本增加，并且是计算成本对象所需工作量的工具。作业动因决定了作业成本能否被准确分配到具体项目，因此非常重要，只有选择合理的作业动因，才能实现更准确的成本分配。确定作业动因时需要考虑以下三个因素。①相关程度。作业成本分配的原理是根据项目作业量将作业成本分配到项目成本中，因此，作业消耗量与成本动因之间相关性越大，成本分配可能就越准确。事实上，驱动作业发生的动因往往不止一种，成本的发生总是受多重因素的影响，因此，这个时候确定那个与作业成本相关程度最大的因素为分配依据。②成本效益原则。准确地进行成本分配往往需要建立众多作业中心，并选择复杂、多样的成本动因，而更多成本库的建立以及成本动因的选择则需要耗费大量人力和物力，这样会使实施作业成本法的成本变得越来越高，这显然会违背成本效益原则。而相应地，使用简化的作业中心和成本动因，可以降低作业成本法核算的成本，但却会降低成本分配的准确性，因此在选择作业动因时要权衡其产生的成本与效益，这样才能有效实施作业成本核算。③结合企业决策。不同的作业动因会产生不同的分析结果和不同的经营决策，因此在选择作业动因时要结合企业经营目标和战略方向，选择适合企业生产经营改进方向的作业动因，这样才能为企业决策提供有价值的建议，有利于企业的健康发展。

绿色建筑项目的实施涉及数量众多且繁杂的作业，为实现项目成本更准确的分配和计量，其作业动因的选取尤为重要，将直接影响到项目成本的准确性以及项目的成本管理控制。因此本书绿色建筑项目作业动因的选择以成本发生的驱动因素为主要依据，并结合项目成本控制管理需要以及成本效益原则。在作业动因的选取中，以材料均匀投入为主要驱动因素的作业将以材料的投入量作为作业动因，在作业进行中主要以持续不断的人工投入来维持的作业以相关人员的人工工时作为作业动因，以机械设备的工作为核心的作业其作业动因通常选取为机器工时，会有持续不断且均匀形成的作业成果的作业将以作业成果的数量作为作业动因，其他情况将结合实际情况进行作业动因的选取。

例如，在图纸设计作业中，会有持续不断的设计人员的人工投入，虽然作业中还涉及一些办公材料和设备的投入，但都是不规则发生的，并不驱动作业成本的发生，因此选取设计人员的人工工时作为作业动因；在混凝土工程作业中，作业成本发生的主要驱动为混凝土材料的投入，人工和机械设备只是辅助投入，不是驱动作业发生的关键因素，因此选取混凝土的体积作为混凝土工程作业的作业动因；在抹灰工程中，会有水泥、砂、石灰膏等材料、施工人员人工以及塔吊机械设备的投入，作业成果为建筑物墙面抹灰层的形成，作业成本的直接驱动因素就是抹灰层墙面面积的不断扩大，因此将抹灰层的楼面面积作为该项作业的驱动因素。以此类推，绿色建筑项目的作业动因的选取结果如表 5-6 所示。

表 5-6　绿色建筑初始作业动因选取结果

序号	初始作业	作业动因
1	项目规划	人工工时
2	地形勘察	人工工时
3	图纸设计	人工工时
4	工程预算	人工工时
5	政府审批	人工工时
6	工程测量定位	人工工时
7	临水临电报批	人工工时
8	五通一平	人工工时
9	工地围栏建设	围栏长度
10	施工用房建设	用房数量
11	图纸会审	人工工时
12	建材采购	人工工时
13	土方工程	基坑体积
14	桩基工程	桩基体积
15	基础工程	基坑墙面面积
16	脚手架搭设	建筑面积
17	排降水工程	水井数量
18	模板工程	模板体积
19	混凝土结构工程	混凝土体积
20	钢结构工程	钢材重量
21	砌体工程	砌体体积
22	抹灰工程	墙面面积
23	楼地面工程	楼地面面积
24	天棚工程	天棚面积
25	门窗工程	门窗数量
26	楼梯工程	楼层层数

续表

序号	初始作业	作业动因
27	电梯工程	电梯数量
28	防水工程	防水面积
29	屋面工程	屋面面积
30	外墙工程	外墙面积
31	饰件工程	饰件面积
32	涂饰工程	涂饰面积
33	脚手架拆除工程	建筑面积
34	入户门及防火门安装	门数量
35	卫生器具安装	配套器具数量
36	室内排水系统安装	管道长度
37	室内给水系统安装	管道长度
38	室内热水系统安装	管道长度
39	室内供暖系统安装	管道长度
40	室内供电系统安装	配套装置数量
41	室内照明系统安装	灯具数量
42	室内空调系统安装	空调数量
43	通风系统工程	风机数量
44	智能工程安装	配套装置数量
45	节能工程	配套装置数量
46	节水工程	管道长度
47	室外给水系统施工	管道长度
48	室外排水系统施工	管道长度
49	室外供热系统施工	管道长度
50	室外空调系统施工	管道长度
51	室外电气照明施工	配套装置数量
52	绿化施工	绿化面积
53	道路施工	道路面积
54	附属建筑施工	配套建筑数量
55	室外景观施工	景观数量
56	拆除工程	人工工时
57	竣工验收	人工工时
58	现场管理	人工工时
59	绿色建筑认证	人工工时

绿源酒店项目的一级作业成本由可追溯到一级作业的资源成本和通过资源动因分配到一级作业的资源成本构成，一级作业成本的核算将实现资源成本的首次分配，计算出各项工程的成本，以实现各项工程的成本控制和管理。

5.4 绿色建筑作业成本库的建立

5.4.1 一级作业成本库

一个绿色建筑项目从实施到结束，往往涉及众多作业，实际中项目的作业数量往往会有几十项甚至上百项。对每项作业的成本都单独进行成本动因分配，固然可以更精确地将成本追溯到项目的各个作业或阶段，实现更准确的项目成本核算，但如此烦琐的核算工作将会使企业的成本核算成本大大提高。基于企业追求利润最大化的目标，在企业的成本大大提高的情况下，这明显会违反成本效益原则，并不切实可行。因此，就需要合理权衡准确性和成本效益原则，对项目中的同质作业进行合并归类。

作业成本库的建立需要对不同作业进行分类分层，并进行同质作业合并。作业中心的分类主要是根据项目的主要流程进行划分，而层级则是基于作业的包含关系。作业合并时，首先需要找出各项作业的作业动因，在此基础上，将具有相同作业动因的作业进行合并。作业成本库建立的目的就是合并成本库里的相同作业成本，形成成本集合，使用同一作业动因进行统一的成本分配。因此同质作业成本库里的作业必须满足两个条件：属于同一类作业和有相同的作业动因。

因此在绿色建筑作业动因选取的基础上，根据同质作业合并的原则，对初始作业清单进行合并，构建一级作业成本库简化成本核算过程，同时将一级作业成本库照属性划分为单位级作业成本库、批次级作业成本库、产品级作业成本库以及生产维持级作业成本库，使作业成本分配过程更加清晰明了，基于以上分析，绿色建筑项目的一级作业成本库建立情况如表 5-7 所示。

表 5-7 绿色建筑项目一级作业成本库

序号	一级作业成本库	作业成本库种类	作业动因
1	规划设计	产品级	人工工时
2	审批验收	产品级	人工工时

续表

序号	一级作业成本库	作业成本库种类	作业动因
3	建材采购	批次级	人工工时
4	土方工程	单位级	基坑体积
5	桩基工程	单位级	桩基体积
6	脚手架工程	单位级	建筑面积
7	模板工程	单位级	模板面积
8	混凝土结构工程	单位级	混凝土体积
9	钢结构工程	单位级	钢材质量
10	砌体工程	单位级	砌体体积
11	抹灰工程	单位级	墙面面积
12	楼地面工程	单位级	楼地面面积
13	天棚工程	单位级	天棚面积
14	门窗工程	单位级	门窗数量
15	楼梯工程	单位级	楼层层数
16	电梯工程	单位级	电梯数量
17	防水工程	单位级	防水面积
18	屋面工程	单位级	屋面面积
19	外墙工程	单位级	外墙面积
20	饰件工程	单位级	饰件面积
21	涂饰工程	单位级	涂饰面积
22	水系统工程	单位级	管道长度
23	空调系统工程	单位级	空调数量
24	通风系统工程	单位级	风机数量
25	电气照明工程	单位级	配套装置数量
26	智能工程安装	单位级	配套装置数量
27	绿化施工	产品级	绿化面积
28	道路施工	产品级	道路面积
29	公共设施施工	产品级	人工工时
30	拆除工程	产品级	人工工时
31	现场管理	生产维持级	人工工时

在同质作业的合并过程中，由于五通一平作业和基础工程作业涉及多种类型的作业，因此基于作业动因和作业类型，将五通一平作业分解计入水系统工程、电气照明工程、智能工程安装、道路施工四项作业进行核算；将基础工程作业分解计入模板工程、混凝土结构工程、砌体工程等工程进行核算。同质作业的具体

合并情况如下。

（1）规划设计作业。规划设计作业由项目规划、地形勘察、图纸设计、工程预算、工程测量定位、图纸会审六项作业合并而成。这六项作业都主要涉及人工费、办公设备使用费等成本，且作业性质相同，其间有均匀的人工投入，作业动因均为人工工时，因此可以合并建立同质作业成本库。规划设计作业是保证整个绿色建筑项目顺利实施的重要作业，服务于整个项目，因而是产品级作业成本库。

（2）审批验收作业。审批验收作业由政府审批、临水临电报批、竣工验收、绿色建筑认证四项作业合并而成。这四项作业的性质均为项目的审批和验收，需要专项人员进行负责，其作业成本主要为人工投入，将分配依据为人工工时的审批验收作业动因归集进入产品级成本核算中心。

（3）脚手架工程。脚手架工程由脚手架搭设和脚手架拆除工程作业合并而成。这两项作业均为基于脚手架的施工工作，存在于主体结构和装饰装修两个阶段，与建筑面积密切相关，因此为简化核算，将其合并为脚手架工程作业成本库。

（4）门窗工程。门窗工程由门窗工程和入户门及防火门安装作业合并而成。这两项作业的性质相同，且主要都是门窗材料的投入，因此合并建立作业成本库，以门窗数量作为成本分配的作业动因。

（5）水系统工程。水系统工程作业成本库由五通一平、基础工程、卫生器具安装、室内排水系统安装、室内给水系统安装、室内热水系统安装、室内供暖系统安装、室外给水系统施工、室外排水系统施工、室外供热系统施工、节水工程十一项作业合并建立。这十一项作业均涉及水资源的使用和处理，作业性质相同，且主要作业为水管管道的铺设，会有持续不断的水管材料投入，因此合并建立作业成本库，以管道长度作为作业动因进行分配。

（6）空调系统工程。空调系统工程由室内空调系统安装和室外空调系统施工作业合并而成。这两项作业虽然作业地点不同，但均为空调系统工程的一部分，因此合并起来进行核算，将空调系统终端即空调数量作为作业动因。

（7）电气照明工程。电气照明工程由五通一平、基础工程、室内供电系统安装、室内照明系统安装、室外电气照明施工、节能工程六项作业合并而成。这六项作业都是基于电力能源的使用而展开的，作业性质相同，涉及变压器、配电柜等配套装置的安装，因此合并建立作业成本库，以配套装置数量作为成本分配的作业动因。

（8）公共设施施工。公共设施施工由工地围栏建设、施工用房建设、附属建筑施工、室外景观施工四项作业合并而成。这四项作业为施工前以及施工后期服务于整个建筑物的作业，作业性质相同，因此合并进行核算，以人工工时作为作业动因。

以绿源酒店绿色建筑项目为例，不可直接追溯的资源成本可以通过资源动因分配到一级作业成本库，具体分配原理为将各项资源成本乘以各项一级作业消耗的资源动因量占总资源动因量的比例，即可得到各项一级作业消耗的各项资源成本总数，通过资源动因分配到各项一级作业的资源成本具体信息如表 5-8 所示。

表 5-8　一级作业成本信息（动因分配）

一级作业成本库	作业成本/万元				小计/万元
	人工费	材料费	机械设备使用费	动力能源费	
规划设计	245.16	260.72	13.34	5.72	524.94
审批验收	347.24	136.03	31.69	0.00	514.96
建材采购	184.12	68.01	27.52	0.00	279.65
土方工程	155.14	52.27	9.62	0.71	217.74
桩基工程	151.86	661.69	97.30	3.03	913.88
脚手架工程	49.24	0.00	4.78	0.00	54.02
模板工程	238.06	1 208.50	201.92	5.35	1 653.83
混凝土结构工程	664.09	2 030.62	302.09	9.82	3 006.62
砌体工程	726.89	337.86	44.99	17.38	1 127.12
抹灰工程	416.61	197.36	21.62	15.07	650.66
楼地面工程	238.06	163.29	23.83	10.25	435.43
天棚工程	202.06	388.83	38.63	2.14	631.66
门窗工程	354.76	247.47	44.10	7.15	653.48
楼梯工程	178.55	361.39	48.43	3.84	592.21
电梯工程	119.03	0.61	0.71	0.71	121.06
防水工程	357.09	127.50	12.25	10.17	507.01
屋面工程	194.22	90.59	33.97	0.71	319.49
外墙工程	238.06	177.79	28.91	7.04	451.80
饰件工程	533.31	491.91	68.51	8.56	1 102.29
涂饰工程	238.06	1.39	5.14	3.84	248.43
水系统工程	595.16	435.52	36.58	7.32	1 074.58
空调系统工程	476.12	851.11	42.81	6.43	1 376.47
通风系统工程	238.06	491.63	22.71	2.14	754.54

续表

一级作业成本库	作业成本/万元				小计/万元
	人工费	材料费	机械设备使用费	动力能源费	
电气照明工程	820.72	652.69	44.26	7.15	1 524.82
智能工程安装	387.28	27.14	12.63	8.58	435.63
绿化施工	119.03	2.55	0.83	2.41	124.82
道路施工	59.52	88.33	28.33	3.12	179.30
公共设施施工	143.71	450.14	18.52	3.03	615.40
拆除工程	68.93	0.00	5.56	0.00	74.49
现场管理	701.99	102.02	10.84	0.00	814.85
合计	9 442.13	10 104.96	1 282.42	151.67	20 981.18

动因分配的一级作业成本加上可直接追溯到一级作业的资源成本即可得到一级作业成本库的全部成本 37 156.77 万元，一级作业成本的分配需要确定相应的作业动因和动因量，以将一级作业成本分配到二级作业成本库，具体成本信息如表 5-9 所示。

表 5-9　一级作业成本库信息

一级作业成本库	一级作业动因	动因量	全部成本/万元				小计/万元
			人工费	材料费	机械设备使用费	动力能源费	
规划设计	人工工时	74 250	1 730.16	260.72	13.34	5.72	2 009.94
审批验收	人工工时	11 700	347.24	136.03	31.69	0.00	514.96
建材采购	人工工时	8 764	184.12	68.01	27.52	0.00	279.65
土方工程	基坑体积	7 137	155.14	52.27	80.83	0.71	288.95
桩基工程	桩基体积	7 084	151.86	661.69	196.59	3.03	1 013.17
脚手架工程	建筑面积	64 332	49.24	247.59	4.78	0.00	301.61
模板工程	模板体积	21 712	238.06	1 208.50	201.92	5.35	1 653.83
混凝土结构工程	混凝土体积	13 940	664.09	2 030.62	311.71	9.82	3 016.24
砌体工程	砌体体积	6 433	726.89	729.19	44.99	17.38	1 518.45
抹灰工程	墙面面积	109 364	416.61	197.36	21.62	15.07	650.66
楼地面工程	楼地面面积	49 578	238.06	163.29	23.83	10.25	435.43
天棚工程	天棚面积	19 831	202.06	388.83	38.63	2.14	631.66
门窗工程	门窗数量	850	354.76	729.97	44.10	7.15	1 135.98
楼梯工程	楼层层数	25	178.55	361.39	48.43	3.84	592.21
电梯工程	电梯数量	11	119.03	385.61	0.71	0.71	506.06

续表

一级作业成本库	一级作业动因	动因量	全部成本/万元				小计/万元
			人工费	材料费	机械设备使用费	动力能源费	
防水工程	防水面积	92 960	357.09	527.88	12.25	10.17	907.39
屋面工程	屋面面积	8 694	194.22	141.93	33.97	0.71	370.83
外墙工程	外墙面积	19 311	238.06	692.51	28.91	7.04	966.52
饰件工程	饰件面积	50 308	533.31	724.96	68.51	8.56	1 335.34
涂饰工程	涂饰面积	38 278	238.06	115.44	5.14	3.84	362.48
水系统工程	管道长度	18 403	595.16	2 674.75	36.58	7.32	3 313.81
空调系统工程	空调数量	654	476.12	2 976.99	42.81	6.43	3 502.35
通风系统工程	风机数量	654	238.06	606.08	22.71	2.14	868.99
电气照明工程	配套装置数量	132	820.72	4 506.67	44.26	7.15	5 378.80
智能工程安装	配套装置数量	654	387.28	3 036.99	12.63	8.58	3 445.48
绿化施工	绿化面积	12 504	119.03	213.73	0.83	2.41	336.00
道路施工	道路面积	3 575	59.52	158.81	28.33	3.12	249.78
公共设施施工	人工工时	5 087	143.71	450.14	18.52	3.03	615.40
拆除工程	人工工时	7 493	68.93	0.00	5.56	0.00	74.49
现场管理	人工工时	46 799	701.99	167.48	10.84	0.00	880.31
合计			10 927.13	24 615.43	1 462.54	151.67	37 156.77

5.4.2 二级作业成本库

绿色建筑项目的实施是一个庞大而繁杂的工程，耗时较长。一个项目的实施通常涉及规划设计、地基基础工程、主体结构工程、装饰装修工程等多个阶段。将绿色建筑项目的实施流程划分为具体作业进行核算，生成作业成本直接分配到不同子项目，形成子项目成本。这种直接分配方法固然可以实现项目成本的准确计量，但由于具体作业数量较多，成本分配过程较为复杂，且无法获得各施工阶段的成本数据，不利于项目的成本管理与控制。因此在建立一级作业成本库的基础上，建立二级作业成本库，将不同的作业成本分别分配出来，可以简化成本分配的过程，也可以实现绿色建筑项目各施工阶段的成本计量。

绿色建筑项目二级作业成本库的建立主要基于项目的各施工阶段，对项目从规划设计、前期施工准备，到地基基础工程、主体结构工程、装饰装修工程、机电安装工程等工程施工，以及最后的竣工验收、临时建筑拆除整个项目流程进行整合和划分，可以建立七个二级作业成本库。同时，基于各子项目消耗二级作业成本库作业成本的方式，为各个二级作业成本库选取作业动因，以将作业成本分配到各子项目，完成整个项目的成本分配过程，从而计量各子项目的成本以及整个绿色建筑项目的总成本。二级作业成本库的建立及作业动因选取情况如表 5-10 所示。

表 5-10　绿色建筑项目二级作业成本库

序号	二级作业成本库	作业动因
1	前期工程	人工工时
2	地基基础工程	占地面积
3	主体结构工程	建筑面积
4	装饰装修工程	建筑面积
5	机电安装工程	安装户数
6	室外工程	占地面积
7	临时建筑工程	工期

作业成本分配的第一步是将一级作业成本库中的作业成本分配到二级作业成本库，因此需要建立两级作业成本库作业成本的包含关系，即各个二级作业成本库耗用一级作业成本库的种类和数量。通常各项具体的专业作业会在多个施工阶段发生，因此需要通过作业动因进行分配。根据绿色建筑项目的具体实施过程，分析各项作业的发生阶段，各个二级作业成本库耗用一级作业成本库的情况如表 5-11 所示。

表 5-11　绿色建筑项目一级作业成本库作业成本分配情况

序号	二级作业成本库	一级作业成本库	作业动因
1	前期工程	规划设计	人工工时
		审批验收	人工工时
		建材采购	人工工时
2	地基基础工程	规划设计	人工工时
		土方工程	基坑体积
		桩基工程	桩基体积
		模板工程	模板面积
		混凝土结构工程	混凝土体积
		砌体工程	砌体体积
		防水工程	防水面积

续表

序号	二级作业成本库	一级作业成本库	作业动因
2	地基基础工程	建材采购	人工工时
		现场管理	人工工时
		审批验收	人工工时
3	主体结构工程	规划设计	人工工时
		脚手架工程	建筑面积
		模板工程	模板面积
		混凝土结构工程	混凝土体积
		钢结构工程	钢材质量
		砌体工程	砌体体积
		楼梯工程	楼层层数
		建材采购	人工工时
		现场管理	人工工时
		审批验收	人工工时
4	装饰装修工程	规划设计	人工工时
		脚手架工程	建筑面积
		抹灰工程	墙面面积
		楼地面工程	楼地面面积
		天棚工程	天棚面积
		门窗工程	门窗数量
		防水工程	防水面积
		屋面工程	屋面面积
		外墙工程	外墙面积
		饰件工程	饰件面积
		涂饰工程	涂饰面积
		绿化施工	绿化面积
		建材采购	人工工时
		现场管理	人工工时
		审批验收	人工工时
5	机电安装工程	规划设计	人工工时
		水系统工程	管道长度
		空调系统工程	空调数量
		通风系统工程	风机数量
		电气照明工程	配套装置数量
		卫生器具安装	配套器具数量

续表

序号	二级作业成本库	一级作业成本库	作业动因
5	机电安装工程	智能工程安装	配套装置数量
		电梯工程	电梯数量
		建材采购	人工工时
		现场管理	人工工时
		审批验收	人工工时
6	室外工程	规划设计	人工工时
		绿化施工	绿化面积
		道路施工	道路面积
		公共设施施工	人工工时
		饰件工程	饰件面积
		涂饰工程	涂饰面积
		建材采购	人工工时
		现场管理	人工工时
		审批验收	人工工时
7	临时建筑工程	规划设计	人工工时
		水系统工程	管道长度
		空调系统工程	空调数量
		电气照明工程	配套装置数量
		卫生器具安装	配套器具数量
		智能工程安装	配套装置数量
		绿化施工	绿化面积
		道路施工	道路面积
		公共设施施工	人工工时
		拆除工程	人工工时
		建材采购	人工工时
		现场管理	人工工时
		审批验收	人工工时

以绿源酒店项目为例，其二级作业成本库主要为绿色建筑建造施工各项目阶段，包括地基基础工程、主体结构工程、装修装饰工程等，二级作业成本由一级作业成本通过作业动因分配而来，核算出各项目阶段的成本及其构成，有助于公司进行分阶段成本控制。二级作业成本分配到各子项目则需要确定二级作业动因及其动因量，具体的动因选取及成本信息如表 5-12 所示。

表 5-12　二级作业成本库信息

二级作业成本库	二级作业动因	动因量	作业成本/万元
前期工程	人工工时	7 425	325.91
地基基础工程	占地面积	6 210	2 460.08
主体结构工程	建筑面积	64 332	6 986.65
装饰装修工程	建筑面积	64 332	7 653.47
机电安装工程	安装户数	654	16 212.15
室外工程	占地面积	6 210	1 236.84
临时建筑工程	工期	675	2 281.67
合计			37 156.77

5.5　绿色建筑作业成本计量模型的构建

5.5.1　绿色建筑作业成本计量模型前提假设

通过对绿色建筑的成本驱动因素及其经济成本、环境成本和社会成本构成进行辨别分析，本书基于生命周期法及作业成本理论，构建了绿色建筑作业成本计量模型。在构建模型之前，本书提出了该模型构建的几个重要基础假设。

（1）决策者能够预测备选绿色建筑项目的土地获取成本。

（2）直接材料的价格在短期内保持不变，部分材料随着订购量的增多可以获取供应商相应的价格折扣；工人的工时可以通过加班和雇用临时工两种方式进行容量的扩展；建筑公司与供应商建立了良好的合作伙伴关系，机器工时可以通过租赁实现容量的扩展；生产维持级作业成本随机器工时的增加而呈现阶梯型增长。

（3）绿色建筑项目成本由经济成本下的单位级经济作业成本、批次级经济作业成本、项目级经济作业成本、生产维持级经济作业成本和环境成本下的单位级碳排放作业成本、批次级碳排放作业成本以及社会成本下的安全成本及土地获取成本构成，其他不可预测的成本支出或者各项目成本支出相差不大而不影响项目组合选择结果的成本项目均不在模型中体现。

（4）建筑公司的财务部门、数据库系统可以提供作业成本法的相关成本信息，包括作业动因、资源动因、作业动因量等，从而可以实现基于作业成本法的绿色建筑项目成本估算。

绿色建筑项目成本计量模型是通过逻辑性的数学公式和原理，来清晰地表述使用作业成本法进行项目成本计量的过程模型，主要是基于作业成本理论的基本指导思想。绿色建筑项目的作业成本计量主要可以被分为两步，第一步是通过作业成本分配过程来计算绿色建筑各子项目的作业成本；第二步是在子项目作业成本的基础上，加上项目整体层面上可以直接追溯的资源成本，得到绿色建筑总项目成本。

各子项目的作业成本计量分为三个阶段：第一阶段将资源成本通过资源动因分配到各一级作业成本库；第二阶段将一级作业成本库的作业成本通过一级作业动因分配到各二级作业成本库；第三阶段将各二级作业成本库的作业成本通过二级作业动因分配到各子项目，最终形成各子项目的作业成本。各子项目的作业成本加上税费、土地费、资本成本等，则可以得到项目总成本。作业成本计量的具体过程如图 5-2 所示。

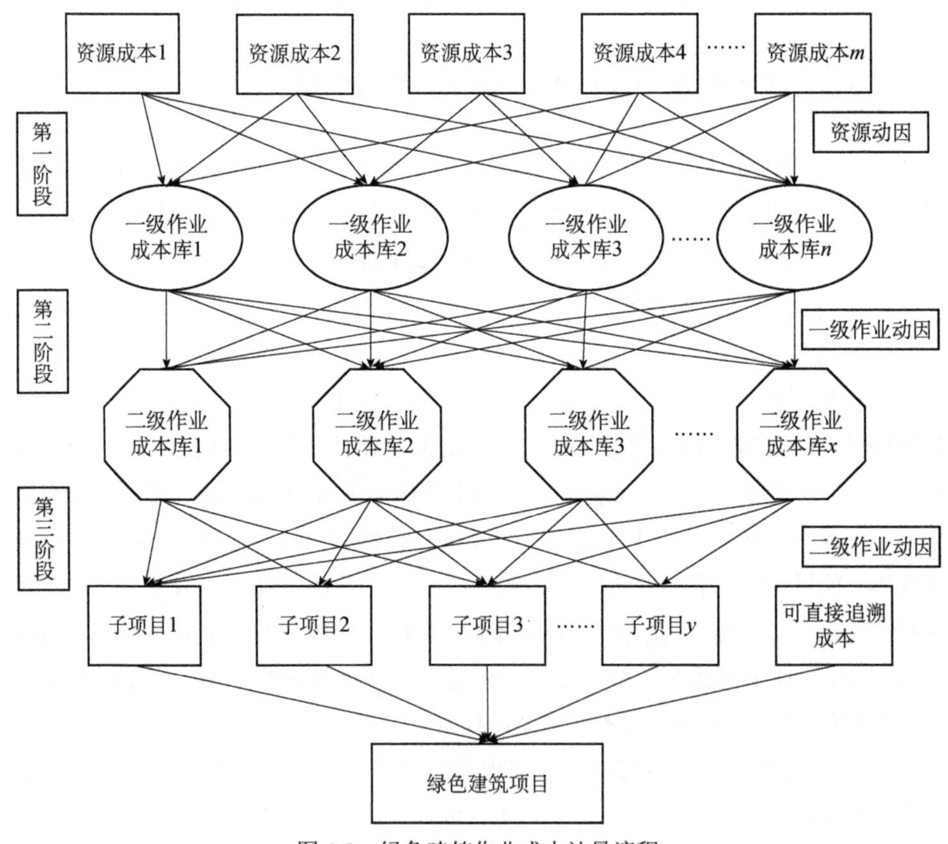

图 5-2　绿色建筑作业成本计量流程

5.5.2 子项目作业成本计量模型

设 i 为 n 个作业成本库的集合；j 为与资源成本相关联的 m 种资源动因的集合；Q_{ij} 表示作业成本库 i 消耗资源动因 j 的数量；R_{ij} 表示作业成本库 i 消耗资源动因 j 的数量占全部作业成本库消耗资源动因 j 的数量的比重，即 i 作业成本库 j 资源动因的系数，则

$$R_{ij} = \frac{Q_{ij}}{\sum_{i=1}^{n} Q_{ij}} \tag{5-1}$$

其中，资源动因系数满足 $0 < R_{ij} < 1$，且 $\sum_{i=1}^{n} R_{ij} = 1$。

以上资源动因系数关系同样适用于两级作业动因系数。

设 S_i（i=1，2，…，n）为 i 种资源动因驱动的资源成本的总额；FA_j（j=1，2，…，m）为 j 个一级作业成本库的作业成本总额；SA_k（k=1，2，…，p）代表 k 个二级作业成本库的作业成本总额；SP_l（l=1，2，…，q）表示 l 个子项目的作业成本总额；SR_{ij} 表示资源动因系数；FAR_{jk} 表示一级作业成本库的作业动因系数；SAR_{kl} 表示二级作业成本库的作业动因系数，则绿色建筑项目的各子项目的作业成本计量模型如下：

$$\mathrm{FA} = S \times \mathrm{SR} \tag{5-2}$$

$$\mathrm{SA} = \mathrm{FA} \times \mathrm{FAR} \tag{5-3}$$

$$\mathrm{SP} = \mathrm{SA} \times \mathrm{SAR} \tag{5-4}$$

其中，

$$S = \begin{bmatrix} S_1 \\ S_2 \\ \vdots \\ S_n \end{bmatrix} \mathrm{SR} = \begin{bmatrix} \mathrm{SR}_{11} & \mathrm{SR}_{12} & \cdots & \mathrm{SR}_{1m} \\ \mathrm{SR}_{21} & \mathrm{SR}_{22} & \cdots & \mathrm{SR}_{2m} \\ \vdots & \vdots & & \vdots \\ \mathrm{SR}_{n1} & \mathrm{SR}_{n2} & \cdots & \mathrm{SR}_{nm} \end{bmatrix} \mathrm{FA} = \begin{bmatrix} \mathrm{FA}_1 \\ \mathrm{FA}_2 \\ \vdots \\ \mathrm{FA}_m \end{bmatrix}$$

$$\mathrm{FAR} = \begin{bmatrix} \mathrm{FAR}_{11} & \mathrm{FAR}_{12} & \cdots & \mathrm{FAR}_{1p} \\ \mathrm{FAR}_{21} & \mathrm{FAR}_{22} & \cdots & \mathrm{FAR}_{2p} \\ \vdots & \vdots & & \vdots \\ \mathrm{FAR}_{m1} & \mathrm{FAR}_{m2} & \cdots & \mathrm{FAR}_{mp} \end{bmatrix} \mathrm{SA} = \begin{bmatrix} \mathrm{SA}_1 \\ \mathrm{SA}_2 \\ \vdots \\ \mathrm{SA}_p \end{bmatrix}$$

$$\mathrm{SAR}=\begin{bmatrix}\mathrm{SAR}_{11} & \mathrm{SAR}_{12} & \cdots & \mathrm{SAR}_{1q}\\ \mathrm{SAR}_{21} & \mathrm{SAR}_{22} & \cdots & \mathrm{SAR}_{2q}\\ \vdots & \vdots & & \vdots\\ \mathrm{SAR}_{p1} & \mathrm{SAR}_{p2} & \cdots & \mathrm{SAR}_{pq}\end{bmatrix} \mathrm{SP}=\begin{bmatrix}\mathrm{SP}_1\\ \mathrm{SP}_2\\ \vdots\\ \mathrm{SP}_q\end{bmatrix}$$

矩阵 S 为各成本中心归集的资源成本矩阵，矩阵 SR 为资源动因系数矩阵，矩阵 FA 为一级作业成本库成本矩阵，矩阵 FAR 为一级作业成本库作业动因系数矩阵，矩阵 SA 为二级作业成本库成本矩阵，矩阵 SAR 为二级作业成本库作业动因系数矩阵，矩阵 SP 为子项目成本矩阵。矩阵 SR 中，每一行向量表示一个作业成本库资源动因的消耗比重，不同行向量代表不同作业成本库各资源动因的消耗比例；不同列向量代表不同资源动因各作业成本库消耗的结构性比例，以上表述同样适用于矩阵 FAR 和 SAR。

上述模型即为绿色建筑项目子项目作业成本计量模型，其不仅详细列出了各级作业成本库的作业成本计算公式和子项目活动成本的计算公式，而且描述了各级作业成本库消耗资源和各子项目消耗作业的结构性成本动因。通过该模型，我们可以更好地理解绿色建筑项目作业成本计量由资源到作业成本库、由作业成本库到子项目的成本分配过程。

5.5.3 项目总成本计量模型

绿色建筑项目总成本是指各子项目作业成本与项目在整体层面上可直接追溯的资源成本的总和，是整个项目的全部成本，各项成本存在以下关系：

$$\mathrm{TC}=\mathrm{AC}+\mathrm{SC}=\sum_{l=1}^{n}\mathrm{SP}_l+\mathrm{SC} \tag{5-5}$$

其中，TC 为绿色建筑项目总成本；AC 为各子项目作业成本；SC 为项目整体层面上可直接追溯的资源成本，包括绿色建筑项目的土地费、税费、资本成本等。

设项目的资本成本为 WACC，则绿色建筑项目总成本的计算公式为

$$\mathrm{TC}=\left(\sum_{l=1}^{n}\mathrm{SP}_l+\mathrm{SC}\right)\times(1+\mathrm{WACC}) \tag{5-6}$$

以上就是绿色建筑项目总成本计量模型，该模型基于可持续发展角度，全面计量了绿色建筑项目经济、环境、社会全方位的成本，并利用作业成

本法，实现了更为准确的项目成本分配，分别计量了绿色建筑项目各施工阶段、各子项目以及项目总成本，有利于项目开发企业进行项目成本管理与控制，有效降低不必要的成本支出，实现绿色建筑项目的效益最大化，从而加大绿色建筑项目的开发，促进整个社会的节能减排，实现社会的可持续发展。

以绿源酒店项目为例，其成本核算分为两个层面，首先核算各子项目成本，其次核算项目总成本。子项目成本由二级作业成本通过二级作业动因分配而来，项目总成本则由各子项目成本和可直接追溯到项目的资源成本构成，根据子项目作业成本模型中的式（5-2）和项目总成本计量模型中的式（5-6），可计算得绿源酒店项目总成本合计 58 337.49 万元。绿源酒店项目可直接追溯的资源成本主要为土地费、税费、环境成本（除碳排放）以及绿源酒店项目投资资金的资本成本，具体的成本核算信息如表 5-13 所示。

表 5-13 绿源酒店项目总成本信息 （单位：万元）

项目	资源成本				子项目成本		
	土地费	税费	环境成本（除碳排放）	资本成本	1 号楼	2 号楼	3 号楼
金额	16 980.64	1 412.35	323.69	2 464.04	14 015.87	15 739.00	7 401.90
合计	58 337.49						

5.5.4 成本模型应用结果分析

将基于可持续发展的绿色建筑成本分析和基于作业成本法的绿色建筑成本计量模型研究成果应用于绿源酒店项目中的绿色建筑项目，从全新视角进行绿色建筑项目的成本核算，清晰地展示绿色建筑可持续发展成本计量和作业成本核算过程，可以体现出作业成本核算的创新性及其成本分配的准确性，同时可以进一步完善和改进已有的研究，提高研究结果的应用性。

基于可持续发展角度，对绿源酒店项目中的绿色建筑项目进行全方位成本计量后，可以发现将环境成本和社会成本纳入成本计量，整个项目的成本将有 5%的成本上升幅度，在庞大的建筑工程项目中是一笔不容忽视的成本，因此对绿色建筑项目环境成本和社会成本的核算刻不容缓。在对绿源酒店项目中的绿色建筑项目相对于传统建筑项目的增量成本进行分析后，发现绿源酒店项目的增量成本属于绿色建筑三星级标识中增量成本较低的绿色建筑，可见绿色建筑的增量成本会基于不同建筑类型、绿色技术的使用而有所不同，建筑开发企业可以通过选取最优设计和施工方案，来减少绿色建筑的增量成本。在环境成本计量中，基于天津碳排放权交易所的制度，碳排放成本的计量采用免费配额和超额交易模式，仅核算 40%碳排放量的成本，实际上并没有完全计量整个项目的碳排放成本，再将未核算投入产生的碳排放量考虑进来，如果进行完整的计量，碳排放成本将会有 2 倍的上升，因此建筑工程项目的碳排放成本远比想象的要高。另外，将资本成本纳入社会成本的计量中，实际上全面考虑了投资资金的筹资成本，而不是传统成本核算中仅考虑借款利息，而忽略权益资本的筹资成本，这是采用资本成本核算筹资成本的优越性。

采用作业成本计量模型对绿源酒店中的绿色建筑项目进行成本分配和计量，首先将可直接追溯的资源成本直接计入相应工程和项目，不需要进行分配，如加气混凝土砌块、铝合金门窗、排水设备等，而不可直接追溯的资源成本则通过不同层面的成本动因进行分配，第一步分配到一级作业成本库，即各项建筑工程，如混凝土结构工程、砌体工程、抹灰工程等，第二步分配到二级作业成本库，即各项目阶段，如地基基础工程、主体结构工程、水电安装工程等，最终分配到各子项目，形成子项目成本及项目总成本。因此采用作业成本计量模型对绿源酒店项目进行成本计量，可以分别核算出各项工程成本、各项目阶段成本以及各子项目成本，从而使得公司在进行绿色建筑项目成本管理和控制时，可以将项目总成本追溯到不同层级的作业中，通过减少非增值作业数量，发现并优化关键成本因素，优化作业，提高增值作业效率，进行分工程、分阶段成本管理和控制，从而将整个绿色建筑项目的成本控制在较优的水平上。

此外对绿色建筑进行可持续成本计量，并采用作业成本法对项目成本实现更准确的成本分配，可以使该房地产公司对其投资的绿色建筑项目的工程造价有更清晰的认识和考量，从而为其绿色建筑投资决策提供信息支持。

绿色建筑成本与效益分析

合理评价绿色建筑的成本与效益对绿色建筑决策起重要作用，而基于生命周期的角度进行分析，则更有利于了解绿色建筑项目的各个方面，便于更好地评价其成本效益，本章将结合相关案例从绿色建筑整个生命周期的各个环节来研究绿色建筑成本与效益分析问题。

6.1 绿色建筑成本与效益分析的目标

绿色建筑成本与效益分析的目标是首先基于生命周期的角度进行评判，全面分析其建设前期、建造阶段及运营维护阶段的成本效益，评价体系除了包含经济方面，还应当综合考量在整个生命周期中绿色建筑对生态环境、社会文化等方面产生的影响，并应易于社会公众理解。

1）从生命周期角度评判

建筑是使用周期比较长的产品，一般为50—100年，甚至更长时间，在其生命周期中，相关要素轮换呈现，在每一阶段中都有自己的特点。因此对绿色建筑的分析与评价应当站在整个生命周期的角度进行，这样得到的结论才更为全面、准确。建筑的生命周期成本不仅包括建设前期的成本，还包括建造阶段及运营维护阶段的成本，对于初始投入较大和后期运营维护费用较低的绿色建筑来说，该种方法可以比较真实地展现其投入成本与效益。

2）重视绿色建筑对生态环境、社会文化的影响

绿色建筑前期开发成本较高，但后期能带来较高的经济、生态环境、社会文

化的效益。因此，评价绿色建筑所带来的成本与效益时，除了经济方面，应当综合考量在整个生命周期中绿色建筑对生态环境、社会文化等方面产生的影响，从而引起各方主体如建造商及社会公众对绿色建筑所带来的环境、社会及生态效益的重视。

3）社会公众可理解并广泛参与

绿色建筑的推广依赖于公众社会的广泛参与，而目前公众对于绿色建筑的了解比较缺乏。绿色建筑成本与效益分析体系应围绕绿色建筑的“四节一环保”目标，体系的使用应易于社会公众理解，并与每一个人的自身利益相关，才能被广泛采用。

4）为绿色建筑成本控制提供指导

构建科学合理的绿色建筑的成本和效益分析方法，便于通过该方法比较各项目的成本及效益进而择优。采用标准化的指标体系进而选择成本最低而效益最高的项目，确保绿色建筑成本控制科学决策，全面降低项目的成本而提高项目的经济效益、环境效益以及社会效益。

6.2 绿色建筑成本与效益分析的原则

绿色建筑评价要站在可持续发展的角度上，对项目进行定性以及定量分析，将两者结合起来使用，评价参数应该长期有效，能持续十年以上。评价指标的选择应基于这样的原则：应当可以对比不同地域间的可持续发展状态，通过一定的方法达到总体效果最优的目标。

1）可持续发展原则

绿色建筑评价要站在可持续发展的角度上，考虑到对当代人和后代人的共同影响，并综合资源的枯竭程度、可得到的效用等多项因素加以协调。因此，除经济成本效益之外，绿色建筑与效益分析还考虑了环境效益、社会效益、生态成本效益以体现绿色建筑真实成本效益。

2）系统整体性原则

绿色建筑成本与效益分析是一个复杂的综合系统，系统内可细化若干层次，每一层次涵盖多项因素，且相互之间联系紧密。通过分析评价系统，将系统按照某种规则有条理地进行分解，将其所涵盖的各项因素按照某一逻辑组成易于分析理解的系统，通过一定的方法达到总体效果最优的目标。

3）定性与定量结合原则

建筑领域的评价操作目前主要以定性为主，且模糊多于清晰，这种评价方法不能提供有效的技术参考。尤其是在评价绿色建筑带来的环境、社会、生态等间接效益时，以往集中于定性评价的方法无法客观展现绿色建筑所带来的真实效益，应尽量通过可量化的指标予以体现。

4）可比性原则

绿色建筑成本与效益分析，在时间上，评价指标应长期有效；在空间上，评价指标应能对比不同地区之间的可持续发展状态，与所在区域的供应、运输、吸纳承载力相匹配，表现其地域差别；在比较范围、计量的方法以及统计的口径等方面保持相同。

6.3　绿色建筑成本与效益分析的思路

绿色建筑的成本研究与效益计算评价将基于不同阶段也就是项目的生命周期来展开，从建设前期、施工阶段、运营维护阶段、报废回收阶段展开分析，并在绿色建筑项目的长期开发过程中，考虑其折现率、资源价格和非年度周期成本变化的影响。绿色建筑成本分析从经济、环境、社会层面展开，经济成本包括建设前期成本、建造阶段成本、运营维护阶段成本；环境成本包括绿色建筑建造和使用过程中碳排放成本、绿色建筑施工过程中污染物处理成本以及其他环境保护相关成本；社会成本包括绿色建筑项目实施过程中产生的交易成本以及绿色建筑项目的资本成本。绿色建筑效益分析从经济、社会、环境和生态层面展开，经济效益包括节能经济效益、节水经济效益、节材经济效益、节地经济效益和运营管理经济效益；环境效益包括 CO_2 减排效益、人体健康效益以及建材寿命延长所节约的维护费用；社会效益包括通过提供舒适的学习、生活环境从而促进居民的工作效率，利用非传统水源可有效减轻城市投资压力以及提高工作效率；生态效益主要包括当地植物通过释放氧气量以及调节气候所产生的效益。最后，运用层次分析法基于权重与专家决策从经济、社会和环境方面对绿色建筑成本与效益进行综合性分析，如图 6-1 所示。

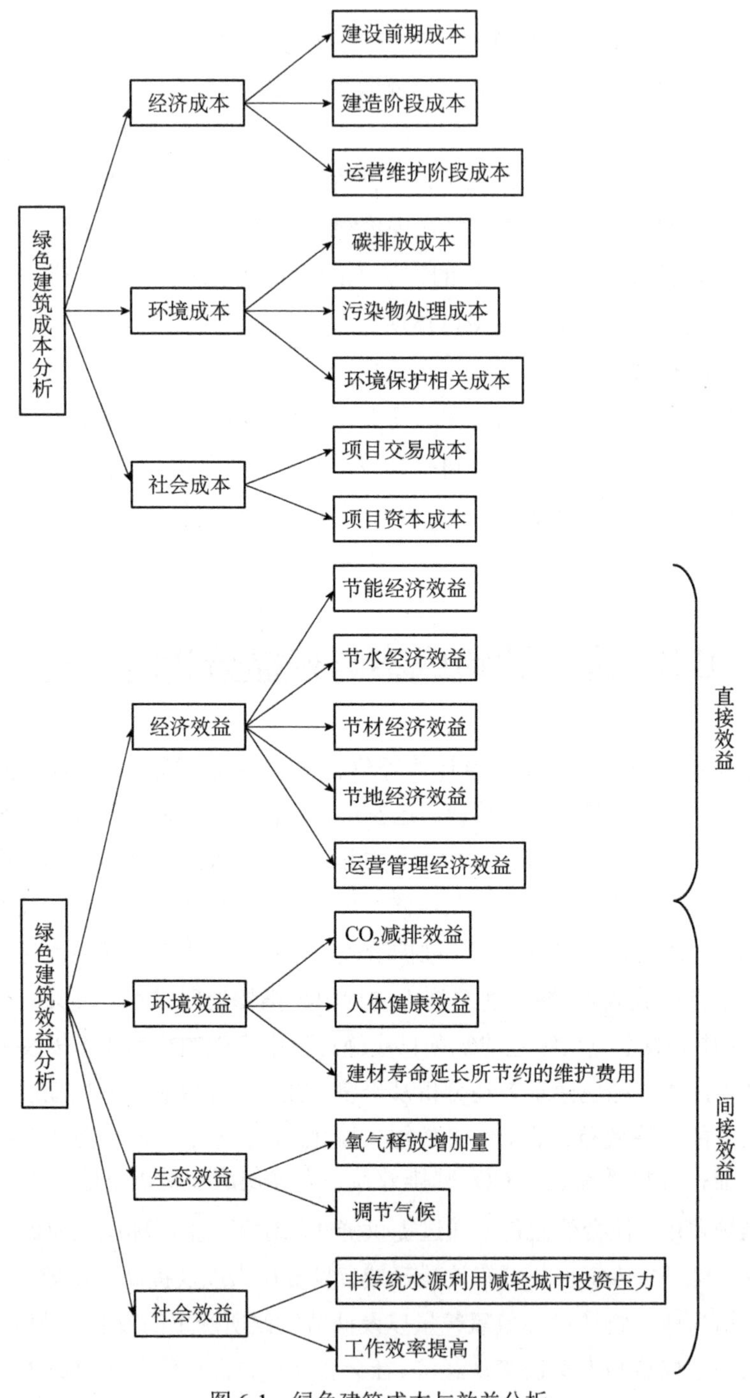

图 6-1　绿色建筑成本与效益分析

6.4 绿色建筑成本分析

国家及项目所在地对建筑项目均有强制的节能标准，将其作为基准建筑即绿色建筑成本分析的起算点，然后得到满足绿色建筑评价标准要求情况下的整个生命周期各个阶段的成本，用二者之间的成本差价即增量成本来分析绿色建筑的前期投入，具体计算公式如下：

$$IC=C_{ls}-C_{jz}=IC_1+IC_2+IC_3 \tag{6-1}$$

其中，IC 为总的成本增量，C_{ls} 为绿色建筑的成本；C_{jz} 为基准建筑成本；IC_1 为绿色建筑经济成本；IC_2 为绿色建筑环境成本；IC_3 为绿色建筑社会成本。

根据住房和城乡建设部在建筑节能与绿色建筑综合信息管理平台上对我国绿色建筑标识项目的披露，江苏省在绿色建筑的项目总量以及总面积上均远超其他地区（图 6-2），早在 2013 年 6 月江苏省人民政府办公厅就印发了《江苏省绿色建筑行动实施方案》，截至 2016 年 9 月底江苏省累计建筑标识项目数量为 905 个，累计建筑面积为 9230 万 m^2。因此，本章以绿源酒店项目中位于江苏省的绿色建筑三星级项目绿源住宅小区为例进行分析。

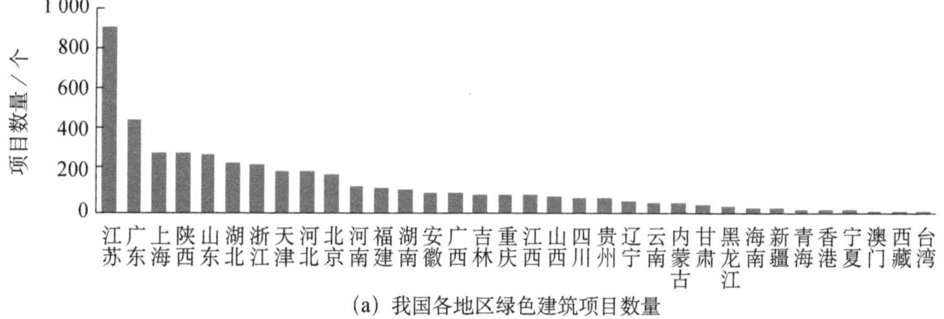

(a) 我国各地区绿色建筑项目数量

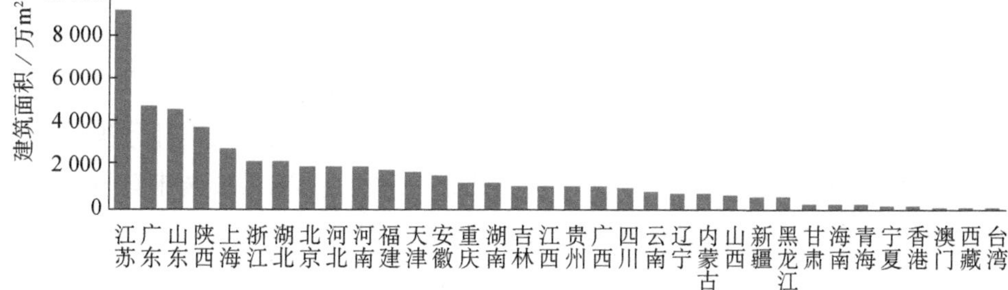

(b) 我国各地区绿色建筑项目建筑面积

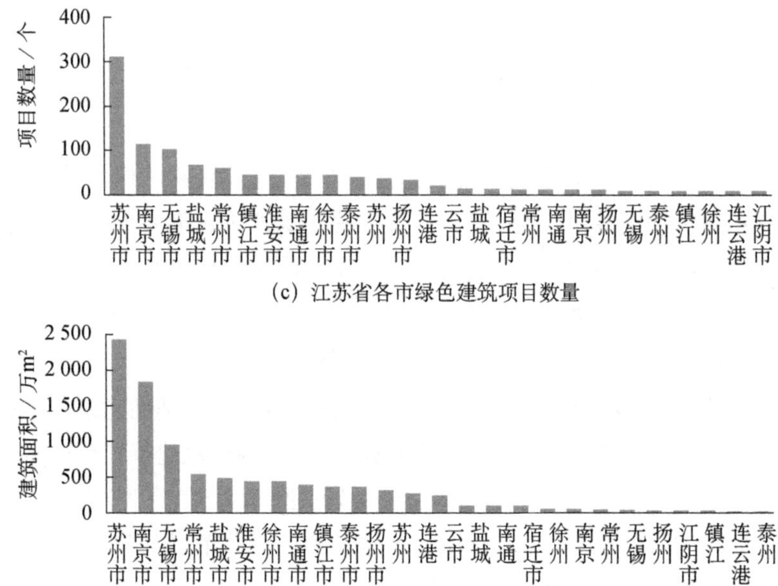

(c) 江苏省各市绿色建筑项目数量

(d) 江苏省各市绿色建筑项目建筑面积

图 6-2　各地绿色建筑项目数量及建筑面积

绿源住宅小区是绿源酒店项目所开发的三星级住宅小区，用地面积为 31 203.6m^2，建筑面积为 79 201.1m^2，住宅的绿化占比为 43.5%，住宅朝向良好，可以满足一般要求。

室外环境：小区的室外面积达 25 698.78m^2，其中绿地的面积达 13 089m^2，多种植乡土植物，植草砖的铺设面积达 550m^2，并且镂空率大于 40%。小区地下的建筑面积为 16 970.6m^2，地下的建筑面积是整体占地面积的约 4 倍，已建设成停车棚、回收非传统水源的设备机房等，充分利用地下空间。小区在最初规划时与外界公共道路保持了充分的距离，并且内部种植大量树木以减轻外部噪声对住户的不良影响。通过采用专业的日照分析软件使小区住宅每日累计的日照时间均超过两个小时。

能源利用：小区的外围护结构选用 50mm 的石墨聚苯板，屋顶选用 60mm 的聚酯泡沫塑料板，外窗选用 10+15A+10 的中空 low-E 玻璃在阻隔外界噪声的同时起到保温节能的效果。小区设置了地源热泵空调设备，末端安装带有热回收的新风系统，辐射末端采用高效率机组设备，具有较强的节能效益；电梯采用减少电力损耗的永磁同步电机驱动。小区的灯具采用 T3、T6 型节能的荧光灯、定功率的电子镇流器，室内的灯具效率均大于 70%，根据楼梯、停车库、门厅、办公室等不同的需要设置不同照度的值。

节约水资源：小区内部使用的卫生器具均为经过质量检验以及节水认证的产品，采用高质量的管道以及合理的连接方式减少滴水漏水等浪费现象，根据住宅内部用水以及外部灌溉分别设置水表进行计量。小区回收雨水的面积达 67 340m^2，处理池的容积达 480m^3，经过收集、沉淀、过滤、加药处理等一系列流程，每年对雨水的利用可达 18 500m^3，非传统水源的回收再用率可达 11%。另外，小区外部灌溉系统采用喷射角度可调控、喷射流量小的设备，以有效避免水资源的浪费。

节省材料：小区建筑结构大方简约，采用的是预拌混凝土的方式，使用木材、石膏产品、塑钢材、玻璃等可循环使用材料的总重量达到 9695t，占项目所用建筑材料总重的 11%。

室内环境质量：小区建筑物之间所留的距离在 19m 以上，各住宅的室内采光系数在 1%以上，符合现行标准中对于建筑采光的要求。各户型的有效通风面积都较大，主要房间的通风换气情况为每小时两次以上，满足相关规定。并且房屋的屋面、外窗和外墙等的表面温度均高于室内测量的露点温度。

运营管理：小区建立了更巡管理系统、智能网络系统、水电实时监控系统以及停车管理系统等，并建立绿化管理方案、材料能源管理机制，满足国家对于居民区基本系统配置的要求。

6.4.1 绿色建筑经济成本

绿色建筑整个生命周期各个阶段成本之和，按照建设前期、建造阶段、运营维护阶段、报废回收阶段，具体可分为

$$IC_1=IC_1^1+IC_1^2+IC_1^3 \tag{6-2}$$

其中，IC_1^1 为建设前期成本；IC_1^2 为建造阶段成本；IC_1^3 为运营维护阶段成本。

6.4.1.1 建设前期成本

绿色建筑建设前期的成本具体有建设前期的咨询成本、注册费用、标志认证费用、设计费用以及运行评价费用等。

$$IC_1^1=A+B+C+D \tag{6-3}$$

其中，A 为绿色建筑咨询成本；B 为绿色建筑标志认证费用；C 为绿色建筑项目注册费用；D 为绿色建筑运行评价费用。

以绿源住宅小区为例，其绿色建筑咨询成本为 1 万元，绿色建筑标志认证费用为 5 万元，绿色建筑项目注册费用为 1000 元，绿色建筑运行评价费用为 15 万元（马素贞等，2010），共计 21.1 万元。

6.4.1.2 建造阶段成本

绿色建筑建造阶段成本包括节能增量成本（包括外围护结构及高效能设备系统的建设）、节水增量成本（包括购置节水器具、非传统水源回收系统、雨水回收系统）和节材增量的成本。

$$IC_1^2=E+F+G \tag{6-4}$$

其中，E 为节能增量成本；F 为节水增量成本；G 为节材增量成本。

1）节能增量成本 E

（1）外围护结构：降低建筑物的外墙、门窗能耗对于降低建筑能耗来讲十分重要，因此在建筑物的墙面使用高度保温材料以降低能耗，选用密封性良好的门窗对节约建筑能耗大有益处。建筑物的热量有 1/3 以上是通过门和窗的对流、传导而散发到室外的（黄煜镔等，2011）。其中，装有空调的建筑中 50%—70%的负荷是通过围护结构传导出去的，20%—30%的负荷是由门、窗贴合度不够紧密造成的。在不考虑其他因素的影响下，通过避免外墙传热 $1m^2/KW$，对应空调的热负荷减小 4%、冷负荷节约 3%，最后的总负荷减少 3.7%。对于窗户而言，单层玻璃窗户损失热负荷的 30%—50%，并且由于太阳照射减少夏季室内冷负荷 20%—30%，通过采用新型材料的窗户，比如采用中空的玻璃、low-E 玻璃以及夹层玻璃等性能较好的玻璃代替传统的玻璃，可以有效提高窗户的隔热保温性能。

（2）高效能设备系统：一方面包括节能灯具、节能电梯等设备；另一方面包括绿色能源系统，如太阳能系统、地源热泵系统等。其中，地源热泵系统是一种利用新型的节能、高效以及可再生的能源，通过一定的工作原理转换能量的系统，它将大地作为热源（冬季）或散热器（夏季）。通常，地源热泵每消耗 1kW•h 的电量，用户可以得到 4kJ 左右的热或冷量，并且其运行效率高达 400%（刘抚英，

2013）。

2）节水增量成本 F

节水和水资源利用带来的节水增量成本包括在节水器具、非传统水源回收系统以及雨水回收系统方面的资源投入。

（1）节水器具：与一般设备相比，节水器具可以通过控制水流量，来实现节约水资源的目的。一方面，在其使用期间不会出现器具因自身原因漏水、滴水等情况；另一方面，节水型的水龙头、花洒等各类器具通过合理地控制水压和水位，显著地节约了水资源。与一般的器具相比，节水型的器具可以节约 31%的生活类用水量。

（2）非传统水源回收系统：非传统的水源指的是把生活中的废水、污水等进行收集，经过一系列的处理程序达到某种标准之后，再次被利用，一般用于浇灌植被、清洗道路、小区喷泉等方面。非传统水源回收系统前期投资少，处理流程快捷，再次供水的成本比较低。回收并再次利用非传统的水源不仅可以节约自来水的消耗，还能大量减轻生活污水废水的直接排放对生态环境的影响，缓解排污系统处理的负担，带来显著的效用。

（3）雨水回收系统：将雨水收集后统一处理达到某种标准，再用于植被灌溉、道路清洁、冲洗坐便器等方面，充分利用自然资源，节约自来水的耗费。

3）节材增量成本 G

某些材料在生命周期结束后可以分解成对自然无害的物质，也可以通过处理加工实现再次利用。如钢筋、木质材料、铝合金等可以通过化学或者物理的手段做成其他部件再次投入使用，这种可以再生的材料的更多使用从项目整个生命周期的角度来看将会节约大量的材料费用。

以绿源住宅小区为例，其绿色建筑节能成本包括：外围护结构，此部分项目外墙采用 50mm 的膨胀聚苯板；屋顶采用 60mm 的聚酯泡沫塑料 1005—1350；外窗采用 10+15A+10 的中空 low-E 玻璃；高效能设备系统，此部分采用减少电力损耗的永磁同步电机驱动的节能电梯；节能灯具采用 T3、T6 型节能灯具；定功率电子镇流器；地源热泵空调系统。其绿色建筑节水成本包括：经过质量检验以及节水认证的节水器具；喷射角度可以调控、喷射流量小的灌溉设备系统；非传统水源回收系统；雨水再用系统，包括收集池、处理池等。其绿色建筑节材成本包括使用木材、石膏产品、塑钢材、玻璃等可循环使用的材料的成本，这些材料总重量达到9695t。

6.4.1.3 运营维护阶段成本

由于建筑后续运行时间长，绿色建筑运营维护成本在整个生命周期中所占的比重是非常可观的。在这个阶段，由于前期设计采取了先进技术措施，相比于一般建筑，绿色建筑运营维护的费用大大降低，在这一阶段中主要包含智能管理系统的能耗与维修费用以及管理人员的工资。

$$\mathrm{IC}_1^3 = H + I \tag{6-5}$$

其中，H 为智能管理系统的能耗与维修费用；I 为管理人员的工资。

以绿源住宅小区为例，其运营维护阶段主要是智能化系统，根据《苏州市市区商品住宅专项维修资金使用指导意见（试行）》，运营费用约为2000元/月。

6.4.1.4 报废回收阶段成本

该阶段主要指项目结束时将建筑材料回收的费用，由于绿色建筑采用较多可循环利用的材料，因此相比一般建筑，绿色建筑在最终报废阶段处理的耗费大大降低。

以绿源住宅小区为例，报废回收阶段主要指项目结束时收集建筑材料的资金，由于无法具体到某个建筑上，数据不足，所以不考虑这部分成本。

通过对绿源住宅小区运用节水器材、非传统水源回收系统、地源热泵系统、雨水再用系统等多项设备，在达到绿色建筑的一定要求时，相较于基准建筑，该小区每平方米的初始投资成本增加180元，项目经济成本汇总如表6-1所示。

表6-1 项目经济成本

指标		绿色建筑项目	基准建筑项目	增量成本
建设前期		咨询成本、注册费用、标志认证费用、设计费用、运行评价费用		21.1万元
建造阶段	外围护结构	外墙50mm的膨胀聚苯板	240厚砖墙	30元/m²
		屋顶60mm的聚酯泡沫塑料	普通卷材防水屋面	10元/m²
		外窗10+15A+10的中空low-E玻璃	塑钢窗	25元/m²
	高效能设备系统	节能电梯	普通电梯	5万元
		T3、T6型节能荧光灯	普通灯具	3万元

续表

指标		绿色建筑项目	基准建筑项目	增量成本
建造阶段	高效能设备系统	定功率电子镇流器		1 万元
		地源热泵空调系统	一般空调	100 万元
	节约水资源	节水器具	合金水龙头	1.6 万元
		绿化精细灌溉系统	普通灌溉系统	50 万元
		非传统水源回收系统		490 万元
		雨水回收系统		30 万元
	节省材料	可循环材料	普通建筑材料	3 万元
建设前期和建造阶段合计		1425.6 万元		
运营维护阶段		智能化系统运行费		2000 元/月
报废回收阶段				

6.4.2 绿色建筑环境成本

绿色建筑环境成本包括其在建造和使用过程中的碳排放成本，建筑施工过程中污染物处理成本以及其他环境保护相关成本。

$$IC_2=IC_2^1+IC_2^2+IC_2^3 \tag{6-6}$$

其中，IC_2^1 为碳排放成本；IC_2^2 为污染物处理成本；IC_2^3 为其他环境保护相关成本。

6.4.2.1 碳排放成本

绿色建筑的碳排放是指绿色建筑在建造和使用时造成的温室气体的排放量。绿色建筑整个生命周期的碳排放包括计划、设计、建造、运营和报废五个阶段的碳排放，本书基于建筑开发企业以及建造商角度，由于其成本核算仅涉及建筑工程成本，因此本书绿色建筑的碳足迹测量仅以绿色建筑的建造施工为项目系统，碳足迹测量的系统边界为绿色建筑规划设计和施工建造阶段，主要体现在建筑材料的投入、机械设备的使用、能源的消耗三个方面。

$$IC_2^1 = J \times K \tag{6-7}$$

其中，J 为绿色建筑碳排放量；K 为单位碳排放成本。

由于绿色建筑的建造是非常繁杂且庞大的项目，耗时耗材非常大，因此在绿色建筑的碳排放测量中将选取排放总量 80%的活动进行测量，忽略人活动产生的排放量。碳排放量测量的基本原理为：第一步确定各碳排放源使用量，第二步测算各碳排放源的基本碳排放因子，第三步将各碳排放源使用量乘以其碳排放因子，得到不同碳排放源的碳排放量，最终汇总成整个项目的总碳排放量。由于碳排放源的种类繁杂，对碳排放基本因子进行实测不太现实，目前，国际组织发布的碳排放因子数据通常用于计算碳排放量。碳排放因子表示某一碳排放源的碳排放特征，并且是碳排放量与碳排放源使用量之比。

$$J = \sum_{i=1}^{n} j_i \times l \tag{6-8}$$

其中，j_i 为各种碳排放源使用量；l 为各种碳排放源的基本因子；i 为碳排放源；n 为碳排放源数量。

各碳排放权交易所的交易市场价格一直处于动态变化中，因此绿色建筑项目的单位碳排放成本将基于其建设期内碳排放权交易价格的均值进行确定。本书选取北京、上海、深圳等八个碳排放权交易所 2017 年每日碳排放均价作为单位碳排放成本。

以绿源住宅小区为例，各种碳排放源使用量和各碳排放源的基本因子具体数据资料如表 6-2 所示，数据来源于 IPCC 国家温室气体排放清单指南（Fuller and Petersen，1996），主要考虑项目建设期间由于汽油和柴油的能耗以及电所产生的碳排放成本。可得绿源住宅小区的碳排放成本为 8.52 万元。

表 6-2　能源消耗及碳排放

能源种类	汽油	柴油	电	总计
消耗量	7 821.46（kg）	157 323.26（kg）	3 990 957（kW·h）	
碳排放因子	2.988	3.164	0.723	
碳排放量/t	23.37	497.77	2885.46	3406.6

6.4.2.2　污染物处理成本

尽量实现绿色施工是绿色建筑施工建造项目的重点，具体表现在最大限度地减少污染，加强环境保护，因此绿色建筑施工过程中尽可能处理好污染物是重中之重。建筑行业作为传统高污染行业，其施工建造是污染的源头，过程中会产生大量废水、废油、固体废弃物、废气、烟尘等污染物，而针对这些污染物的处理则包括处理排放、回收利用、缴纳排污费等措施，对这些措施产生的成本进行计量则构成污染物的处理成本。

$$\mathrm{IC}_2^2 = M + N + O \tag{6-9}$$

其中，M为污染物处理排放费用；N为污染物回收利用费用；O为缴纳排污费用。

譬如，绿源住宅小区污染物处理排放费用为 3.4 万元，污染物回收利用费用为 4.2 万元，缴纳排污费用为 1.3 万元，污染物处理成本共 8.9 万元。

6.4.2.3 其他环境保护相关成本

绿色建筑项目建造施工过程中存在其他环境保护相关成本，主要有水土流失控制、人员环境保护控制、光污染控制、噪声控制等环境保护费用的投入。水土流失控制措施主要有为防止水土流失，施工时在裸露地面种植植被，施工后恢复施工活动破坏的植被等绿化措施；噪声控制包括设置机械设备噪声隔音棚，施工现场申办噪声检测委托手续，采用环保振捣器，减少运输作业过程中的噪声，对超出标准等级的噪声缴纳费用等措施；光污染控制措施有夜间照明设置灯罩、电焊作业设置挡板等措施；人员环境保护控制措施主要有对人员进行环境保护培训，施工人员配备防尘口罩、防护服等措施。由于环境保护相关成本的投入具有不确定性，因此在进行绿色建筑具体项目的环境保护相关成本核算时，可以根据项目的实际投入情况来进行核算。

$$\mathrm{IC}_2^3 = P + Q + R + S \tag{6-10}$$

其中，P 为水土流失控制成本；Q 为噪声控制成本；R 为光污染控制成本；S 为人员环境保护控制成本。

以绿源住宅小区为例，其水土流失控制成本 1.2 万元，噪声控制成本 4.8 万元，光污染控制成本 1.7 万元，人员环境保护控制成本 2.4 万元，其他环境保护相关成本共计 10.1 万元。

经过以上分析，可以得到绿源住宅小区的碳排放成本为 8.52 万元，污染物处理成本为 8.9 万元，其他环境保护相关成本为 10.1 万元，环境成本共计 27.52 万元。

6.4.3 绿色建筑社会成本

绿色建筑社会成本包括项目在实施过程中产生的交易成本以及项目的资本成本。

$$\mathrm{IC}_3 = \mathrm{IC}_3^1 + \mathrm{IC}_3^2 \tag{6-11}$$

其中，IC_3^1 为绿色建筑项目交易成本；IC_3^2 为项目的资本成本。

1）交易成本

绿色建筑项目的实施会经历从市场信息收集、地质勘查、政府审批、规划设计，到采办材料、施工建造、建筑工程分包、完工验收、绿色建筑认证等一系列过程，涉及与市场、政府、供应商、分包商等社会主体的一系列交易行为，产生相应的交易成本。交易成本影响着建筑开发企业与各经济主体之间的交易效率，从而影响着绿色建筑项目的实施，是绿色建筑项目不可忽视的成本。

2）资本成本

建筑开发企业将投资资本用于绿色建筑项目的投资，势必会丧失将该资金投资于其他项目的机会，而投资其他项目产生的最高收入就是绿色建筑项目的机会成本。投资资本的机会成本在项目决策时起着非常重要的作用，因为资本的成本是项目的取舍率，是该项目可接受的最低回报率。如果该项目的收益率低于资本成本，则将不会成为被选择的对象，否则将会造成资本的不恰当配置，降低社会资料的使用效率。因此，在绿色建筑项目的社会成本分析时，需要将资金的机会成本纳入衡量社会成本中。

绿色建筑项目的资本成本是指项目本身所有机会成本，严格意义上讲，不同的投资项目由于具有不同的风险而具有不同的机会资本成本。但由于建筑工程业务通常是建筑开发企业的主要经营业务，公司融资就是为了建筑项目的开发，公司建筑工程项目的风险通常等同于资产的平均风险。因而对于不同的建筑工程项目而言，其投资资本的来源均为两种，一个是来源于公司的债权，被称为债权融资，另一个是来自公司的股权，被称为股权融资，所以不同的建筑工程项目会具有相同的资本成本，它们都等于公司的资本成本。

对于绿源住宅小区而言，该绿色建筑项目的资本成本等同于建筑开发企业的资本成本，通过计算该项目社会成本共计 20.2 万元。

6.5 绿色建筑效益分析

绿色建筑项目的效益分析可以从两个方面展开，即直接分析和间接分析，直接效益主要是指经济效益，间接效益主要由社会效益、环境效益以及生态效益等组成，间接效益较难量化，本部分为了精确计量主要采用人力资本、疾病成本法等方法进行量化。

6.5.1 绿色建筑经济效益

绿色建筑的经济效益主要包括前期阶段经济效益以及运营阶段经济效益，项目运营阶段是主要阶段，可在绿色建筑的整个生命周期内产生增量经济利润，包括绿色建筑项目的节约能耗、节约水资源、节省建材、节地及运营的增量经济利润。

$$E^1 = E_q + E_y \tag{6-12}$$

其中，E^1 为经济效益；E_q 为前期阶段经济效益；E_y 为运营阶段经济效益。

6.5.1.1 前期阶段经济效益

住房和城乡建设部、财政部在《关于加快推动我国绿色建筑发展的实施意见》中表示，对被认定为三星级绿色建筑的，每平方米给予 80 元奖励，对被认定为二星级绿色建筑的，每平方米奖励 45 元。全国各个地区也陆续颁布了绿色建筑补贴相关政策。因此，前期阶段的经济效益主要指中央政府及地方政府对绿色建筑的补贴资金投入。

以绿源住宅小区为例，江苏省人民政府在《江苏省建筑节能管理办法》中设置了节能减排的专项补贴资金标准：对被认定为三星级绿色建筑的，每平方米给予 35 元的资金奖励；对被认定为二星级绿色建筑的，每平方米给予资金奖励 25 元；对被认定为一星级绿色建筑的，每平方米给予资金奖励 15 元。

6.5.1.2 运营阶段经济效益

绿色建筑项目运营阶段是在绿色建筑整个生命周期能产生增量经济利润的主要阶段，包括绿色建筑项目的节约能耗、节约水资源、节省建材、节地及运营的增量经济利润。

$$E_y = \sum_{i=1}^{n} E_i = E_1 + E_2 + E_3 + E_4 + E_5 \tag{6-13}$$

其中，E_y 为运营阶段经济效益；E_1 为绿色建筑节能增量经济效益；E_2 为绿色建筑节水增量经济效益；E_3 为绿色建筑节材增量经济效益；E_4 为绿色建筑节地增量经济效益；E_5 为运营管理增量经济效益。

以绿源住宅小区为例，其绿色建筑节能增量经济效益为 29.48 万元，绿色建筑节水增量经济效益为 1.79 万元，绿色建筑节材增量经济效益为 217.19 万元，绿色建筑节地增量经济效益为 1.66 万元，运营管理增量经济效益为 4.8 万元，共计 254.92 万元。

1）节能增量经济效益

节能增量经济效益具体包括采用外围护结构、高效照明系统、绿色能源（太阳能、风能、地热能等）相比于未采取节能措施带来的增量经济效益，主要通过折合成节约的耗电量来计算。

$$E_1 = P_1Q_1 + P_1Q_2 + P_1Q_3 + P_1Q_4 \tag{6-14}$$

其中，P_1Q_1 为外围护结构节能增量经济效益，Q_1 为绿色建筑通过采用合理的保暖措施所降低的采暖和制冷能源耗用，P_1 为电价[元/（kW·h）]；P_1Q_2 为高效照明节能增量经济效益，Q_2 为绿色建筑充分使用自然采光和节能灯具设备所节约的照明耗电量（kW·h）；P_1Q_3 为使用绿色能源，如地源热能、太阳能节约的能耗所带来的增量经济效益，Q_3 为使用太阳能、地源热能等绿色能源所减少的能耗，可以用节约的耗电量来表示；P_1Q_4 为电梯节能增量经济效益，Q_4 为使用节能电梯一年的节电量。

若已知某绿色建筑项目使用的节能标准以及绿色建筑所在地的节能强制标准，也可采用式（6-15）来计算节能增量经济效益：

$$E_1 = \frac{Q^1 \times (a_1 - a_2)}{1 - a_1} \times P_1 \tag{6-15}$$

其中，Q^1 为项目总的节电量；a_1 为绿色建筑使用的节能标准；a_2 为绿色建筑所在地节能强制标准。

以绿源住宅小区为例，使用第一种方法计算其节能增量经济效益：据统计围护结构的设计使得绿色建筑比普通建筑节省 50%的能耗，苏州市该小区所在区域居民住房的每年取暖能耗一般为 1.5kg/m^2 标准煤，因此 $P_1Q_1 = 0.5 \times 79\,194.08 \times 1.5 \times 3.52 \times 50\% = 10.45$万元；根据《中国建筑节能年度发展研究报告》，住宅照明能耗 6.8kW・h/（m^2・a），因此 $P_1Q_2 = 0.5 \times 79\,194.08 \times 6.8 \times 50\% = 13.46$万元，住宅空调能耗 2.6kW・h/（m^2・a），因此 $P_1Q_3 = 0.5 \times 79194.08 \times 2.6 \times 50\% = 5.15$万元；节能电梯功率大约可达 12kW，比传统电动机一般可以节省电能 44.8%—70%，如果使用节能电梯，计算下来一年的节电量约为 1400kW・h（Sartori and

Hestnes，2007），因此 $P_1Q_4 = 0.5 \times 1400 \times 6 = 4200$元 。

2）节水增量经济效益

节水的增量经济效益具体包括节水器具、非传统水源回收、雨水回渗带来的经济效益的增加。

$$E_2 = P_2Q_5 + P_2Q_6 + P_3Q_7 \tag{6-16}$$

其中，P_2Q_5 为使用节水器具所增加的经济效益，Q_5 为采用高效节水器具每年节约的用水总量（m^3），P_2 为水价（元/m^3）；P_2Q_6 为非传统水源回收再用到绿化、冲厕等节约的水费，Q_6 为每年用水总量乘以非传统水源回收率；P_3Q_7 为雨水回渗所增加的经济效益，Q_7 为每年用水总量乘以非传统水源利用率，P_3 为排污费（元/m^3）。

以绿源住宅小区为例，该小区采用的节水器材的节水率是 8.05%，按照用水量 120—180L/（人・天），平均用水标准为每人每天 0.15t，该小区 653 户每年用水总量为 35 752t。因此，P_2Q_5=每年用水总量×节水率×江苏省苏州市居民生活自来水单价=35 752×8.05%×1.85=5324 元；该小区非传统水源利用率为 11%，P_2Q_6=35 752× 11%×1.85=7276 元；P_3Q_7=35 752×11%×1.35=5309 元。

3）节材增量经济效益

节材增量经济效益指循环使用以下材料等进行回收所节约的费用，其中主要包括混凝土、干净木材、金属、隔声砖、玻璃制品、纸板、砖块、塑料、石膏和一些绝缘的材料。

$$E_3 = P_4Q_8 \tag{6-17}$$

其中，Q_8 为建筑原料重量乘以可循环材料所占百分比；P_4 为绿色建筑生命周期结束每吨回收的价值（元/t）。

以绿源住宅小区为例，绿色建筑在使用寿命终结时每吨材料可回收大约 250 元，因此，P_4Q_8=79 194.08×10.97%×250=217.19 万元。

4）节地增量经济效益

室外设置透水地面能够有效地降低排水系统的压力，还能利于雨水的收集、储存、利用，大大改善了居住区域内的生态环境情况。

$$E_4 = P_5Q_9 \tag{6-18}$$

其中，Q_9 为透水地面有效节水量；P_5 为处理雨水的价格相对于自来水价所节约的成本（元/m³）。

以绿源住宅小区为例，Q_9=苏州市年平均降水量×透水地面面积×综合雨量径流系数$=1088.5\text{mm}\times 14\,033\text{m}^2\times 0.75=11\,456.2\text{m}^3$；雨水处理价格 0.4 元/m³ 相对于水价 1.85 元/m³ 所节约的成本为 1.45 元/m³，因此 $E_4=11\,456.2\times 1.45=1.66$万元。

5）运营管理增量经济效益

$$E_5 = P_6 Q_{10} \tag{6-19}$$

其中，Q_{10} 为节约的物业人员人数；P_6 为人员工资。

以绿源住宅小区为例，假设该小区中由于运用智能运营管理系统可节约两个物业管理人员，则 $E_5=$节约的物业人员人数×月工资×12个月$=2\times 2000\times 12=4.8$万元。

6.5.2 绿色建筑环境效益

环境效益包括绿色建筑通过节省能耗、节约水资源以及绿化带来的 CO_2 减排效益、人体健康效益以及建材寿命延长所节约的维护费用。

$$E^2 = E_6 + E_7 + E_8 \tag{6-20}$$

其中，E^2 为环境效益；E_6 为 CO_2 减排效益；E_7 为人体健康效益；E_8 为建材寿命延长所节约的维护费用。

以绿源住宅小区为例，其 CO_2 减排效益为 2752.66 万元，人体健康效益为 581 万元，建材寿命延长所节约的维护费用为 3.68 万元，环境效益共计 3337.34 万元。

1）CO_2 减排效益

CO_2 减排效益指节省能耗、节约水资源、增强绿化所减少的 CO_2 排放量乘以 CO_2 价格，具体公式如下：

$$E_6 = P^1 Q^1 + P^1 Q^2 + P^1 Q^3 \tag{6-21}$$

其中，P^1Q^1 为节能减碳效益，Q^1 为采用合理的门窗等围护结构、低能耗设备、节能灯具、太阳能技术、地源热泵等每年节约的电量，转化成标准煤，并根据每吨标准煤释放的 CO_2 吨数转化为 CO_2 吨数，P^1 为现行 CO_2 处理成本；P^1Q^2 为节水减碳效益，Q^2 为使用节水器具、雨水回渗、利用非传统水源每年一共可以节约的水量，按照水泵供水与排放 CO_2 当量系数转化；P^1Q^3 为绿化减碳效益，Q^3 为绿化面积按照乡土植物一年正常光合作用吸收的 CO_2 量。

以绿源住宅小区为例，其围护结构、降低能耗的设备、节能灯具、地源热泵每年节约的电量共 589 684kW • h，根据国家发展和改革委员会发布的《节能低碳技术推广管理暂行办法》通知，按照 1kW • h 电对应 0.75kg 的 CO_2，将其转化成 CO_2 吨数，2017 年国内八大试点城市碳排放权交易价格成交均价为 25 元，计算得到节能减碳收益为 1105.66 万元；其节水器具、非传统水源利用、雨水回渗每年节约的水量为 6821t，按照水泵供水与排放 CO_2 当量系数 0.1829×10^{-3} 转化，计算得到节水减碳收益为 31 万元；绿化面积按照乡土植物一年正常光合作用吸收的 CO_2 量来计算，该小区绿化率为 43.5%，选取苏州市常见的榉树、樟树、石楠、冬青为代表，单位土地面积日固碳量平均为 49t（朱基木等，2004），$P^1Q^3=25\times30\,321.57\times43.5\%\times49=1616$万元。

2）人体健康效益

劳伦斯伯克利国家实验室的一项研究认为，室内环境的改善使呼吸系统疾病减少了 9%—20%，过敏和哮喘减少了 18%—25%（李静和田哲，2011）。Kats（2003）对 33 个 LEED 项目进行的研究估计，生产力和健康成本的节省占生命周期节约成本总量的 70%—78%。因此，绿色建筑采用无污染、无害的建筑材料等使环境越来越好，减少了医药费用的支出和缺勤减少的收入，这即为人体健康效益。

根据项目所在地环境质量监测报告，计算传统建筑下环境空气质量的综合指数 M_1，根据《环境空气质量标准》，环境空气质量二级标准（年平均）为：$SO_2<60\mu g/m^3$，$NO_2<80\mu g/m^3$，$PM_{2.5}<35\mu g/m^3$，$O_3=160\mu g/m^3$。

$$M_1=M_{SO_2}+M_{NO_2}+M_{PM_{2.5}}+M_{O_3} \tag{6-22}$$

其中，M_1 为传统建筑下环境空气质量综合指数；M_{SO_2} 为项目所在地二氧化硫（SO_2）与环境空气质量二级标准比值；M_{NO_2} 为项目所在地二氧化氮（NO_2）与环境空气质量二级标准比值；$M_{PM_{2.5}}$ 为项目所在地细颗粒物（$PM_{2.5}$）与环境空气质量二级标准比值；M_{O_3} 为项目所在地臭氧（O_3）与环境空气质量二级标准比值。

预测在生态环境的绿化程度较高、绿色建筑项目运营影响下、环境空气质量较为理想情况下环境空气质量的综合指数 M_2，根据《环境空气质量标准》，环境空气质量一级标准（年平均）为：SO_2<20μg/m^3，NO_2<40μg/m^3，$PM_{2.5}$<15μg/m^3，O_3<100μg/m^3。

$$M_2 = M^1_{SO_2} + M^1_{NO_2} + M^1_{PM_{2.5}} + M^1_{O_3} \tag{6-23}$$

其中，M_2为绿色建筑运营时环境空气质量的综合指数；$M^1_{SO_2}$为绿色环境下理想环境空气质量SO_2与环境空气质量一级标准比值；$M^1_{NO_2}$为绿色环境下理想环境空气质量NO_2与环境空气质量一级标准比值；$M^1_{PM_{2.5}}$为绿色环境下理想环境空气质量$PM_{2.5}$与环境空气质量一级标准比值；$M^1_{O_3}$为绿色环境下理想环境空气质量与环境空气质量一级标准比值。

以绿源住宅小区为例，根据 2017 年苏州市环境质量监测报告，其SO_2=14μg/m^3，NO_2=48μg/m^3，$PM_{2.5}$=43μg/m^3，O_3=173μg/m^3；参照《环境空气质量标准》中环境空气质量二级标准。

因此，M_{SO_2}=0.23；M_{NO_2}=0.6；$M_{PM_{2.5}}$=1.23；M_{O_3}=1.08。可得传统建筑下环境空气质量综合指数$M_1 = M_{SO_2} + M_{NO_2} + M_{PM_{2.5}} + M_{O_3} = 3.14$。

海南省是全国环境空气质量排名最高的省份，参考海南省 2017 年环境空气质量状况，预测在绿色环境下理想环境空气质量综合指数中NO_2=9μg/m^3，$PM_{2.5}$=12μg/m^3，SO_2=5μg/m^3，O_3=93μg/m^3；参照《环境空气质量标准》中环境空气质量一级标准。

因此，M_{SO_2}=0.25；M_{NO_2}=0.225；$M_{PM_{2.5}}$=0.8；M_{O_3}=0.93。可得绿色建筑运营时环境空气质量的综合指数$M_2 = M^1_{SO_2} + M^1_{NO_2} + M^1_{PM_{2.5}} + M^1_{O_3} = 2.21$。

人体健康效益具体计算公式为

$$E_7 = E^1_7 + E^2_7 \tag{6-24}$$

其中，E^1_7为节约的医疗费；E^2_7为减少的缺勤收入损失。

$$E^1_7 = Q \times Y \times M \times K \times (M_1 - M_2) \tag{6-25}$$

其中，Y为医疗费（元/天）；M为生病种数；K为每年患病天数；Q为总户数。

以绿源住宅小区为例，根据《苏州市卫生健康事业发展情况公报》，综合性医院平均每一门诊病人的人均医院费用约为 239.67 元，假设生病种数为 2，每年患病天数 10，总户数为 653 户，则E^1_7约为 291 万元。

$$E^2_7 = Q \times G \times M \times N \times K \times (M_1 - M_2) \tag{6-26}$$

其中，N为减少的工作日占生病天数的比例；G为当地每日人均收入（该地当年人均生产总值/365）。

以绿源住宅小区为例，减少的工作日占生病总天数的比例为60%，苏州市每日人均收入399元，则E_7^2约为290万元。

3）建材寿命延长所节约的维护费用

根据相关研究结果，在整个生命周期内建筑的后期运营维护费用大约是最初费用的一倍，而绿色建筑可以改善环境条件，减轻建筑物和材料表面受到的侵蚀程度，从而降低后期维护费用，此部分采用材料生命值法量化建材寿命延长所节约的维护费用。

$$E_8 = S \times f \times (M_1 - M_2) \tag{6-27}$$

其中，S为绿色建筑面积；f为调整系数。

以绿源住宅小区为例，绿色建筑的面积7.92万m^2，计算得到3.68万元。

6.5.3 绿色建筑社会效益

绿色建筑社会效益包括通过提供舒适的学习、生活环境带来工作效率的提高，利用非传统水源可以减少城市的投资压力以及由于缺少水资源所额外需要的年财政费用。

$$E^3 = E_9 + E_{10} \tag{6-28}$$

其中，E^3为社会效益；E_9为工作效率提高增量社会效益；E_{10}为回收再用非传统水源减轻政府排水和处理污水的投资压力的增量社会效益。

以绿源住宅小区为例，工作效率提高增量社会效益为938万元，回收再用非传统水源减轻政府排水和处理污水的投资压力的增量社会效益为1772.25万元，共计2713万元。

1）工作效率提高增量社会效益

$$E_9 = G \times Q \times x \tag{6-29}$$

其中，G为当地每日人均收入（该地当年人均生产总值/365）；Q为总户数；x为假设工作效率提高的百分比。

以绿源住宅小区为例，苏州市每日人均收入399元，总户数为653户，假设工作效率提高的百分比为10%，计算得到工作效率提高增量社会效益为2.6万元。

2）回收再用非传统水源减轻政府排水和处理污水的投资压力的增量社会效益

$$E_{10} = E_{10}^{1} + E_{10}^{2} \tag{6-30}$$

其中，E_{10}^{1}为非传统水源回用节约的城市建设投资；E_{10}^{2}为非传统水源回用节约社会公共事业投资。

$$E_{10}^{1} = U \times T \tag{6-31}$$

其中，U为每处理 1t 城市污水所需投入（元/t）；T为非传统水源吨数。

以绿源住宅小区为例，官方数据显示，现在需投资 2500—3000 元才能形成 1t 城市供水能力，非传统水源吨数$=35\,752\times 11\% = 3933\text{t}$，则$E_{10}^{1} = 983.25$万元。

$$E_{10}^{2} = L \times u \tag{6-32}$$

其中，L为节约自来水吨数；u为每形成 1t 城市供水能力需要的投资（元/t）。

以绿源住宅小区为例，节约自来水吨数，按照非传统水源回收可节约 50% 自来水得到 1972t，现在需要投资 4000—5000 元才能形成 1t 城市污水处理能力，则$E_{10}^{2} = 789$万元。

3）节省的财政损失

如果在运营绿色建筑项目过程中，注重使用节水措施，就能够有效节约水资源，同时提高水资源利用的效率，降低用水压力，减少缺水导致的年财政损失，这部分所增加的社会效益难以直接进行量化。

6.5.4 绿色建筑生态效益

绿色建筑生态效益主要包括绿色植物释放氧气量的效益以及其调节气候的效益。

$$E^{4} = E_{11} + E_{12} \tag{6-33}$$

其中，E^{4}为生态效益；E_{11}为绿色植物放氧量效益；E_{12}为绿色植物调节气候的效益。

以绿源住宅小区为例，绿色植物放氧量效益为 11.27 万元，绿色植物调节气候的效益为 3.66 万元，其绿色建筑生态效益共计 14.93 万元。

1）绿色植物放氧量效益

绿色植物在光合作用过程中将释放其他动物及植物在呼吸或分解物质时所吸收的氧气，只有植物可以向外释放氧气，因此其在维持氧气量平衡时起到非常重要的作用。

$$E_{11} = O \times P(O^2) \times S \tag{6-34}$$

其中，O为植物一年通过光合作用释放的氧气量（T/hm^2 • 年）；$P(O^2)$为每吨氧气价格；S为绿化面积。

以绿源住宅小区为例，选取苏州市常见的榉树、樟树、石楠、冬青为代表，其一年释放的氧气量为 13 140g，每吨氧气价格为 650 元，绿化面积为 13 189.9m^2，通过计算得到绿色植物放氧量效益为 11.27 万元。

2）调节气候效益

每 100m^2 树林可蓄 3m^3 的水，其增加湿度和调节温度的效率比同面积的其他水体高 10 倍，每立方米水 0.088 元，绿色建筑绿化面积的扩大对调节气候产生一定效益（贺振和徐金祥，1993）。

$$E_{12} = C \times S \times N \times P \tag{6-35}$$

其中，C 为单位绿化面积绿地蓄水数量[t/（公顷 •年）]；P 为水价（元/m^3）；N 为绿色植物已经使用年限（年）。

以绿源住宅小区为例，其每年内单位绿化面积绿地蓄水数量为 0.03（m^3/m^2），其绿色建筑的绿化面积为 13 189.9m^2，其绿色植物使用年限取建筑使用寿命 50 年，通过计算得到其绿色植物调节气候的效益为 3.66 万元。

6.6 绿色建筑成本效益综合性评价

绿色建筑成本效益综合性评价包括对经济、环境、生态、社会成本效益进行评价，采用层次分析的方法对绿色建筑成本效益综合性评价指标一一赋权，能够更客观准确地展现绿色建筑的综合成本效益。其中绿色建筑经济成本效益分析进一步通过净现值法等方法评价；环境成本效益以及生态成本效益由于二级指标较多，为更加精细地计量，采用层次分析法，由此可对各二级指标进行细化权重的分配。

6.6.1 综合性评价指标

6.6.1.1 综合性评价一级指标

对于经济成本效益、环境成本效益、生态成本效益、社会成本效益综合性评价指标的一级指标，通过网络调查问卷、咨询多位专家意见以及查阅相关的资料数据，对一级指标进行相互比较并进行打分，将最终数据进行计算分析，整理过后可以得出一级指标判断矩阵：

$$R=\begin{bmatrix}1 & 3 & 5\\ 1/3 & 1 & 2\\ 1/5 & 1/2 & 1\end{bmatrix}$$

方根法求得权重系数 $W=(2.466,0.874,0.464)$ ，归一化处理后得到权重系数 $w=(0.648,0.23,0.122)$ 。

通过计算，W 最大特征值 $\lambda_{\max}=3.005$ ， $\mathrm{CI}=2.5\times10^{-3}$ ，根据得到的平均随机一致性指标结果，m=3 时， $\mathrm{RI}=0.58$ ， $\mathrm{CR}<0.1$ ，此发现可通过随机一致性检验，因此绿色建筑成本效益综合性评价一级指标经济成本效益、环境和生态成本效益、社会成本效益的权重系数为(0.648, 0.23, 0.122)。

6.6.1.2 综合性评价二级指标

1）绿色建筑经济成本效益评价

绿色建筑项目的运营一方面会提升生命周期增量成本，另一方面会产生直接的经济效益，绿色建筑经济层面的评价指标有很多方法，主要包括净现值法、投资回收期法、内部收益率法等，为精确计量，在指标中考虑折扣率、资源价格以及非年度周期成本的变化对绿色建筑长期运行的影响，本书对绿色建筑经济从效果评价主要采用净现值法。

模型基于以下假设：相同阶段的增量成本每月相等；移除及恢复阶段的时间非常短，可以看作是某个时间点；绿色建筑和传统建筑项目的生命周期是相同的。

$$\Delta\mathrm{IC}=\sum_{t=0}^{t_1}\mathrm{IC}_1^1\times\mathrm{PV}_0+\sum_{t=t_1}^{t_2}\mathrm{IC}_1^2\times\mathrm{PV}_1+\sum_{t=t_2}^{T}\mathrm{IC}_1^3\times\mathrm{PV}_2 \tag{6-36}$$

其中， IC_1^1 为建设前期投入的费用； IC_1^2 为建造阶段投入的费用； IC_1^3 为运营维护阶段投入的费用； t_1 为前期准备阶段时间； t_2 为项目从开始到完工所需时间；T为整个项目的时间。

$$\mathrm{PV}_0=(P/A,i,n)=\frac{(1+i)^{t_1-1}}{i\times(1+i)^{t_1}} \tag{6-37}$$

$$\mathrm{PV}_1=(P/A,i,n)(P/F,i,n)=\frac{(1+i)^{t^2-t_1}-1}{i\times(1+i)^{t_2-t_1}}\times\frac{1}{(1+i)^{t_1}} \tag{6-38}$$

$$\mathrm{PV}_2=(P/A,i,n)(P/F,i,n)=\frac{(1+i)^{T-t_2-1}}{i\times(1+i)^{T-t-2}}\times\frac{1}{(1+i)^{t_2}} \tag{6-39}$$

$$\Delta E^1=\sum_{t=0}^{t_1}E_q\times\mathrm{PV}_0+\sum_{t=t_2}^{T}E_y\times\mathrm{PV}_2 \tag{6-40}$$

其中，E^1 为经济效益；E_q 为前期阶段经济效益；E_y 为运营阶段经济效益；i 为折现率。

$$\Delta E^1C=\sum_{t=0}^{t_1}(E_q-\mathrm{IC}_1^1)\times\mathrm{PV}_0-\sum_{t=t_1}^{t_2}\mathrm{IC}_1^2\times\mathrm{PV}_1+\sum_{t=t_2}^{T}(E_y-\mathrm{IC}_1^3)\times\mathrm{PV}_2 \tag{6-41}$$

其中，ΔE^1C 代表通过净现值法计算的经济成本效益。

如果 $\Delta E^1C\geqslant 0$，则绿色建筑项目经济效益大于经济成本，从经济上可行，否则表明绿色建筑项目从经济上不可行。

以绿源住宅小区为例，其建设前期成本 IC_1^1 为 21.1 万元，建造阶段成本 IC_1^2 为 1404.5 万元，运营维护阶段的成本 IC_1^3 为 2.4 万元/年，前期准备阶段时间 t_1 为 1 年，项目从开始到完工所需时间 t_2 为 3 年，整个项目的时间 T 为 50 年，折现率 i 为 8%，通过计算 ΔIC 得 1254.66 万元。

前期阶段经济效益 E_q 为 277.2 万元，运营阶段经济效益 E_y 为 254.92 万元，经济效益 ΔE^1 为 3296.08 万元。

项目的经济成本效益 ΔE^1C 通过净现值法计算得 2041.42 万元，$\Delta E^1C>0$，说明此项目经济效益大于经济成本，从经济上来看是具有可行性的。

2）绿色建筑环境生态成本效益评价

评价绿色建筑环境生态效益的二级指标为减少 CO_2 排放效益、人体健康效益、延长建材使用寿命所节约的维护效益、绿色植物释放氧气量效益以及调节气候的效益，对二级指标进行比较评分，得到绿色建筑环境生态效益评价二级指标判断矩阵。

$R_1=\begin{bmatrix}1 & 2 & 3 & 3 & 3\\ 1/2 & 1 & 2 & 2 & 2\\ 1/3 & 1/2 & 1 & 1 & 1\\ 1/3 & 1/2 & 1 & 1 & 1\\ 1/3 & 1/2 & 1 & 1 & 1\end{bmatrix}$ 方根法求得权重系数 $w=[0.27,0.15,0.18,0.21,0.19]$，

经过计算可以得出，W 最大特征值 $\lambda_{\max}=5.01$，$\mathrm{CI}=0.001$，根据平均随机一致

性的指标，m=3 时，$\mathrm{RI}=1.12$，$\mathrm{CR}<0.1$，可通过随机一致性检验。

$$\Delta E^2 C=\sum_{t=t_2}^{T}(0.27E_6+0.15E_7+0.18E_8+0.21E_{11}+0.19E_{12})\times \mathrm{PV}_2-\sum_{t=t_1}^{t_2}\mathrm{IC}_2\times \mathrm{PV}_1 \tag{6-42}$$

其中，ΔE^2C 为环境生态成本效益；IC_2 为环境成本；E_6 为 CO_2 减排效益；E_7 为人体健康效益；E_8 为建材寿命延长所节约的维护费用；E_{11} 为绿色植物放氧量效益；E_{12} 为绿色植物调节气候的效益。

评价绿色建筑环境生态效益的二级指标 CO_2 减排效益、人体健康效益、建材寿命延长所节约的维护费用、绿色植物放养量效益和绿色植物调节气候的效益的权重系数 $w=[0.27,0.15,0.18,0.21,0.19]$

以绿源住宅小区为例，环境成本为 27.52 万元，CO_2 减排效益为 2752.66 万元，人体健康效益为 581 万元，建材寿命延长所节约的维护费用为 3.68 万元，绿色植物放氧量效益为 11.27 万元，绿色植物调节气候的效益为 3.66 万元，则计算得环境生态成本效益为 9874.8 万元。

3）绿色建筑社会成本效益评价

$$\Delta E^3 C=\sum_{t=t_2}^{T}E^3\times \mathrm{PV}_2-\sum_{t=t_1}^{t_2}\mathrm{IC}_3\times \mathrm{PV}_1 \tag{6-43}$$

其中，IC_3 为绿色建筑社会成本，包括项目的交易成本以及项目的资本成本两个二级指标；E^3 为绿色建筑社会效益，包括工作效率提高增量社会效益以及回收再用非传统水源减轻政府排水和处理污水的投资压力两个二级指标；ΔE^3C 为社会成本效益。

以绿源住宅小区为例，绿色建筑社会成本为 20.2 万元，绿色建筑社会效益为 2713 万元，社会成本效益 29 782.4 万元。

通过以上分析得到项目成本效益综合性评价一级指标经济成本效益、环境和生态成本效益、社会成本效益分别为 2041.42 万元、9874.8 万元以及 29 782.4 万元，根据经济成本效益、环境和生态成本效益、社会成本效益一级指标权重系数(0.648，0.23，0.122) 得到项目成本效益综合性评价值为 912.56 万元/m^2，由此可以看出绿色建筑在生命周期视角下可带来的可观的经济利润、环境生态利润以及社会利润远大于前期经济投入成本、社会投入成本以及环境投入成本，有一定推广价值。

6.6.2 评价参数

1）评价周期

在选择评价周期时，一般会选择建筑的设计使用年限，同时，因为资金时间的价值会对评价有较大影响，因此，将生命周期各时间点的现金流量都折算到建造初期，以折算后的结果进行评价。根据 Sartori 和 Hestnes（2007）提供的生命周期成本分析，建筑物寿命是 50 年，本书确定的建筑物使用周期也为 50 年。

2）折现率

根据《建设项目经济评价方法与参数》，对于未来效益较大、实现期间较长并且风险比较小的建筑项目，折现率一般大于等于 6%，由于建筑项目的基础收益率一般小于等于 12%，因此本书取折现率为 8%。

3）价格上涨率

为计算简便，本书设定项目生命周期内水资源价、电力价格、劳动力等价格均没有调动，即物价上涨率假定为 0。

4）设备残值率

一般建筑设施年残值率定为 5%，在其使用时间超过 20 年后将残值记作 0。并且门窗等围护结构、非传统水源利用系统等的周期应等同于建筑的使用时长，而节水的器具和节能灯具等的评价周期应当按照器材本身的使用寿命确定。

本章从绿色建筑整个生命周期，即从建筑的计划、设计、施工、运行直到报废回收的生命周期各个环节研究绿色建筑成本与效益评价问题，涵盖经济、环境生态、社会多层次的考量，并运用层次分析法对建立的各项指标赋权，在建筑的生命周期各阶段为利益相关方决策提供支持，得出绿色建筑在生命周期视角下所带来的经济效益、环境生态效益和社会效益远大于前期成本，有较好的推广价值。

7 绿色建筑项目作业成本管理

要想建设与发展好节约型社会，同时在全社会形成友好环境，绿色建筑是基础。推广与发展绿色建筑应该更加考虑绿色建筑的经济性，合理分析、预先确定绿色建筑投入成本，并对相关项目在整个生命周期中进行成本控制及管理是运营绿色建筑项目、建设绿色生态城区的重要保障，对绿色建筑项目整个生命周期的成本分析与效益评价涵盖了社会、经济、环境及生态等方面，基于上文提出的绿色建筑成本效益评价系统，本章提出作业成本管理的思路与对策。

7.1 绿色建筑成本管理思路、方法及步骤

7.1.1 成本管理思路

绿色建筑产业的成本管理主要从企业和政府两个角度进行思考。对于企业自身调控成本来说，其应该站在整个生命周期的角度选择最优的调控思路，分阶段分别采取相应措施予以管理，并辅以科学的成本计算与成本管理方法，更好地统筹调配项目的资源、劳动力、采用的技术及施工方式等。对于政府来说，其应建立统一的绿色建筑成本管理与绩效管理平台予以引导，并且对严格控制各阶段成本的绿色建筑项目给予一定的经济奖励等。具体的成本管理思路如图 7-1 所示。

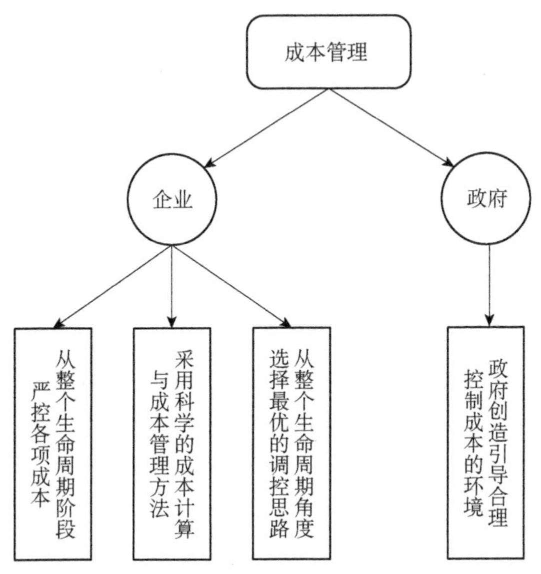

图 7-1　绿色建筑成本管理思路

1）从整个生命周期阶段严控各项成本

绿色建筑虽然在前期投入大量资金用于结构设计、节省能耗设备以及智能管理系统的建立等方面，但在后期使用过程中，其运营维护费用显著降低。例如，因大量应用再生能源而改善大气状况并缓解资源的枯竭程度；回收再用非传统水源在一定程度上减轻了政府处理污水的压力以及由于应对水资源和其他能源的短缺所增加的财政支出，还能提高人类居住的舒适度。因此从施工方的角度来看，在绿色建筑成本控制中应当站在整个生命周期角度分阶段对成本进行调控。

具体来说，在绿色建筑前期规划中，影响绿色建筑成本的因素包括项目的选址、项目的规模以及项目技术方案等。施工方应结合相关理论知识以及合理的方法，综合考虑当地区域发展、人文，因地制宜地制订计划并对投资成本进行全面分析。其中要侧重对于工程造价的管控，充分利用项目所在地区的环境、能源条件，增强土地的利用率，在相关项目招标中选择合理的标价，从而保证项目结构的高质量，施工在周期内完成。

施工阶段一般通过在生命周期的理念下控制各项施工操作来达到最终的目的。制订施工计划时尽量保证各项数据的准确，从根本上提高施工效率；在项目施工建造时，结合实际情况和需求布设施工现场，尽量减少后期的变动；在选择施工材料时，以节能和低成本两个方面加以评判，提高资源的使用效率，在符合国家规定的标准及项目目标的基础上进行成本的控制。

运营及修护阶段的成本控制主要是完善物业的管理平台，加强对水、电、气等能耗的实时监控，及时更换损坏或老化的材料、设备；加强所用材料和环境状况的预警，并及时推广应用新型绿色建材。

处置报废阶段主要是在保证回收产品的质量的同时尽量减少所需要的成本以及对外界环境的不利影响。

2）采用科学的成本计算与成本管理方法

绿色建筑项目应当选用科学的成本计算方法加以辅助才能更准确地调控成本。例如，可以借助相关软件模拟项目在运行时产生的成本以从最初设计时就采取一定手段减少不必要的成本。另外，应当根据项目本身的情况选择适合的成本管理方法，分析在保持整个生命周期的成本较低的情况下，如何满足必要功能的实现，以及探索二者之间的关系，以此安排劳动力、项目采用的技术、施工的方式以及资源等的统筹调配。并且所选取的管理方法能及时识别成本风险，以尽早准备抵御风险的应对方案。

3）从整个生命周期角度选择最优的调控思路

控制绿色建筑的成本不表示一味地减少开支，不能以牺牲工程的质量为代价来降低必要合理的支出，而要从长远的角度分析成本发生的必要性和其所能带来的效益。从整个生命周期的角度来看，某些成本的支出在最初看似较大，但可能从长远发展上看对建筑是有利的，反而可以减少未来的修理或重置等费用重复性的发生，总的来说降低了总成本。因此在针对不同的建筑项目选择最适合的调控思路时，应从成本的计算方式、管理方式、控制方案等方面，站在整个生命周期的角度选择对项目最有利的。

4）政府创造引导合理控制成本的环境

政府相关部门应参考学术界对于绿色建筑成本与效益的研究，建立统一的绿色建筑成本控制与绩效管理平台。目前各地区绿色建筑发展情况差距较大，理论界对于绿色建筑的研究存在诸多争议，这也为绿色建筑成本管控带来了难度。统一的绿色建筑成本控制与绩效管理平台的建立，一方面可以实现各地区相似规模的绿色建筑项目成本预算、实施等情况的对比，各施工方相互借鉴与学习，另一方面有利于监管部门进行管理。

此外，政府相关部门应根据绿色建筑项目的实际情况，对于严格控制各阶段成本的绿色建筑项目给予一定的补贴以及税收优惠等，以鼓励施工方合理利用各项资源建造绿色建筑。并且，政府部门提供的经济刺激措施可在一定程度上降低绿色建筑较高的初始投资成本，从而吸引更多的开发商参与到绿色建筑产业中。

7.1.2　成本管理方法

目前可用于控制成本的方法有多种，可根据项目实际情况在传统的标准成本法、责任成本法等基础上，结合现代成本企划法、作业成本法以及目标管理法等共同管理。另外，运用成本控制方法时，应以绿色建筑整个生命周期的总成本调控为主要目标，特别注重各生命阶段成本之间的相互作用。

1）构建生命周期的控制成本体系

绿色建筑相较于一般建筑的特点就是从生命周期的角度来看，将产生可观的经济、环境生态以及社会方面的效益。从整个生命周期角度评价绿色建筑就是从项目决策、前期计划、建设、运行使用、维修再到报废处置这一完整周期内，对绿色建筑项目所耗费的设计成本、建造费用、运营维护成本等进行评价。对绿色建筑项目整个生命周期各阶段的成本要素进行影响因素分析，进而对整个生命周期各阶段成本进行控制。从多个不同的方案中挑选耗费少且利润多的最佳方案。

2）对建设项目进行统筹规划

绿色建筑是一个涉及多层次的系统工程，应以绿色建筑整个生命周期成本控制为主要目标，根据绿色建设项目各阶段特性，确定不同阶段的目标，将生命周期管理的理念浓缩于绿色建筑项目运营全过程。同时，还应该注重不同阶段耗费之间的互相作用，合理分配各阶段成本，或是通过预见未来可能出现的某些耗费而多分配其他阶段成本。另外，各地区各项目实际情况不同，应结合实际情况选取节能、节水、节材等成本控制措施。

3）结合项目实际情况选用适当的成本控制方法

目前针对成本控制的方法有多种，可以根据项目的实际情况在传统的标准成本法、责任成本法的基础上，结合现代成本企划法、作业成本法以及目标管理法等。具体来说，在项目最初计划时，可运用成本企划模式在成本发生之前进行周密分析，预演成本在整个生命周期各个阶段的发生情形，以建立前馈控制机制，在实际过程中依据与所设定的目标成本的偏差情况及时调整所采用的方法及步骤。针对间接费用较多的项目可结合作业成本法管控，以作业作为核心，将劳动力、材料、设备以及技术等多种资源看作一个系统，根据资源使用的因果关系进行成本的分配，充分利用最有增值作用的成本，减少无效和低效的作业成本，以此设计最佳的成本结构。结合目标管理法管控成本主要是先构建总的成本管控目标，将其分摊到各个部门以及各个人员身上，并在各环节建立控制点以实时检测成本偏差的情况，准确地对重要工序进行把控。

7.1.3 成本管理步骤

具体实施绿色建筑产业的成本控制时，首先应在早期设定科学明确的目标加以导向；接着编写明确描述相关要求的合同；选择在设计和建造上都有相关经验的公司；从项目立项到建设期、运行期等整个生命周期进行成本的预算；对多种方案进行综合评析选择最优方案；在施工时通过增进施工管理，完善物资监督两个方面控制造价；后期运行及修护时应完善物业的管理平台，加强对水、电、气等能耗的实时监控；最后处置回收时尽量减少所需要的成本以及废置物对外界环境的不利影响。具体成本管理步骤如图 7-2 所示。

1）制订科学明确的成本控制目标

在早期需要设定合理明确的成本控制目标，对绿色建筑运营全过程成本控制发挥导向作用，理想情况下应在征求设计方案之前做出决定，以便之后的项目合同可以反映绿色目标，这将允许更多的决策灵活性并增加节约成本的机会。通常情况下，投资软成本如集成设计策略、能源建模、明确合同文档和规范等可以帮助项目团队避免之后诸如延迟、变更单以及回调等更多成本错误。

2）编写明确描述绿色建筑要求的合同

明确描述绿色建筑要求的合同可以在很大程度上节省时间和实施的相关成本。合同文件应要求设计团队投标人总结其可持续建筑的经验和资格，并评估这些资格。如果可能，可以考虑使用设定固定预算的最佳价值投标流程，并允许投标人描述他们可以包含这个价格的原因。除此之外，在合同中可明确绿色建筑各部分的技术考核指标以保证施工过程清晰可控。

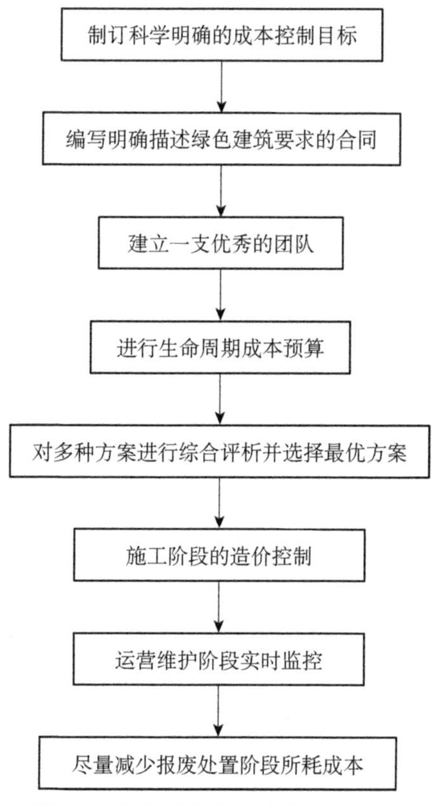

图 7-2　绿色建筑作业成本管理步骤

3）建立一支优秀的团队

选择具有协作流程，在设计和建造上都有一定经验的公司。在设计之初聘请强大的机械、电气和管道公司，使他们能够充分参与整个设计过程；选择积极负责的项目经理，他们将捍卫业主的绿色利益，并积极对团队进行指导和管理；绿色建筑项目复杂，涉及多种专业，要求各专业人才积极合作；选择在公司文化中嵌入可持续设计的设计团队；寻找具有解决创造性问题经验的设计团队，以实现高效的系统；此外，团队人员在整个项目中要树立可持续发展的观念。

4）进行生命周期成本预算

在绿色建筑建设前从项目立项到建设期、运营期等整个生命周期进行成本的预算，以便在建设中进行把控及反馈。在绿色建筑建设期间如果实际成本超出预算成本过多，可在相关人员配合下追溯到具体环节进行管控和改善，也可监督建设过程中是否出现资源不必要耗费的现象。

5）对多种方案进行综合评析选择最优方案

在评析选择项目的时候对各个项目进行可行性分析，从生命周期的角度综合考虑各项目所引起的经济成本、社会成本、环境成本以及其所带来的经济效益、环境效益、社会效益，将各项指标得分加权累积下来，作为方案的最终得分加以比较，选择成本低而效益高的项目。

6）施工阶段的造价控制

施工阶段主要通过增进施工管理、完善物资监督两个方面控制成本。加强对施工人员以及技术实施的管理，确保施工人员按照施工合同采用正确的技术展开施工。根据采购预算采购数量合理、质量可靠的物资，分类存放物资并做好保护工作，按需取用物资以避免浪费。

7）运营维护阶段实时监控

运营维护阶段主要是完善物业的管理平台，加强对水、电、气等能耗的实时监控，及时更换损坏或老化的材料、设备；加强所用材料和环境状况的预警，并及时推广应用新型绿色建材。

8）尽量减少报废处置阶段所耗成本

报废处置阶段主要是一方面制定机械设备报废的标准，达到标准的予以及时报废减少多余成本的发生；另一方面，在保证回收产品的质量的同时尽量减少所需要的成本以及废置物对外界环境的不利影响。

7.2 绿色建筑作业成本管理建议

7.2.1 作业分析相关建议

1）控制成本增量，减少非增值作业

站在顾客角度，作业可以被分为两类，分别为增值作业、非增值作业，就非增值作业而言，其无法增加最终的顾客价值，因此，在进行成本增量控制时，第一步应当确定绿色建筑项目的作业动因，分辨出不可或缺的作业、可有可无的作业，进而发现什么是动态的作业成本驱动因素。由此，可以研究出怎样通过减少项目耗费的作业成本，最终整体上达成降低项目运营总成本的目标。

对作业增值性的判断不是根据作业表面上的功效来划分的，作业是否增值是相对于项目的总体来说的，是从项目能否为客户增加项目价值的角度来区分的。根据去掉该作业能否给客户带来同样价值的项目成果这一标准来将作业分为增值作业和非增值作业。所谓增值作业，是指能增加最终企业成果价值的作业，在整个作业链中的功能是不可或缺、不可替代的；就非增值作业而言，其不能增加企业最终项目成果的价值，缺乏非增值作业一般无伤大雅。以管理为切入点，企业增值作业产生的耗费是项目中唯一的科学成本。事实上，对作业进行分析的主要目标是区分增值作业与非增值作业，进而减少非增值作业提高增值作业效率，最终将项目耗费控制在最低水平。

通过对绿色建筑项目的作业动因进行分析，在建造过程中尽量减少或消除非增值的作业，如材料缺少导致的停工、过度复杂的包装材料、多余的运输、返工以及完工后建筑本身存在缺陷等情况。而对于增值作业要尽量提高其效率，如在前期对材料的消耗与供应进行分析，确定最佳订货时点，保证材料及时供给并减少多余的库存累积，不延误施工进度；在建造过程中，根据工作内容和工作量安排适当的工人，并采取合理科学的方法减少不必要的体力损耗；在施工的质检过程中，分配好每个部门的职责内容及权限，并加强部门间的沟通，避免重复性的检查或者不确定的事件。

2）控制各项成本增量

在其他条件不变的情况下，不同的技术运用及设计方案将导致项目间的耗费差异。可以通过设定不同增量耗费水平的目标使不同的项目的水平趋于一致。因此，通过将绿色建筑项目整个阶段实际耗费的成本协调到每个部分，进而可得到项目各部分的成本耗费清单，通过控制项目设计各部分成本，选用合理的技术方案和建筑材料以达到在降低绿色住宅成本的同时不影响其认证标准的要求。

在材料选用方面，项目在运营阶段选择使用环保材料。例如，使用加气混凝土砌块作为外墙材料，造价比较小，并且具备隔热和保温的特点；选择烧结的多孔或空心砖构筑墙体，重量较轻且减少热量损失；选用能够利用风能、太阳能、地热能、生物质能等再生能源的设备。从整个生命周期的角度考虑，相较于前期置办绿色材料及设备所花费的资本，后期由于性质稳定、高强度的材料与设备的使用能够更大程度上减少修护的费用以及能量损耗的资本。另外，清洁的材料与设备的使用，可以减少在建造和使用中向大气排放的温室气体，降低处理废水、废油、扬尘等污染物的费用，以及减少投入控制水土流失、光污染等的资本。

在工艺技术方面，采用对环境影响较小的施工工艺。例如，采用静压柱工艺、灌注桩工艺，基本可以避免施工中产生的噪声、震动以及排放的浓烟等；对柴油打桩机设置防护装备，减少其油污喷洒的范围；合理组织器械的使用，定期进行检查。通过合理的工艺技术的运用，将施工过程中产生的噪声和排放的废弃物控制在最低水平，并对周围地面、建筑的影响降到最小，从而将施工中处理废气、扬尘等排放物的费用以及处理施工中造成的土壤、水源污染的费用降到最低。

在材料的回收利用方面，一方面，在运营阶段定期检查材料设备的性能，及时修护避免后期投入更多的资本并提高最终回收利用率；另一方面，拆除旧有建筑时，充分考虑废弃的材料设备的可再用性，如焚烧灰烬和污泥可以生产水泥，建筑的污泥可以作为混凝土使用或作为农业的培土，使处置的材料继续发挥作用避免不必要的浪费，从而通过材料的再利用节约成本的同时最大限度地保护环境。

7.2.2 作业成本计算相关建议

1）合理划分成本与费用

对于绿色建筑项目发生的成本与费用要进行合理划分，明确可直接追溯的成本和不可直接追溯的成本，同时对于各项不可直接追溯的间接费用要准确地进行划分，明确人工费用、设备折旧、动力费、间接物料和其他费用的界限，进行合理的资源与费用的归集。界定可直接归集到项目及其子项目的成本以及需要通过作业分配到各子项目的成本，不能笼统地将所有的成本与费用都通过作业分配到子项目中。这是因为可直接归集到成本对象的成本，直接计入相应的子项目才是最简单且最准确的成本分配方法。如果采用作业成本法进行分配，一方面增加了计算量，增大了核算难度，另一方面经过多步骤的成本分配，反而会更容易产生核算失误，使成本追溯的难度增大，不利于成本控制。例如，绿色建筑项目各子项目可直接追溯的物料及设备折旧，可以直接计入相应的子项目成本中，没有必要笼统地都通过作业成本计算，增加难度又降低成本分配的准确性。

同时资源的归集包括对环境资源和社会资源的归集，将环境成本和社会成本纳入成本核算中，基于可持续的视角进行项目全面成本的核算。传统成本核算只考虑项目的经济成本，没有考虑项目实施给环境和社会带来的影响，即项目的外部成本。在企业社会责任如此重要的今天，绿色建筑项目的成本应基于可持续发展的视角进行经济、社会、环境全方位的成本核算。

2）准确识别作业并进行合理的作业合并

绿色建筑项目的实施具有较高的复杂性，涉及多流程、多作业，因此在应用作业成本法的过程中，要注意合理划分作业及作业成本库。在作业划分过程中，首先要了解绿色建筑项目实施的具体过程，对项目的流程自上而下进行分解；其次要积极与项目经理以及施工人员进行交流，明确项目实施过程中实际会发生哪些作业，哪些作业属于同质作业，确定各项作业的独立性，以及各项作业是否在多项子项目中发生，确定各项作业的归属。通过两种方法的结合准确识别项目实施过程中发生的作业，不要遗漏关键性作业。

作业识别结束后，要根据各项作业的性质及作业动因合理地进行作业的合并，建立作业成本库。因为绿色建筑项目实施过程中会发生多项性质相同且作业动因相同的作业，基于成本效益原则，显然应该将这些作业合并，减少成本核算的复杂度。并且在作业合并的过程中，要平衡成本效益原则和成本分配的准确性原则，确保作业合并不会降低成本分配的准确性。

3）结合多方面因素选取恰当的成本动因

作业成本法在绿色建筑项目应用的关键步骤就是要选取恰当的成本动因，只有合理地选取成本动因，才能有效地进行作业成本的分配，提高项目成本核算的准确性。资源动因的选取，要密切关注各项成本与费用的发生，即资源是如何被消耗的，各项作业是如何驱动资源的消耗的，如项目人工费用被各项作业消耗的驱动因素就是人工工时，那么作业动因的选择要以作业如何驱动子项目的价值增值以及成本发生为依据。

同时根据成本效益原则，成本动因应该较少选取。在建立作业成本库时，如果试图找出所有的成本动因，只会使成本核算过于复杂，使财务人员的负担过重。当有多种因素驱动成本发生时，应选取关键成本动因，同时要结合企业自身经营战略选取适合企业的成本控制。价值增值的成本动因，应从定量和定性两个方面合理选取。

4）基于作业进行全过程的成本控制

基于作业进行的全过程成本控制就是在项目开发的前、中、后全过程阶段，对各项作业所消耗的资源和费用进行监督、调整和控制，及时预防偏差和纠偏，把各项作业的成本费用控制在计划成本内，以更好地进行目标成本管理。

因此对于绿色建筑项目，应严格进行各个重要子项目成本费用的监督和控制，做好各项具体作业成本库成本的计划、调整和纠偏，控制成本费用的发生。

项目事前控制主要关注绿色建筑项目中的规划设计作业，应为项目开发过程中的各项作业制订详细周密的计划成本，并进一步编制为阶段成本计划，下达针对各个部门的成本控制指标。

项目事中控制是指在绿色建筑项目进行过程中，记录好各个作业的相关成本情况，做好作业资源消耗表的填写工作，保证填写的时效性，将各项作业的实际与计划成本进行比较，并记录作业及相关因素（在记录时要关注翔实性，以期为日后编制企业成本计划提供符合要求的数据资料）。

项目事后控制是指对比绿色建筑项目整个生命周期中的及时信息与项目事前控制指标，找出产生成本差异的原因，对作业成本控制指标进行适当调整，并注重及时性，随后确定作业价值链的全面优化方案，控制成本增量，提高项目的成本效益。

7.2.3　业绩计量和评价相关建议

1）尽早规范绿色建筑能源效率设计标准

在项目前期组织相关人员对项目所处的地形、气候等情形进行勘察与分析，根据实际情况规范绿色建筑能源效率设计标准，通过精心设计、合理材料选择、预估材料用量等可从源头上使绿色建筑成本效益合理化，并且减少在建设过程中出现返工等情况，有效减少成本。具体来说，在设计时考虑地形，尽量保护原有地貌，避免在建造过程中对原有环境较大程度上的破坏；对于不同区域所处的气候条件进行调整，湿热、雨水比较多的地区要加强通风，而寒冷、干燥的地区要加强保温；借助专业软件模拟建筑的热、光、声、通风情况以调整建筑整体的结构、造型，并利用集光设备、反光设备充分调控自然光，确保住户的居住舒适度；设计一定的装置以实现非传统水源回收以及雨水再用，并根据当地水源分布情况以及植物对蓄水、排水系统进行设计；优化外窗、外墙等围护结构的性能，减少向外界传输能量；提高内外部空间的使用效率；提高屋内的气流循环，保证居民可以呼吸更多新鲜空气。除此之外，尽早让绿色建筑设计咨询相关的人员进入项目中，在方案确定阶段提供专业的意见，避免后期方案变动带来成本的增加。

2）借助先进的技术支撑

绿色建筑的设计可以结合项目的实际情况通过主动技术和被动技术实现减少运行能源消耗的目标。运用主动技术的建筑通过一些特殊的设备减少能耗，如太阳能收集器、光伏板等。太阳能收集器通过收集空气或水，在进行一定处理后，向室内传送加热的空气或者提供热水用以采暖以及生活；而光伏板与建筑外围结构的结合能够使多余的电能传输至电网进行储存，根据住户需要再将其供给住户。被动技术的建筑不采用特殊的机械设备而充分利用自然界的对流、辐射等，并降低建筑本身能耗的损失。具体包括增加窗户隔热性能，如采用多层结构玻璃，层与层间加入保温的微粒；在外围铺设爬藤植物以遮挡阳光；采用重质蓄热墙体，高效吸收太阳能，并留有开口通向室内，根据外界条件变化调整风口的闭合情况；根据建筑朝向以及日照情况，设置可以活动的卷帘予以保温。另外，利用计算机软件辅助设立动态数据库，实时监测建筑的用水耗能量，填写能耗信息表进行精准控制，建立协调运行机制，避免各个模块独立运作产生多余的能耗。

在作业成本法的使用过程以及效益评价过程中，需要利用计算机系统来完成许多工作，对于作业的管理与控制也需要计算机系统加以实现。作业成本法的实施需要收集大量的资源动因和作业动因，以及实施过程中一些量化与非量化的信息。通过完善的管理信息系统与计算机信息技术，可以达到减少作业成本核算工作量的目的，也可以满足作业成本法对作业成本核算、成本计算及时性等更高的需求，作业成本法的使用为有效控制作业链提供了条件。

3）健全相应的组织机构与管理制度

绿色建筑的技术、管理是较为复杂的，需要健全的组织机构及管理制度加以支持。可在组织架构中专设管理相关绿色事务的机构、专门负责绿色技术的团队，财务部门辅助进行成本核算及控制。绿色建筑建设期间需要各部门统筹合作，及时沟通反馈各项信息的明确情况并做出相应的调整决策，因此扁平化的管理制度更加适合，以便及时把控工程施工中出现的各项问题，明确各部分的施工考核指标，并将责任落实到人。在人事管理方面，要做好作业成本法的成本核算以及效益评价。会计人员不仅需要具有较高的专业素质，而且需要对作业流程具有深入的了解。企业需要定期组织相关培训，提高相关人员对绿色建筑的技术储备，以在项目中提供更多的技术支持，培养相关人员的绿色意识，加强员工节省能耗意识，提升员工环保素质。在资金管理方面，详细记录每一笔资金的使用人员及资金去向，跟踪资金的使用情况，增加项目的功能指数。在工程管理方面，建立精密化管理，例如对工程建造中需要的材料、设备的质量情况、消耗情况与工程进度进行匹配，若出现异常情况，及时进行处理避免后期发生隐患。

企业对绿色建筑进行更深一步的分析建设，需要有更加规范的企业管理体系。作业成本法的使用使得企业成本核算产生变化，同时企业对于员工的绩效考核体系发生较大变动，进而影响了企业中组织结构的变化。企业可以依据作业成本法的核算流程结合自身管理体系逐步健全完善内控制度，具体做法如成立成本效益评价小组，对项目进行成本核算检查工作等。小组成员可以由各职能部门人员抽调组成，包括技术部、财务部以及人力资源部等部门，从而为效益评价提供更加完善的组织保障。

企业在进行绿色建筑成本效益评价时，还应当考虑文化软实力的作用。将可持续发展理念融入企业文化中，成为企业全体员工的精神支撑，成为企业发展的核心主张之一。建立相应的绩效评价体系，深入强化可持续发展理念，使得企业成员的实际行动与企业的整体目标一致。建立新成员的培训机制，将可持续发展理念融入员工职业生涯规划。

4）完善绿色建筑评价体系

目前，绿色建筑评价体系主要依据住房和城乡建设部发布的《绿色建筑评价标准》。该体系分别对项目的土地使用、室外条件及交通设施，项目的供暖、用电、照明等能耗使用，节约水资源的器具与系统，项目所用材料的设计与选择，室内的声、光、空气等条件，施工管控，运营管控，等等方面进行评分，按照总得分确定最终等级。但是现行的评价体系主要是对技术层面和经济层面的评价，根据研究，应从整个生命周期的角度完善项目对生态环境以及社会的影响，如在建造使用过程中排放的碳、对住户身体健康以及工作效率的影响、对社会投资压力的影响等，并进行量化。此外，该体系对住宅、办公楼、商场等各种性质以及各种使用年限的建筑采用一样的标准，并且我国地域广袤，各个地区的地形、气候差异较大，评价体系应当能够根据项目的实际情况灵活调整。通过完善现有的绿色建筑评价体系，为项目的设计与运行提供指引，使得企业在参考既定标准的基础上调控各阶段的成本。

5）完善发展绿色建筑的国家政策体系

目前，绿色建筑依旧无法被各类投资商接受，主要还是因为其初始投资成本超出了投资商们可以接受的范围。除此之外，因为绿色建筑带来的环境、社会效益难以量化，所以购房者不愿支付更高的房价购买绿色建筑。但绿色建筑能够产生为大众所共享的经济、环境、生态以及社会等方面的效益。政府部门为维护公众利益需要对绿色建筑的各个环节采取税收优惠和补贴政策，包括建筑开发企业、用户、绿色技术的研制者、绿色服务公司等，建立鼓励绿色建筑发展的财税政策体系，从而推进绿色建筑行业和经济的发展，此类措施所消耗的成本也可以视为对社会环境和社会效益支付的成本。政府对于绿色建筑所产生的社会共享的环境效益和社会效益，应及时出台相关的经济刺激措施，以提高绿色建筑的成本效益，促进绿色建筑行业的进一步扩张。政府应出台相应管理办法和法规制度，要求对各类绿色建筑项目进行成本效益分析，其中不仅需要包括已经成为必须探讨内容的经济效益，还需要包括相关的社会效益和环境效益，以证明其与传统建筑项目的差异，突出其绿色、可持续发展特点。在研究社会效益和环境效益的计量理论的同时，需要开发出一套社会认可的环境效益计量技术和方法，并在此基础上，形成相应的行业或国家标准。目前社会效益和环境效益量化方面进展还比较有限，环境效益方面除了碳排放之外，其他计量方式及方法还有待发掘；在社会效益计量方面也缺乏具体、准确的指标和计算方法。

我国对于新能源汽车的发展制定了覆盖整个产业链的政策体系，包括对充电桩的建设进行奖励与补贴、免征新能源车的车辆购置税、降低新能源车零部件的进口关税、对于新能源车贷款提供优惠、降低电动车的用电价格等。对于绿色建筑产业也可以参照此对整个产业链构建政策体系，如设置绿色建筑行业管理标准，对绿色、清洁建材的使用予以奖励和补贴，降低新型材料及设备的进口关税，加大对购买绿色建筑的用户的贷款力度，对企业建造、出售绿色建筑及用户购买的各个征税环节提供一定的优惠政策，颁布相关的政策文件推广绿色建筑。

8 基于生命周期视角的绿色建筑项目组合选择分析

绿色建筑项目组合选择能够为建筑企业和政府选择绿色建筑项目提供决策依据，也有利于为建设节约型和可持续型社会节约较大的经济成本。本章是在绿色建筑和项目组合管理理论的基础上，结合相关案例从生命周期的视角对绿色建筑项目组合进行选择分析。

8.1 绿色建筑项目组合选择流程

对绿色建筑进行项目组合管理，有助于投资主体在有限的资源和管理能力的约束下，以企业的战略方向和目标为指引，按照战略规划实现企业的发展目标。绿色建筑项目组合选择是实施企业战略的第一步，也是项目组合管理的前提。科学合理地设计项目组合选择的流程非常关键，能够直接影响到最终的选择结果。在设计绿色建筑项目组合选择流程的过程中，需要特别强调以下几点。

首先，和传统建筑物不同的是，绿色建筑关注在其整个生命周期内，如何尽可能地降低建筑物对环境造成的负面影响，尤其是碳排放量。基于此，在绿色建筑项目选择的过程中客观地分析测算各备选项目的碳排放源、碳排放量和碳排放成本信息，并将其作为重要的指标纳入投资决策过程中，既体现了绿色建筑节能减排的内涵，同时备选项目的碳成本也丰富和扩大了绿色建筑项目成本的内容和范围，有助于投资者在决策阶段就充分考虑到备选绿色建筑项目的环境效益和经济效益的平衡。

其次，从房地产企业的角度出发，绿色建筑项目的经济可行性是投资主体考虑的首要因素，而现阶段绿色建筑高昂的成本仍然是阻碍其进一步发展的重要原因。因此，当务之急是管理控制绿色建筑项目的成本，以确保各利益相关者能够接受和认可。采用先进的成本管理工具准确而详细地估算绿色建筑项目成本，可充分调动投资者的积极性，做出正确的投资决策，有助于推动绿色建筑行业的健康快速发展。

最后，绿色建筑是可持续发展理论在实践应用中的延伸，推广和发展绿色建筑的终极目标是实现人类、社会以及自然环境的共赢。基于此，绿色建筑项目评价的本质应是建筑物的可持续性评价。通过利用项目组合数据库，全面搜集和整理各备选项目的经济可持续性、环境可持续性以及社会可持续性的相关指标，包括不可量化的、隐性的社会环境成本效益，采用统一的评价标准客观地进行评价，是科学选择绿色建筑项目组合的基础。

综合上述分析，结合项目组合选择的一般流程，本书构建的整合生命周期评价和生命周期成本的绿色建筑项目组合选择流程如图 8-1 所示。

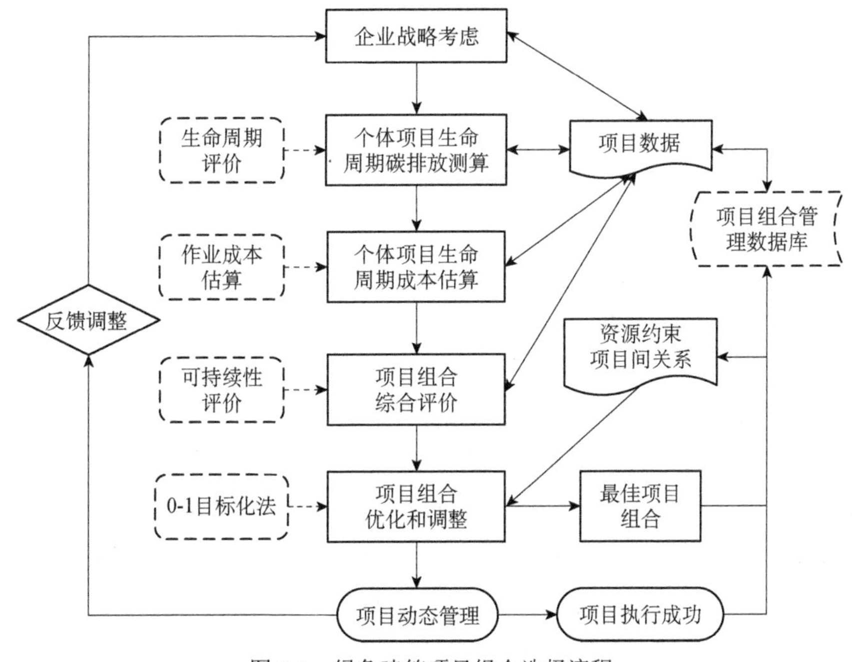

图 8-1　绿色建筑项目组合选择流程

需要说明的是，上述绿色建筑项目组合选择流程中各步骤的逻辑关系如下。第一，绿色建筑项目生命周期碳排放量的测算是碳排放权交易机制下计算碳排放成本的依据，因此，也是绿色建筑项目生命周期成本（包括排放成本）估算的前提。第二，绿色建筑项目的全面可持续评价包括经济可持续性、环境可持续性以及社会可持续性三个维度，生命周期成本和生命周期碳排放量分别是非常重要的经济性和环境性评价指标。第三，绿色建筑项目组合的选择需要综合考虑碳排放量、净现值以及可持续性等多个目标。也就是说，前三个步骤是采用 0-1 目标规划法确定最佳绿色建筑项目组合的基础。

8.2 确定备选项目集

在介绍根据企业战略筛选备选绿色建筑项目的思路之前，首先需要了解企业战略、项目组合管理的概念以及它们之间的关系。

哈佛大学教授波特认为，企业战略就是组织为之奋斗的终点和为了达到这些终点而寻找的方法途径的结合。加拿大学者明茨伯格认为，凡是可以归纳总结为一系列决策或行为方式的集合就可以被称为企业战略，其可以分为两类，即计划性战略和非计划性战略，这两类战略又可以分别叫做刻意安排的战略和临时出现的战略。

由此可见，企业战略是将战略的思想引入企业管理过程中，通过谋划一系列的行动，来实现企业的长远发展。企业站在全局的角度，深入分析内外部环境以及资源能力情况，根据企业的远景和使命，制定适合企业的发展方向和路线。科学地制定企业的战略方向和目标具有非常重要的意义，它不仅是衡量企业行为活动是否可行的标准，还是问题处理的依据，常常关系到企业的生死存亡。

企业战略管理包括战略的制定、选择和执行三大部分。实现企业战略目标的前提是企业能够制定出科学合理的战略，战略管理过程中最为关键的环节则是战略的具体实施。有研究表明，超过 2/3 的战略管理失败都是由战略执行不到位导致的。要想实现企业的长远战略目标，就必须将其细分，转化成具体的目标，然后寻找实现这些目标的方式，而实现这些目标的载体就是项目。

传统的项目管理强调的是通过项目管理的工具和方法来保证单一项目符合

进度、成本和质量方面的交付要求，并没有将项目和企业战略有效地衔接起来，不利于实现企业战略目标，而项目组合管理能够有效地连接企业战略和项目，因此，它是企业战略付诸实践的关键环节。通过将资源合理地分配到各个备选项目并实施动态管理，能够有效地保证战略目标的实现。企业战略和项目组合管理的关系如图 8-2 所示。

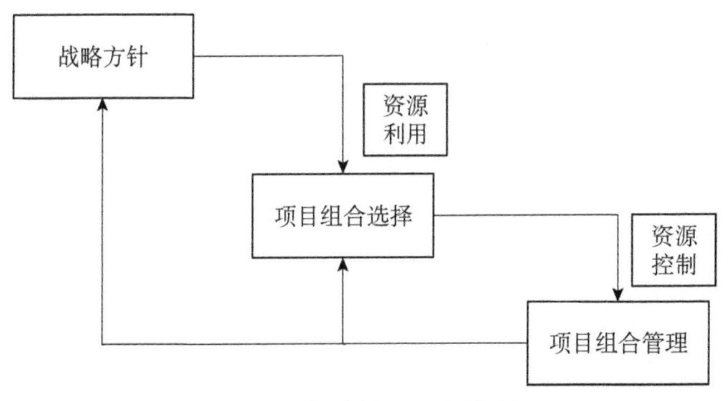

图 8-2　战略管理要素模型

综合上述分析，借鉴该领域已有的研究成果（Sartori and Hestnes，2007；唐亚锋等，2012），绿色建筑项目的战略符合度和影响度的评价可建立基于平衡积分卡的指标体系，从顾客需求的满意度、战略目标优势、企业的内部发展、企业的价值贡献度等维度进行评价分析，根据评价指标的特点以及评价的目的科学地选择评价方法，并根据结果对备选绿色建筑项目的战略符合度进行排序等。据此，剔除那些不符合企业战略发展方向的和对企业战略贡献度低的项目，符合条件的绿色建筑项目将进入下一阶段的分析。

8.3　备选项目生命周期碳排放测算

当前社会的快速发展，使得温室气体的排放越来越缺乏节制，因而造成了愈加严重的温室效应，进而导致了全球气候变暖。其中，建筑业消耗能源产生的碳排放占全球碳排放总量的 1/3 以上，因此成为全球碳减排的重点控制产业。绿色建筑自诞生以来就肩负着节能减排和保护环境的使命。在绿色建筑项目组合选择的过程中，将备选项目的碳排放信息纳入决策过程既是绿色建筑内涵的体现，又是发展低碳经济的必然选择。

8.3.1 绿色建筑项目碳排放测算方法

现阶段，实测法、物料平衡法和排放系数法是主要的碳排放测算方法，它们在测算原理、方法以及程序等方面有着很大区别。

（1）实测法。实测法是通过采用国家相关机构认定的检测工具和计量设施，采集并测量目标气体的流速、浓度和流量等指标，据此计算目标气体总排放量。在这种方法下，碳排放的计算公式如下。

$$G = K \times Q \times C \tag{8-1}$$

其中，G 为目标气体总排放量；K 为单位换算系数；Q 为介质气体（空气）的流量；C 为目标气体排放的浓度。

采用实测法测算碳排放量时，要求采集的样本数据具有很高的代表性和精确性，否则，计算结果将毫无意义。通常的做法是多次取样，求取介质气体流量的平均值和碳排放气体浓度的加权平均值代入公式计算碳排放量。这种方法的优点是在满足测量高要求的情况下，能够提供可靠的测量结果，但是与其他两种方法相比需要消耗更多人力和财力。

（2）物料平衡法。物料平衡法是一种科学有效的计算方法，它结合了工业排放源的排放、生产技术和管理、资源（原材料、水源和能源）的综合利用和环境治理，全方位地研究生产过程中的碳排放量。物料平衡法需要详细地掌握系统的投入产出情况，能够提供精确度很高的测算结果，而测算的工作量会随着系统复杂程度的提高而增加。

（3）排放系数法。排放系数法是在常规经济管理和生产技术条件下，通过将单位产品的碳排放量或消耗的能量作为排放系数进行组合来计算碳排放量的方法。一般来说，受技术水平、工艺流程、数据测量等因素影响，不同组织机构和专家测算的同一产品或能源的碳排放系数会有所差异。目前，许多国际科研机构和各国家的环保组织，包括 IPCC、国家发展和改革委员会能源研究所、日本能源研究所等都根据本地区实际情况测算并提供碳排放系数数据以供参考。这种方法简单实用，易于理解，是现阶段应用最为广泛的碳排放测算方法之一。

以上三种测算方法各有利弊，考虑到绿色建筑是一个复杂而又庞大的系统，提供实测法以及物料平衡法所需数据具有较高难度，且实测法只能事后测量而不能实现在项目投资阶段的事前估测。基于此，本书采用排放系数法测算绿色建筑项目生命周期内能源消耗所产生的直接碳排放以及建筑材料在生产制造过程中产生的间接碳排放，并将建筑材料循环利用阶段减少的碳排放量考虑在内，以期全面测算备选绿色建筑项目的生命周期碳排放量，为碳减排的管理决策提供信息支持。

8.3.2　绿色建筑项目碳排放测算基础

1）系统边界

基于生命周期视角测算绿色建筑项目碳排放量时，首先要明确碳排放测算的系统边界。分析已有文献发现，国内外学者在这个问题上出现了很多声音。比如，Chen 等（2011）将建筑物生命周期划为建造、维修、户外设施建造、运输、运营、废弃物处理、物业管理、拆除和处置等阶段，并将建筑物的碳排放源头归结为原材料、人类力量和能源消耗三类。李静和刘燕（2015）将建筑物的生命周期划分为设计、物化、使用维护和拆除回收四个阶段，而产生碳排放的活动则相应地归结为能源消耗、建筑材料和机械设备。Gerilla 等（2007）提出建筑材料在生产阶段产生的碳排放应属于工业制造过程，不应纳入建筑物生命周期碳排放测算的范畴，因此他们将建筑物生命周期划分为建造、运营、维护以及处置四个阶段。张智慧等（2010）认为，建筑项目在设计阶段没有产生碳排放，因此，将建筑物生命周期划分为物化、使用以及拆除三个阶段。

综合上述观点可知，随着研究目的和深度的不同，建筑物系统边界的范围、生命周期的划分、碳排放源的归类不尽相同。以生命周期理论为基础，研究认为绿色建筑项目生命周期的时间范围应该包括从“摇篮到坟墓”的所有阶段，这个过程中凡是涉及碳排放的活动和过程都应纳入绿色建筑项目碳排放测算的范围内，包括能源消耗、生产制造建筑材料产生的碳排放等，而空间范围被定义为与建筑产品本身直接相关或满足建筑目的和基本使用功能的碳排放活动（王幼松等，2017）。根据这个标准，绿色建筑在使用阶段，由于家用电器设备消耗的能源给生活带来质量的提高而产生的碳排放不属于绿色建筑项目生命周期碳排放测算范畴，其他包括通风、照明、采暖等为满足基本的使用功能而产生的碳排放量属于研究的系统边界范围内。

2）功能单元

绿色建筑统指以提供健康舒适的居住条件并且保护生态环境为宗旨的建筑。不同类型的绿色建筑在功能、规模和使用年限上存在较大的区别，导致各项目测算出的总碳排放量不具有横向可比性。基于此，为了消除功能和使用年限导致的碳排放量差异，在进行绿色建筑项目环境性能评价时应以单位建筑面积年平均碳排放量（kg/m^2）作为衡量指标。

3）碳排放因子

采用排放系数法测算绿色建筑项目的碳排放时，碳排放因子是一个非常关键的参数。碳排放因子表示消耗单位物质比如能源、建材所导致的温室气体排放量，通常以千克碳当量每单位物质表示，即 kg_CO_2/单位。在碳排放测算过程中，通过汇总能源和建材的消耗量，乘以对应的碳排放因子就可计算碳排放量。基于生命周期的视角测算绿色建筑项目碳排放量时，化石能源、建筑材料和电力能源的碳排放因子是三种比较常用的碳排放因子。

（1）化石能源的碳排放因子。此碳排放因子是指在开采、加工制造以及使用等过程中，由单位能源产生的碳排放量。IPCC 系统地研究了各种化石能源的碳排放因子，所提供的与测算相关的方法和数据具有较高权威性。根据 IPCC 提供的原始数据，国内有关学者计算出的化石能源碳排放因子如表 8-1 所示。

表 8-1　IPCC 部分化石能源碳排放因子　　单位：（kg_CO_2/kg）

序号	能源	碳排放因子	序号	能源	碳排放因子
1	原煤	2.7723	5	汽油	2.0309
2	焦炭	3.1357	6	煤油	2.1071
3	精洗煤	2.7723	7	柴油	2.1715
4	天然气	1.6641	8	原油	2.1481

资料来源：陶鹏鹏. 2018. 绿色建筑全寿命周期的费用效益分析研究[J]. 建筑经济，39（3）：99-104。

（2）建筑材料的碳排放因子。建筑材料品类繁多，功能各不相同。考虑到国内外在建材生产过程中的经济管理和技术工艺等方面存在较大差别，为了能够真实地反映绿色建筑项目实际的碳排放量，优先采用比较具有公信力的国内研究机构、科研组织或者专家学者测算的结果。比较常见的建筑材料碳排放因子如表 8-2 所示。需要注意的是，部分建筑材料可通过回收处理实现循环利用，从而降低资源消耗和碳排放量，在测算绿色建筑项目生命周期碳排放量时应将其碳减排量纳入测算范围。

表 8-2　主要建筑材料的碳排放因子

建材名称	单位	碳排放因子（kg_CO_2/单位）
钢材	kg	1.72[a]
混凝土砌块	千块	200[b]
水泥	kg	0.8[b]
铝	kg	1.02[c]
水泥砂浆	m^3	378.44[d]
防水卷材	m^2	2.37[e]
混凝土	m^3	551.01[a]

资料来源：a. Balaban O，Oliveira J A. 2017. Sustainable buildings for healthier cities：Assessing the co-benefits of green buildings in Japan[J]. Journal of Cleaner Production，163（Supplement）：S68-S78；b. Meron N，Meir I A. 2017. Building green schools in Israel. Costs，economic benefits and teacher satisfaction[J]. Energy & Buildings，154：12-18；c. Cooper R，Kaplan R S. 1988. Measure costs right：Make the right decisions[J]. Harvard Business Review，66（5）：96-103；d. Gupta M，Galloway K. 2003. Activity-based costing/management and its implications for operations management[J]. Technovation，23（2）：131-138；e. Derigs U，Illing S. 2013. Does EU ETS instigate Air Cargo network reconfiguration? A model-based analysis[J]. European Journal of Operational Research，225（3）：518-527。

（3）电力能源的碳排放因子。和化石能源不同的是，电力能源在使用的过程中不产生温室气体，但在生产阶段会因消耗其他能源而产生碳排放，因此电力能源属于清洁能源的范畴。目前，比较常见的发电形式包括火力、水力、核能、风能等。其中，碳排放主要源于火力发电。电力能源的碳排放因子是综合考虑各种发电形式以及它们的构成比例计算出的平均单位电力能源的碳排放量。国内外许多组织机构都提供了不同的电力碳排放因子。由于不同国家和地区的发电形式和结构有着很大的区别，因此，在测算绿色建筑项目的碳排放时优先选择国内权威机构发布的国家级或者区域级碳排放因子。结合我国电网的区域分布情况，国家气候中心公布的区域电力碳排放因子如表 8-3 所示。

表 8-3　电力碳排放因子

区域	覆盖省市	碳排放因子[kg_CO_2/（kW・h）]
华北区域	北京、天津、河北、山西、山东、内蒙古	0.8843
东北区域	辽宁、吉林、黑龙江	0.7769
华东区域	上海、江苏、浙江、安徽、福建	0.7035
华中区域	河南、湖北、湖南、江西、四川、重庆	0.5257

续表

区域	覆盖省市	碳排放因子[kg_CO_2/（kW·h）]
西北区域	陕西、甘肃、青海、宁夏、新疆	0.6671
南方区域	广东、广西、云南、贵州、海南	0.5271

资料来源：碳排放交易网。

8.3.3 绿色建筑项目生命周期碳排放清单分析与计算

根据上述绿色建筑项目碳排放系统边界范围的分析，结合绿色建筑项目的基本建造运营程序，本书将规划设计、施工建造、运营维护和拆除填埋作为绿色建筑项目生命周期的四个阶段。基于此，各备选绿色建筑项目的生命周期碳排放量的计算公式可表示为

$$\mathrm{LCCE}_i = \mathrm{CE}_{\mathrm{ide}} + \mathrm{CE}_{\mathrm{ico}} + \mathrm{CE}_{\mathrm{iop}} + \mathrm{CE}_{\mathrm{id}i} \tag{8-2}$$

其中，LCCE_i 表示绿色建筑项目 i 生命周期碳排放量；$\mathrm{CE}_{\mathrm{ide}}$ 表示绿色建筑项目 i 在规划设计阶段的碳排放量；$\mathrm{CE}_{\mathrm{ico}}$ 表示绿色建筑项目 i 在施工建造阶段的碳排放量；$\mathrm{CE}_{\mathrm{iop}}$ 表示绿色建筑项目 i 在运营维护阶段的碳排放量；$\mathrm{CE}_{\mathrm{id}i}$ 表示绿色建筑项目 i 在拆除填埋阶段的碳排放量。

根据绿色建筑项目生命周期阶段的划分，绿源酒店项目的生命周期碳排放应分别从规划设计、施工建造、运营维护以及拆除填埋四个阶段依次进行分析和测算。调查发现，绿源酒店项目在规划设计阶段的碳排放所占比例极小，主要是电力消耗产生的碳排放，数量几乎可以忽略不计，而另外三个阶段的碳排放分析测算工作相对比较复杂。

前文案例绿源酒店项目拥有多家绿色酒店，为了合理地配置企业有限的资源和管理能力，提高项目的成功率，该公司拟采用项目组合管理的方法进行多个绿色酒店项目的统一协调与管理。在项目初筛阶段，该公司召集了企业的高级管理人员以及该领域的专家学者，根据各个绿色酒店的设计方案从战略目标优势、企业的内部发展、技术优势目标、企业的价值贡献度等维度进行了多轮深入地讨论和打分，根据评价结果选定以下四个绿色酒店建设方案进入下一轮的评估。

（1）绿色酒店 A 项目。该项目设计方案为四星级酒店工程，位于市区的核心位置，地理位置优越，交通便利，临近火车站和国际机场。该酒店设计层高 69m，共有 13 层，总建筑面积为 38 800m^2（其中，计容面积为 35 000m^2，不计容面积为 3800m^2），容积率为 0.80，建筑密度为 17.5%，绿地率为 29.3%。

（2）绿色酒店 B 项目。该项目的设计方案同样为四星级酒店，位于娱乐休闲 W 广场内，毗邻该市区地铁三号线，临近国际机场以及周边著名景点，具有显著的地理优势。该酒店层高 73.4m。共有 14 层，配置豪华会议场地以及宴会厅。总建筑面积为 39 900m^2（其中，计容面积为 36 000m^2，不计容面积为 3900m^2），容积率为 0.82，建筑密度为 18.1%，绿地率为 31.1%。

（3）绿色酒店 C 项目。该项目设计方案为五星级酒店，位于某景区内，周围环绕着美丽的风景以及各种娱乐设施。该酒店地上有 9 层，高 63m。总建筑面积为 48 600m^2（其中，计容面积 41 000m^2，不计容面积 7500m^2），容积率为 0.51，建筑密度为 16.5%，绿地率为 32.0%。

（4）绿色酒店 D 项目。该酒店设计方案为三星级酒店，交通十分便捷，临近国际机场，高铁站和汽车南站。该酒店层高 78m，共有 18 层，总建筑面积为 34 000m^2，容积率为 2.20，建筑密度为 19.2%，绿地率为 23.5%。

上述四个绿色酒店项目均符合《绿色建筑评价标准》（GB/T50378—2019）一星级设计认证标准。在分析外部环境和内部资源能力的基础上，该公司认为绿色酒店项目组合选择在实现期望收益率之外，还应满足以下几个目标和条件。

根据企业的碳排放配额分配情况，项目组合的年平均碳排放量的目标为 11 000t；在项目规划建设阶段，公司可投入的资金总额不超过 80 000 万元；通过加班以及雇用临时工的方式，最多可提供 700 万 h 的人工工时；公司拟进入高端酒店市场，因此，作为五星级酒店的 C 项目为必选项目。

1）规划设计阶段

规划设计阶段的工作包括绿色建筑项目的可行性研究、建筑物的设计和选址、建筑材料的选择等。由于这个阶段的时间通常比较短，而且大部分工作是在办公室内完成的，因此，碳排放源主要是照明、暖通设备等消耗的电力以及车辆机器等消耗的化石能源。这个阶段的能源和物资消耗与其他阶段相比是极少的，产生的碳排放量几乎可以忽略不计。

2）施工建造阶段

施工建造阶段是指从原材料的开采加工直到绿色建筑项目竣工交付的过程。本书将这个阶段的碳排放活动划分为以下三个部分。①建筑材料碳排放，指以原材料为出发点，经过运输和生产制造直至成为施工建造所需材料成品的过程中产生的碳排放量。②运输活动碳排放，指运输绿色建筑施工的相关设备材料，以及将固体建筑物垃圾、土方等运出的过程中消耗的能源产生的碳排放。③低碳建造过程产生的碳排放量，指独立建材、构配件在绿色建筑项目中经过加工制造形成绿色建筑物实体过程中产生的碳排放，主要包括施工机械设备的使用、施工照明、生活办公区消耗的电力和化石能源产生的碳排放。

在施工建造过程中，绿色建筑项目所使用的机械设备种类和数量同建筑材料相比均较多，包括推土车、挖掘机、电焊机、切割机等，根据《全国统一施工机械台班费用定额》，结合施工现场记录或者工程量清单中统计的机械设备台班信息可以测算绿色建筑项目建造过程中机械台班消耗能源产生的碳排放量。

以绿色酒店 A 项目为例，建筑材料生产、运输以及建造活动产生的碳排放构成了其在施工建造阶段的碳排放活动。

建筑材料生产的碳排放。绿色酒店 A 项目在建筑材料选择上，尽可能就地取材以降低建筑材料运输过程中的碳排放，同时选取大量的可循环利用材料，实现在项目拆除后建筑材料的回收利用，减少项目在整个生命周期内的碳排放。表 8-4 列出了 A 项目各种建筑材料的碳排放量（依据项目的建筑材料消耗量和对应的碳排放因子计算得出）。

表 8-4　建筑材料碳排放量测算

建筑材料种类		单位	碳排放因子/（kg_CO_2/单位）	消耗量	碳排放/t
主要不可循环利用建筑材料	水泥砂浆	m^3	378.44	238 611	90 300
	砌块	千块	200.00	260 650	52 130
	混凝土	m^3	551.01	166 240	91 600
主要可循环利用建筑材料	钢材	kg	1.72	149 003 430	256 286
	铜	kg	2.79	5 418 600	15 118
	玻璃	kg	1.40	3 700 000	5 180
其他建筑材料	—	—	—	—	13 200
合计	—	—	—	—	523 814

由上述计算结果可知，A 项目消耗建材产生的碳排放总量为 523 814t，其中，主要建材包括水泥砂浆、砌块、混凝土以及钢材 4 种，其总碳排放量为 490 316t，占比高达 93.6%，平均单位建筑面积的建材碳排放量为 13.5t。其中，对于可循环利用的建材，比如钢材、铝合金型材、玻璃、铁皮等，根据它们的回收系数可计算出建材回收利用减少的碳排放量。经计算汇总，绿色酒店 A 项目的建材回

收节省的碳排放总量为136 180t。

运输过程的碳排放。运输工具、运输的重量和距离等因素影响运输过程中产生的碳排放量。根据《全国统一施工机械台班费用定额》可计算出不同机械台班消耗的能源种类和数量，而运输的建材重量以及距离随着项目的不同而不同。经汇总，绿色酒店A项目在运输过程中消耗能源产生的碳排放量如表8-5所示。

表8-5　运输过程中的能源消耗以及碳排放量

能源种类	单位	碳排放因子/（kg_CO_2/单位）	能源消耗量	碳排放量/t
油	L	2.031	235 598	478.5
柴油	L	2.171 5	160 278	348.0
电	kW·h	0.884 3	49 191	43.5

建造活动的碳排放。施工建造过程中的碳排放源可以归结为机械设备消耗的化石能源、施工照明和办公区消耗的电力能源等。由于该项目位于华北地区，故其电力碳排放因子选定为0.8843kg_CO_2/（kW·h）。绿色酒店A项目在施工建造阶段的能源消耗和碳排放量如表8-6所示。

表8-6　施工建造过程中的能源消耗和碳排放量

能源种类	单位	碳排放因子/（kg_CO_2/单位）	能源消耗量	碳排放量/t
电力	L	0.884 3	1 255 230	1 110
汽油	L	2.031 0	329 887	670
柴油	kW·h	2.171 5	184 204	400

3）运营维护阶段

在绿色建筑的生命周期内，运营维护阶段的时间最为长久，高达几十年甚至上百年。和传统建筑物相比，尽管绿色建筑在运营维护阶段的节能减排效果比较显著，但是其能源消耗量和碳排放量依然所占比重最大。这个阶段的碳排放源可以归结为以下两个部分：①使用绿色建筑时，使用采暖、空调、照明、供水排水等设备产生的碳排放；②部分建材和配件达到使用寿命，因维修和更换的需要，新建材在生产和运送过程中产生的碳排放量。

以绿色酒店A项目为例，在运营维护阶段，绿色酒店项目耗时最长，碳排放量占比也是最高的。绿色酒店A项目按照相关规定设计的使用年限为50年。运营期间，以满足建筑物基本使用功能的采暖、照明、通风等活动需要消耗大量的电力能源。采用能耗分析软件对该项目进行模拟，运营期间其能源消耗以及碳排放量如表 8-7 所示。

表 8-7 运营期间的碳排放量

项目	供暖	供冷	风机	照明	其他	总计
电力消耗量/10^4 kW·h	17 318	19 595	27 351	28 940	54 879	148 083
碳排放因子/[kg_CO_2/（kW·h）]	0.8843					
碳排放量/t	153 143	173 279	241 865	255 916	485 295	1 309 498

4）拆除填埋阶段

考虑到建筑垃圾在焚烧过程中发生的化学反应较为复杂，一般认为，对建筑垃圾的运输、填埋焚烧产生的碳排放是绿色建筑在拆除填埋阶段的碳排放源。目前，这部分碳排放在数据收集方面存在一定的困难，可以采用百分比法近似估算。

综合上述分析，绿色建筑项目的碳排放源可以归结为建筑材料、电力能源以及化石能源三大类，如图 8-3 所示。

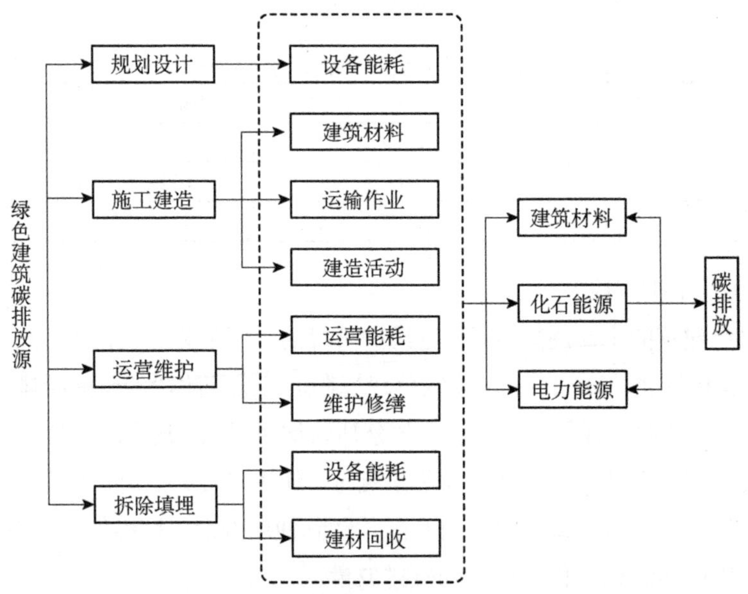

图 8-3 绿色建筑项目碳排放源分析

基于此，绿色建筑项目生命周期碳排放量的计算公式可以表示为

$$\mathrm{LLCE}_i = \sum_{\tau=1}^{m} p_\tau \times Q_{i\tau} \times (1 - a_\tau) + \sum_{\delta=1}^{n} w_{i\delta} \times A_\delta + E_i \times A_e \qquad (8\text{-}3)$$

其中，m 表示建材的种类；P_τ 为第 τ 种建材的碳排放因子；$Q_{i\tau}$ 为绿色建筑项目 i 第 τ 种建材的消耗量；a_τ 为第 τ 种建材的回收系数；n 为能源的种类；$w_{i\delta}$ 为绿色建筑项目 i 第 δ 种能源的消耗量；A_δ 为第 δ 种能源的碳排放因子；E_i 为绿色建筑项目 i 的总耗电量；A_ε 为电力能源碳排放因子。

关于建筑材料的碳排放量测算，需要说明以下两点。第一，由于建筑材料品类繁多，采用排放系数法全面地计算所有建材的碳排放数据固然科学，但工作量相应增加很多。因此，在建筑物碳排放测算过程中，可以按照二八原则，即取累计质量或者造价占总工程量清单 80%以上的建筑材料进行测算。第二，在回收处理的重加工过程中，建材产生的碳排放不应计入绿色建筑项目生命周期碳排放核算的范围。否则，越是采用绿色环保材料的建筑测算出的碳排放量越大，导致更高的碳排放成本，这将进一步推高绿色建筑项目成本，不利于绿色建筑行业的健康快速发展。

如前所述，现阶段，绿色建筑项目在拆除填埋阶段的碳排放测算在数据收集方面存在一定的困难，通常是采用百分比近似估计的方法。

参考已有研究，本章以绿色酒店 A 项目拆除阶段的碳排放占初始建造总碳排放量的 10%为标准进行估算，测算过程及结果如表 8-8 所示。

表 8-8　拆除填埋阶段的碳排放量　　（单位：t）

项目	建材	运输	施工	新建总计	拆除阶段
碳排放	523 814	870	2 180	526 864	52 686.4

综合上述分析可知，绿色酒店 A 项目生命周期内各阶段的碳排放量如表 8-9 所示。

表 8-9　绿色酒店 A 项目生命周期碳排放

生命周期阶段	活动	碳排放量/t	占比/%
施工建造阶段	建材生产	523 814	29.88
	运输活动	870	0.05
	施工建造	2 180	0.12
运营维护阶段	运营维护	1 309 498	74.71
拆除填埋阶段	建材回收	−136 180	−7.80
	拆除填埋	52 686	3.04
合计		1 752 868	100.00

同理可计算出绿色酒店 B、C、D 项目的碳排放量，测算结果如表 8-10 所示。

表 8-10　各备选绿色建筑项目生命周期碳排放　　（单位：t）

生命周期阶段	活动	A 项目	B 项目	C 项目	D 项目
施工建造阶段	建材生产	523 814	538 650	656 640	459 000
	运输活动	870	900	1 090	760
	施工建造	2 180	2 240	2 740	1 910
运营维护阶段	运营维护	1 309 498	1 346 620	1 641 600	1 147 490
拆除填埋阶段	建材回收	−136 180	−140 000	−170 720	−46 160
	拆除填埋	52 686	54 170	66 040	119 330
合计		1 752 868	1 802 580	2 197 390	1 682 330

8.4　备选项目生命周期成本估算

8.4.1　绿色建筑项目生命周期成本的范围

关于建筑物生命周期成本概念的表述，以下两种比较具有代表性。

《建设工程计价》指出，项目的生命周期成本是指工程设计、开发、建设、使用、维护和报废等过程中发生的成本，包括研究开发成本、制造安装成本、运营维护成本、报废回收成本等。

根据美国国家标准与技术研究院的研究成果，生命周期成本是指建筑物或建筑物系统在一段时间内的建造、运营、维护和拆除的折现货币成本（National Institute of Standards and Technology，1995）。

根据上述观点可知，绿色建筑项目的生命周期成本是基于社会的角度计算绿色建筑项目从“摇篮到坟墓”的成本支出总和的，属于广义生命周期的范畴。为了全面地理解绿色建筑项目生命周期成本的具体构成情况，从而有针对性地采取措施进行成本管理控制，已有的研究从不同的角度对其内容进行了划分。①按照成本承担主体不同划分为社会成本、企业成本以及消费者成本（刘伟，2006）。②根据成本用途不同可划分为非建筑成本、建筑成本、运营成本、维护成本以及替换成本。③按照成本发生的时间划分为初始化成本（建设成本）以及未来成本（运营维护成本、替换成本）。

本书中，以绿色建筑项目生命周期阶段的划分为基础，规划设计成本、施工建造成本、运营维护成本以及拆除填埋成本构成了绿色建筑项目生命周期成本，各个阶段的成本构成如图 8-4 所示。可以看出，绿色建筑项目在不同的生命周期阶段的成本构成项目有着非常大的区别。这些成本项目可按照其属性的不同划分为经济成本、环境成本和社会成本三类。其中，经济成本比如设计费用、施工建造成本具有显性和可量化的特点，属于传统成本会计的计量范围；而环境成本和社会成本往往是隐性且不可计量的，在绿色建筑项目生命周期成本计算时，应尽量实现外部成本内部化。基于此，本书通过碳排放权交易机制将气候变暖的“元凶”温室气体排放成本化，并将其纳入绿色建筑项目的投资决策过程中。

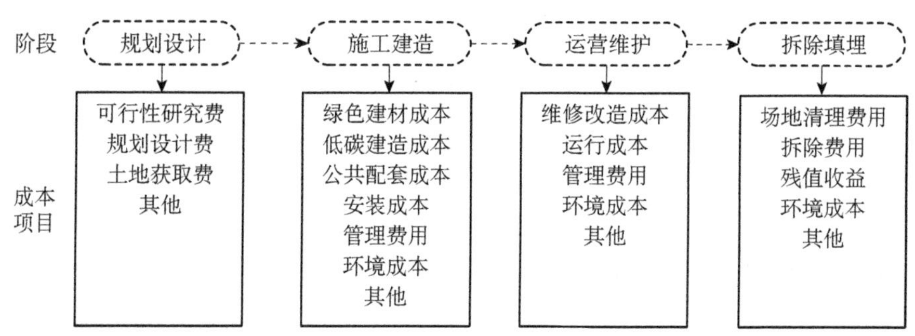

图 8-4　绿色建筑项目生命周期成本

综合上述分析可知，和传统的建筑项目相比，绿色建筑项目生命周期成本在时间范围、内容构成以及承担主体方面都更为广泛，这也为绿色建筑的成本管理工作带来更多的挑战。

8.4.2　绿色建筑项目作业成本划分与估算

在产品或者项目的成本估算方面，国内外许多专家学者进行了深入的研究，具体的估算方法可以归结为以下两类：①定性化方法，如头脑风暴、德尔菲法等，这些方法主要依赖于研究者的经验和判断，估算结果具有较强的主观性和不确定性，主要应用于设计方案的优劣比较；②定量化方法，如类比成本估算、参数成本估算以及基于神经网络法的成本估算等（Vakilifard et al.，2010）。这几种方法能够提供定量化的估算结果，但是，它们共同的缺点在于不能提供生产过程中各环节详细的成本信息，不利于成本的管控。

如前所述，作业成本计算的逆过程就是作业成本估算，通过引入作业中心、成本动因等概念，预测产品或者项目生产制造的关键环节、主要作业的成本信息。这种方法能够提供的详细而准确的成本估算信息，有助于决策者从作业消耗量、资源消耗量、资源价值等多个方面识别成本发生的原因，并据此采取有针对性的管理控制措施，绿色建筑项目的作业成本估算流程如图 8-5 所示。

（1）以企业的历史数据包括绿色建筑项目的特征属性和作业信息为基础，定量分析绿色建筑项目的特征属性与作业类型、作业动因消耗量的函数关系，即作业评估关系（activity estimation relationship，AER）。在企业实施作业成本法核算的前提下，分析并建立绿色建筑项目的特征属性，包括建筑面积、图纸数量、废弃物重量等与整个生命周期各个阶段消耗的作业种类、作业动因数量的函数关系，这是进行绿色建筑项目作业成本估算的基础。

（2）估算备选绿色建筑项目需要消耗的作业类型以及作业动因的数量。在 AER 建立的基础上，分析备选绿色建筑项目的特征属性，就可以计算出其在整个生命周期内的作业消耗情况。

（3）计算备选绿色建筑项目消耗的作业所需要的资源种类、数量和成本情况，据此估算作业成本，加上直接成本就可以计算出总成本。成本估算团队以企业制定的作业消耗资源的标准为依据，乘以作业消耗量计算出各备选绿色建筑项目的作业成本，加上直接成本就可以估算出绿色建筑项目的总成本。

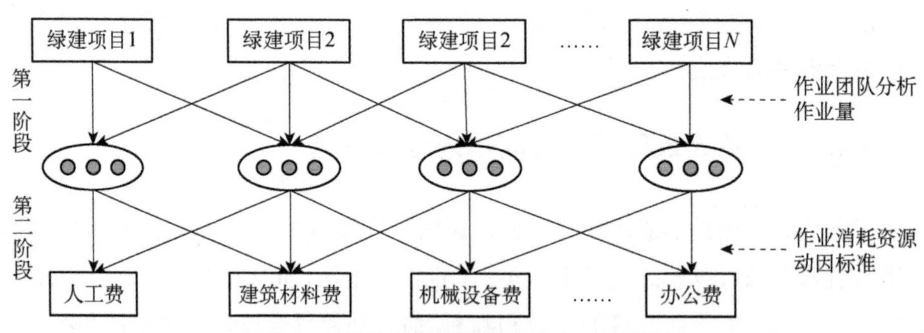

图 8-5　绿色建筑项目作业成本估算流程

运用作业成本法估算绿色建筑项目成本时，科学合理地划分成本和作业中心是前提。综合上述分析，绿色建筑项目成本可划分为直接成本和作业成本两部分。

一方面，直接材料、直接人工、机器成本、土地获取成本、碳排放成本等可以直接划分到特定项目的成本属于直接成本；另一方面，绿色建筑项目作业成本的构成分析是以它的作业划分为基础的，可分为以下四个层次。①单位级作业，即使每个绿色建筑项目都受益的作业，具有一定的重复性，而作业的消耗量通常和绿色建筑项目的某一个特定的属性相关。低碳建造作业就是典型的单位级作业。②批次级作业，是指一项作业使得一批绿色建筑项目受益，作业成本和批次数量成本正相关，如绿色建材的订单处理作业、材料运输作业。③项目级作业，是针对某一类型的项目而执行的作业，因此，受益单位是具体的项目类型。比如绿色建筑的设计作业。④环境级作业，是指企业生产经营过程中，以降低环境负荷为目的而执行的作业。绿色建筑项目在生命周期的不同阶段会发生各种形式的环境成本支出，包括污染物检测和处理的成本、绿色建筑材料成本、绿色科技研发成本、员工环保培训支出、环境事故的赔偿金和罚款、环境管理部门的日常开支等。根据环境成本发生的目的不同，可将绿色建筑项目的环境作业归结为环境预防作业、废弃物治理作业以及循环利用作业三种。

综合上述分析，基于作业成本法估算备选绿色建筑项目成本的计算公式可表示为

$$\begin{aligned}\mathrm{TC}_i &= \mathrm{DC}_i + \mathrm{ABC}_i \\ &= \mathrm{DMC}_i + \mathrm{DLC}_i + \mathrm{MC}_i + \mathrm{LCCE}_i P_{\mathrm{CO}} + \mathrm{LDC}_i \\ &\quad + \sum_{k\in \mathrm{UN}} S_k \lambda_{ik} + \sum_{k\in \mathrm{EN}} S_k \rho_{ik} + \sum_{k\in \mathrm{PR}} S_k \sigma_{ik} + \sum_{k\in \mathrm{MA}} S_k \varphi_{ik}\end{aligned} \tag{8-4}$$

其中，TC_i 为绿色建筑项目 i 的总成本；DC_i 为直接成本；ABC_i 为作业成本；DMC_i 为直接材料成本；DLC_i 为直接人工成本；MC_i 为机器工时成本；P_{CO} 为碳排放权交易机制下碳排放的交易单价；LDC_i 为土地获取成本；S_k 为单位 k 作业消耗的成本；λ_{ik}、ρ_{ik}、σ_{ik}、φ_{ik} 依次为绿色建筑项目 i 对于单位级、批次级、项目级以及环境级作业的需求量。

前文运用作业成本法估算绿色建筑项目成本的逻辑思路和方法是以房地产企业实施作业成本法并且项目数据库系统能够提供包括资源消耗标准、绿色建筑项目特征属性与作业动因量等数据为前提的。然而，现阶段建筑行业主要采用传统的方法估算绿色建筑项目成本。因此，基于作业成本法估算绿色建筑项目的成本在数据获取方面存在很大困难。

以绿色酒店 A、B、C、D 项目为例，四个绿色酒店项目各自经过简化的作业成本估算信息如表 8-11 所示。

表 8-11　备选绿色酒店项目作业成本估算信息

作业成本			A 项目		B 项目		C 项目		D 项目	
收入现值（包括政府补助）/万元			29 650		32 100		39 800		26 400	
土地获取成本/万元			7 000		7 500		8 500		6 000	
直接材料/万元			6 000		7 000		7 800		5 000	
直接人工	工时/h		200		210		300		190	
	成本/万元		6 000		6 300		9 000		5 700	
机器成本/万元			3 000		2 800		3 500		2 600	
作业成本	成本动因	成本动因率	作业需求量	作业成本	作业需求量	作业成本	作业需求量	作业成本	作业需求量	作业成本
绿色设计作业	图纸数量	5000 元/张	30 张	15 万元	36 张	18 万元	50 张	25 万元	26 张	13 万元
单位级作业										
低碳建造作业	建筑面积	500 元/m^2	3.88m^2	1940 元	3.99 m^2	1995 元	4.86 m^2	2430 元	3.4 m^2	1700 元
运营修缮作业	人工工时	100 元/h	2.8h	280 元	2.5h	250 元	3.0h	300 元	2.5h	250 元
批次级作业										
建材运输作业	运输距离	5 元/km	40km	200 元	40km	200 元	48km	240 元	35km	165 元
拆除填埋作业	废弃物重量	20 元/t	48t	960 元	50t	500 元	60t	600 元	45t	450 元
环境级作业										
环境预防作业	建筑面积	30 元/m^2	3.88m^2	101 元	3.99 m^2	119.7 元	4.86 m^2	145.8 元	3.4 m^2	102 元
废弃物治理作业	废弃物重量	10 元/t	10t	100 元	12t	120 元	15t	150 元	10t	100 元
循环利用作业	处理重量	10 元/t	15t	150 元	20t	200 元	30t	300 元	13t	130 元

8.4.3　绿色建筑项目生命周期成本估算模型

绿色建筑的使用寿命一般长达几十年甚至上百年，在投资期限内需要连续不断地投入大量的资金，因此在计算其生命周期成本时，折现率的选择非常关键。

1）折现率

折现率是以资金的时间价值为理论基础，按照复利的计算方式，将未来的现金流入或者流出折算到特定时间的比率。公式表示如下：

$$\mathrm{PV}=\sum_{t=0}^{t}C_t\times(1+r)^{-t} \tag{8-5}$$

其中，PV 为现金流的现值；t 为计算期，通常以年为单位；C_t 为项目在第 t 期的现金流；r 为折现率。

在项目投资期限比较长且现金流量大的情况下，计算结果对于折现率是非常敏感的。举个例子，以 50 年为计算期，分别采用 1%和 3%作为折现率计算的 1 元的现值分别为 0.6080 和 0.2281，结果相差两倍之多。

根据折现率和通货膨胀率的关系，可将折现率划分为名义折现率和实际折现率。它们之间的关系可用公式表示为

$$r_f=(1+r)\times(1+f)-1 \tag{8-6}$$

其中，r_f 为名义折现率；r 为实际折现率；f 为通货膨胀率。

在计算现值的过程中，既可以使用名义折现率，又可以使用实际折现率。需要说明的是，折现率一定要与现金流数值的选取相对应，也就是说，使用名义折现率时，现金流使用的是预测的未来现金流，而实际折现率则对应剔除通货膨胀因素的未来现金流。在工程项目实践中，通常使用的是实际折现率。

在项目经济性评价中，与折现率的选定相关的理论基础主要包括以下三个。①最低期望收益率，是指投资主体以期望财务收益率的下限作为项目评价的依据，而最低期望收益率的确定往往和企业的资本成本相关。②截止收益率理论，随着企业投资规模的扩大，资金的边际成本上升，当边际收入等于边际成本时，便达到了最佳投资规模，并使投资收益达到最大值。③机会成本理论，是指资金作为企业最重要的稀缺资源，一旦投入到某个特定的项目就意味着放弃了诸多其他可选的机会，放弃的次优方案的收益率就是项目资金的机会成本，可将其选定为目标项目的折现率。理论上，在有效的市场假设下，基于上述三种理论计算出的折现率是一致的。

基于上述理论，常见的行业基准折现率确定方法包括以下几种。

（1）资本资产定价模型，由夏普（W. Sharpe）、林特尔（J. Lintner）等在 1964 年提出。该模型以市场有效性为前提，首次定量地描述了资产风险和收益之间的

关系，成为财务管理学形成和发展过程中的一个重要的里程碑。实践中，这种方法广泛地应用于西方发达国家的证券市场。该模型公式表示如下：

$$R = R_f + \beta \times (R_m - R_f) \tag{8-7}$$

其中，R 为投资项目的折现率；R_f 为无风险利率，一般以中长期国债报酬率表示；β 为投资项目的报酬率与市场整体报酬率的相关性；R_m 为市场平均投资报酬率。

（2）加权平均资本成本。目前，银行贷款、发行债券等债券性筹资和发行普通股或优先股的股权性筹资，以及留存收益是企业常见的筹资方式。企业在投资时，只有当预期的投资报酬率高于企业或者项目的加权资本成本时，投资才会有利可图，否则应该放弃。这种方法综合考虑各方投资者的期望收益，并且体现了项目的具体特性，得到了广泛的应用。企业或者项目的加权资本成本计算公式如下：

$$K_{\text{wacc}} = \sum_{j=1}^{n} K_j \times W_j \tag{8-8}$$

其中，K_{wacc} 为企业或者项目的加权资本成本；K_j 为第 j 种筹资方式的资本成本；W_j 为第 j 种筹资方式的资金在总资本的占比。W_j 的计算方式包括反映过去资本结构的账面价值法、预期资本结构的目标价值法以及反映现在资本结构的市场价值法。从理论上讲，目标价值法可以反映资本未来的结构和价值，最能体现折现率的本质要求。

（3）典型项目模拟法。该方法是通过选取行业内一定数量的具有典型代表性的项目为样本，在收集整理相关成本效益数据的基础上，运用项目评价的原理和方法计算出它们的平均内含报酬率，以此作为本行业的财务基准折现率。

（4）德尔菲法。德尔菲法是确定行业基准折现率的重要方式，它是指通过组织特定领域内专家学者，根据他们对所研究行业的特点、发展趋势、项目风险等因素的分析判断并定量地给出折现率的取值情况，这种方法往往需要经过多轮深入调查，然后逐步统一各位专家的意见，最终形成一致的结果。

2）绿色建筑项目成本周期成本估算

综合上述分析，在估算绿色建筑项目生命周期成本时，以开始施工的时点为基准期，假设前期设计和施工阶段的成本支出在基准期一次性发生，则绿色建筑项目生命周期成本的公式为

$$\mathrm{TC}_i' = \sum_{j=1}^{m} \frac{C_{ij}}{(1+r)^j} = C_{\mathrm{ide}} + C_{\mathrm{ico}} + \sum_{j=1}^{m} \frac{C_{\mathrm{iop}}}{(1+r)^j} + \frac{C_{\mathrm{idi}}}{(1+r)^j} = \sum_{j=1}^{m} \frac{\mathrm{DC}_{ij} + \mathrm{ABC}_{ij}}{(1+r)^j} \quad (8\text{-}9)$$

其中，TC_i' 表示绿色建筑项目 i 的生命周期成本；C_{ij} 为绿色建筑项目 i 第 j 年的成本支出；C_{ide} 为项目 i 在规划设计阶段发生的成本；C_{ico} 为项目 i 在施工建造阶段发生的成本；C_{iop} 为项目 i 在运营维护阶段发生的成本；C_{idi} 为项目 i 在拆除填埋阶段发生的成本（均不含通货膨胀率）；m 为绿色建筑项目的使用年限；r 为剔除通货膨胀率后的折现率；DC_{ij} 为绿色建筑项目 i 在第 j 年的直接成本；ABC_{ij} 为绿色建筑项目 i 在第 j 年的作业成本。

绿色酒店项目的设计建造成本即在竣工交付之前所发生的成本，包括直接成本和作业成本两大部分。其中，直接材料、直接人工、机器工时、土地获取费用以及规划设计和施工建造阶段的碳排放成本构成项目的直接成本。其中，碳排放的交易单价参考碳排放权交易市场的平均交易价格 20 元/t。间接成本也就是作业成本包括绿色设计成本、低碳建造成本、建材运输成本以及在建造期间发生的环境作业成本。

以绿色酒店 A 项目为例，其设计建造成本 C_{A} 的计算过程如下：

$$\begin{aligned} C_{\mathrm{A}} &= \mathrm{DLC}_{\mathrm{A}} + \mathrm{ABC}_{\mathrm{A}} \\ &= 7000 + 6000 + 6000 + 3000 + 52\,685 \times 0.002 + 15 + 0.194 + 0.02 + 0.0101 \\ &\quad + 0.01 + 0.015 = 22\,120.62（万元） \end{aligned}$$

根据上文中绿色建筑项目生命周期成本范围的界定和构建的估算模型可知，绿色酒店 A 项目的生命周期成本即包括上述的设计建造成本，还应包括运营维修和拆除填埋费用折现后的成本。折现率的选择是参考《方法与参数》中房地产行业的财务基准收益率，并采用德尔菲法对各备选项目进行多轮的讨论分析，最终确定该企业绿色酒店项目的折现率为 13%。基于此，绿色酒店 A 项目的生命周期成本计算过程如下：

$$\begin{aligned} \mathrm{LCC}_{\mathrm{A}} &= C_{\mathrm{de}} + C_{\mathrm{co}} + \sum_{j=1}^{m} \frac{C_{\mathrm{op}}}{(1+r)^j} + \frac{C_{\mathrm{di}}}{(1+r)^j} = 24\,506 + 105 + (280 + 101 + 100 + 150) \\ &\quad \times 7.6752 + 960 \times 0.0022 + 175\,286 \times 20 / 10\,000 = 29\,806.735（万元） \end{aligned}$$

其中，（P/A，13%，50）=7.6752；（P/F，13%，50）=0.0022。

同理，可估算出备选绿色酒店 B、C、D 的生命周期成本，结果如表 8-12 所示。

表 8-12 备选绿色酒店项目成本信息

成本		A 项目	B 项目	C 项目	D 项目
设计建造总成本	设计建造成本	24 506	26 252.7	32 090.8	21 510
	碳排放成本	105	108	132	92
运营维修折现成本		4 843.051	5 294	6 875	4 467
拆除填埋折现成本		2.112	2.20	2.64	1.98
生命周期碳排放成本		350.572	361	439	307
生命周期成本		29 806.735	32 017.9	39 539.44	26 377.98

绿色建筑项目折现率的选定可参考《建设项目经济评价方法与参数》（国家发展改革委和建设部，2006）中采用的专家调查法计算出的房地产行业的折现率取值，即融资前税前财务基准收益率 12%和项目资本金税后财务基准收益率 13%。以此为基础，综合考虑企业的发展经营战略、项目特点、项目风险以及资金的机会成本等因素，自行调整并最终确定绿色建筑项目的折现率。另外，由于本书是从生命周期的视角研究绿色建筑项目，其在初始建造阶段通常会产生一定的增量成本，但在后续运营和维护过程中会产生持续的能源节约和建材循环利用的效果，从而降低绿色建筑项目的生命周期内的成本支出，在收入水平不发生变化的前提下，实现总效益的提升。因此，绿色建筑项目表现出远期效益较大的特点，基于此，在经济性评价阶段可以考虑按时间段采用折现率递减的方式以避免对远期的效益折扣过多，有利于选择建设成本较高但运营维护成本更低的绿色建筑项目。

除以上分析之外，绿色建筑成本还可以由式（8-10）—式（8-18）表示。

$$\begin{aligned}\text{绿色建筑成本}&=\text{绿色建筑经济成本}+\text{绿色建筑环境成本}\\&\quad+\text{绿色建筑社会成本}\end{aligned}\tag{8-10}$$

$$\begin{aligned}\text{绿色建筑作业成本（AC）}&=\text{绿色建筑经济作业成本}+\text{绿色建筑环境作业成本}\\&=\text{单位级作业成本}+\text{批次级作业成本}\\&\quad+\text{项目级作业成本}+\text{维持级作业成本}\end{aligned}\tag{8-11}$$

$$\begin{aligned}\text{单位级作业成本（UC）}&=\text{单位级经济作业成本}+\text{单位级环境成本}\\&=\sum_{i=1}^{n}\sum_{j=1}^{m}(I_{ij}\cdot R_{ij}+\mathrm{ID}_{ij}\cdot \mathrm{BM}_{ij})\\&\quad+\sum_{i=1}^{n}\mathrm{DLC}_i+\sum_{i=1}^{n}U_m\cdot Q_i\cdot X_i\end{aligned}$$

$$
\begin{aligned}
&+\sum_{i=1}^{n}(-E_0\cdot P_{\mathrm{CO}}+Q_{Mi}\cdot X_i\cdot P_{\mathrm{CO}})\\
&+\sum_{i=1}^{n}(-E_0\cdot P_{\mathrm{CO}}+Q_{Hi}\cdot X_i\cdot P_{\mathrm{CO}})\\
&+\sum_{i=1}^{n}(-E_0\cdot P_{\mathrm{CO}}+Q_{Li}\cdot X_i\cdot P_{\mathrm{CO}})
\end{aligned}
\tag{8-12}
$$

批次级作业成本（BC）= 批次级经济作业成本 + 批次级环境成本

$$
\begin{aligned}
&=\sum_{i=1}^{n}\sum_{j=1}^{m}K_{ij}\cdot N_{ij}+\sum_{i=1}^{n}U_T\cdot L_i\cdot X_i\\
&+\sum_{i=1}^{n}\left(-E_0\cdot P_{\mathrm{CO}}+Q_{\mathrm{VH}i}\cdot X_i\cdot P_{\mathrm{CO}}\right)\\
&+\sum_{i=1}^{n}\left(-E_0\cdot P_{\mathrm{CO}}+Q_{\mathrm{WR}i}\cdot X_i\cdot P_{\mathrm{CO}}\right)\\
&+\sum_{i=1}^{n}\left(-E_0\cdot P_{\mathrm{CO}}+Q_{\mathrm{SE}i}\cdot X_i\cdot P_{\mathrm{CO}}\right)\\
&+\sum_{i=1}^{n}\left(-E_0\cdot P_{\mathrm{CO}}+Q_{\mathrm{WI}i}\cdot X_i\cdot P_{\mathrm{CO}}\right)\\
&+\sum_{i=1}^{n}\left(-E_0\cdot P_{\mathrm{CO}}+Q_{\mathrm{WC}i}\cdot X_i\cdot P_{\mathrm{CO}}\right)
\end{aligned}
\tag{8-13}
$$

项目级作业成本（PC）= 项目级经济作业成本

$$
=\sum_{i=1}^{n}\sum_{s\in \mathrm{PR}}D_{is}Q_{is}\cdot X_i+\sum_{i=1}^{n}\sum_{d\in \mathrm{PR}}D_{id}\cdot Q_{id}\cdot X_i \tag{8-14}
$$

维持级作业成本（MC）$=\sum_{i=1}^{n}\sum_{h=1}^{t}\mathrm{MC}_{ih}\vartheta_h$ （8-15）

社会成本（SC）$=\sum_{k=1}^{l}K_w\cdot s_k\cdot w_k$ （8-16）

土地获取成本（LC）$=\sum_{i=1}^{n}\mathrm{LC}_i\cdot X_i$ （8-17）

绿色建筑总成本 = UC + BC + PC + MC + SC + LC

$$
=\sum_{i=1}^{n}\sum_{j=1}^{m}\left(I_{ij}\cdot R_{ij}+\mathrm{ID}_{ij}\cdot \mathrm{RM}_{ij}\right)+\sum_{i=1}^{n}\mathrm{DLC}_i+\sum_{i=1}^{n}U_m\cdot Q_i\cdot X_i
$$

$$
\begin{aligned}
&+\sum_{i=1}^{n}\left(-E_0\cdot P_{\mathrm{CO}}+Q_{Mi}\cdot X_i\cdot P_{\mathrm{CO}}\right)+\sum_{i=1}^{n}\left(-E_0\cdot P_{\mathrm{CO}}+Q_{Hi}\cdot X_i\cdot P_{\mathrm{CO}}\right)\\
&+\sum_{i=1}^{n}\left(-E_0\cdot P_{\mathrm{CO}}+Q_{Li}\cdot X_i\cdot P_{\mathrm{CO}}\right)+\sum_{i=1}^{n}\sum_{j=1}^{m}K_{ij}\cdot N_{ij}+\sum_{i=1}^{n}U_T\cdot L_i\cdot X_i\\
&+\sum_{i=1}^{n}\left(-E_0\cdot P_{\mathrm{CO}}+Q_{\mathrm{VH}i}\cdot X_i\cdot P_{\mathrm{CO}}\right)+\sum_{i=1}^{n}\left(-E_0\cdot P_{\mathrm{CO}}+Q_{\mathrm{WR}i}\cdot X_i\cdot P_{\mathrm{CO}}\right)\\
&+\sum_{i=1}^{n}\left(-E_0\cdot P_{\mathrm{CO}}+Q_{\mathrm{SE}i}\cdot X_i\cdot P_{\mathrm{CO}}\right)+\sum_{i=1}^{n}\left(-E_0\cdot P_{\mathrm{CO}}+Q_{\mathrm{WT}i}\cdot X_i\cdot P_{\mathrm{CO}}\right)\\
&+\sum_{i=1}^{n}\left(-E_0\cdot P_{\mathrm{CO}}+Q_{\mathrm{WC}i}\cdot X_i\cdot P_{\mathrm{CO}}\right)+\sum_{i=1}^{n}\sum_{s\in\mathrm{PR}}D_{is}\cdot Q_{is}\cdot X_i\\
&+\sum_{i=1}^{n}\sum_{d\in\mathrm{PR}}D_{id}\cdot Q_{is}\cdot X_i+\sum_{i=1}^{n}\sum_{h=1}^{t}\mathrm{MC}_{ih}\vartheta_h+\sum_{k=1}^{l}K_w\cdot s_k\cdot w_k+\sum_{i=1}^{n}\mathrm{LC}_i\cdot X_i
\end{aligned}
\tag{8-18}
$$

其中，X_i 为 0—1 的整数变量，建筑项目 i 为绿色建筑时，$X_i=1$ 否则 $X_i=0$。

$\sum_{i=1}^{n}\sum_{j=1}^{m}(I_{ij}\cdot R_{ij}+\mathrm{ID}_{ij}\cdot\mathrm{RM}_{ij})$ 为绿色项目所消耗的材料成本，$I_{ij}\cdot R_{ij}+\mathrm{ID}_{ij}\cdot\mathrm{RM}_{ij}$ 为项目 $i(i=1,2,3,\cdots,n)$ 所消耗的直接材料 j 的成本 $(j=1,2,3,\cdots,m)$；其中，I_{ij} 指没有使用价格折扣的项目 i 所消耗的第 j 种材料的采购价格；R_{ij} 指没有使用价格折扣的项目 i 所消耗的第 j 种材料的数量；ID_{ij} 指使用折扣后的项目 i 所消耗的第 j 种材料的采购价格；RM_{ij} 指使用折扣后的项目 i 所消耗的第 j 种材料的采购数量。

DLC_i 为绿色建筑项目所消耗的直接人工成本，是人工工时为 DL_i 时的人工成本。

$\sum_{i=1}^{n}U_m\cdot Q_i\cdot X_i$ 为建筑项目的机器运行成本；U_m 指单位时间机器的运行成本；Q_i 指绿色建筑项目 i 机器工时的需求量。

$\sum_{i=1}^{n}(-E_0\cdot P_{\mathrm{CO}}+Q_{Mi}\cdot X_i\cdot P_{\mathrm{CO}})$ 为机械设备所耗电能的碳排放成本；E_0 指企业碳排放权交易配额；Q_{Mi} 指建筑项目 i 机械设备运行所产生的二氧化碳排放量；P_{CO} 指碳排放权交易制度下碳排放权的交易单价。

$\sum_{i=1}^{n}(-E_0\cdot P_{\mathrm{CO}}+Q_{Hi}\cdot X_i\cdot P_{\mathrm{CO}})$ 为取暖设备所耗电能的碳排放成本；Q_{Hi} 指建筑

项目 i 取暖设备运行所产生的二氧化碳排放量。

$\sum_{i=1}^{n}(-E_0 \cdot P_{CO} + Q_{Li} \cdot X_i \cdot P_{CO})$ 为照明设备所耗电能的碳排放成本；Q_{Li} 指建筑项目 i 照明设备运行所产生的二氧化碳排放量。

$\sum_{i=1}^{n}\sum_{j=1}^{m}K_{ij} \cdot N_{ij}$ 为绿色建筑项目所需 j 种材料的订货成本；K_{ij} 指绿色建筑项目 i 第 j 种材料的订货作业的动因率；N_{ij} 指绿色建筑项目 i 第 j 种材料的订货的次数。

$\sum_{i=1}^{n}U_T \cdot L_i \cdot X_i$ 为建筑项目施工建造过程中及报废过程中的机械车辆的运输成本；U_T 是建筑项目 i 的单位运输成本；L_i 是建筑项目 i 机械车辆的总运输距离。

$\sum_{i=1}^{n}(-E_0 \cdot P_{CO} + Q_{VHi} \cdot X_i \cdot P_{CO})$ 为项目施工车辆产生的碳排放成本；Q_{VHi} 指项目 i 施工车辆的二氧化碳排放量。

$\sum_{i=1}^{n}(-E_0 \cdot P_{CO} + Q_{WRi} \cdot X_i \cdot P_{CO})$ 为建筑项目一般废弃物回收利用环节所产生的碳排放成本；Q_{WRi} 指建筑项目 i 一般废弃物回收利用所产生的二氧化碳排放量。

$\sum_{i=1}^{n}(-E_0 \cdot P_{CO} + Q_{SEi} \cdot X_i \cdot P_{CO})$ 为建筑项目污水处理环节所产生的碳排放成本；Q_{SEi} 指建筑项目 i 污水处理环节所产生的二氧化碳排放量。

$\sum_{i=1}^{n}(-E_0 \cdot P_{CO} + Q_{WIi} \cdot X_i \cdot P_{CO})$ 为建筑项目不可回收利用废弃物焚烧环节所产生的碳排放成本；Q_{WIi} 指项目 i 不可回收利用废弃物焚烧产生的二氧化碳排放量。

$\sum_{i=1}^{n}(-E_0 \cdot P_{CO} + Q_{CCi} \cdot X_i \cdot P_{CO})$ 为建筑项目不可回收利用废弃物填埋环节所产生的碳排放成本；Q_{CCi} 指建筑项目 i 不可回收利用废弃物填埋环节所产生的二氧化碳排放量。

$\sum_{i=1}^{n}\sum_{s\in PR}D_{is} \cdot Q_{is} \cdot X_i$ 为建筑项目的项目启动费用；D_{is} 为项目 i 的项目启动费用成本的作业动因率；Q_{is} 为项目 i 的第 s 项目启动费用作业成本动因量。

$\sum_{i=1}^{n}\sum_{d\in PR}D_{id} \cdot Q_{id} \cdot X_i$ 为建筑项目的设计成本费用；D_{id} 指建筑项目 i 设计成本

费用的作业动因率；Q_{id} 是项目 i 的第 d 项目的设计成本作业动因量。

$\sum_{i=1}^{n}\sum_{h=1}^{t}\mathrm{MC}_{ih}\vartheta_h$ 为绿色建筑项目的维持级作业成本；MC_{ih} 指项 i 的机器工时为 MA_h 所对应的维持级作业成本；ϑ_h 为 0-1 整数变量，当 $\vartheta_h=1$ 时，表示机器数量能提供绿色建筑项目所需要的机器工时，否则 $\vartheta_h=0$。

$\sum_{k=1}^{l}K_w\cdot s_k\cdot w_k$ 为绿色建筑项目的社会成本；K_w 为社会成本中各机会成本的加权平均资本成本；s_k 为第 k 机会成本；w_k 为各机会成本所占的比重，其中，$\sum_{k=1}^{l}w_k=1$。

$\sum_{i=1}^{n}\mathrm{LC}_i\cdot X_i$ 为建筑项目组合的土地获取成本；LC_i 指建筑项目 i 的土地获取成本。

8.5 备选项目组合评价

为了扩大和发展绿色建筑行业，20 世纪 90 年代以来，许多国家都相继建立了适合本国的绿色建筑评价指标体系和方法，如图 8-6 所示。2006 年以来，国际标准化组织推出了一系列与建筑物评价相关的理论框架和基本方法，明确提出从经济、社会、环境三个维度建立指标体系（杨崴和王珊珊，2014）。这充分体现了绿色建筑的内涵和目标，为全面科学地评价绿色建筑提供了指引和方向。基于此，研究以可持续发展理论为基础，从经济、环境和社会三个方面的可持续性出发，以以下五个原则为基础，构建绿色建筑项目组合评价指标体系。

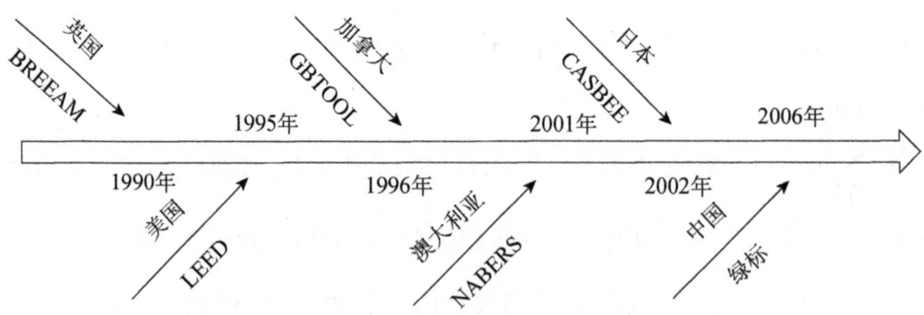

图 8-6　国内外绿色建筑评价指标发展历程

（1）可持续发展原则。绿色建筑是在建筑业上，对可持续发展理念的延伸，建筑物的可持续评价既是绿色建筑评价的本质也是最终目标，即在不伤害后世利益的前提下，使建筑物满足当前人类的发展要求，实现人类的全面可持续发展。

（2）定性与定量相结合的原则。这个原则具体表现为以下两点：第一，在构建绿色建筑项目组合评价指标体系时，必须深入地了解绿色建筑的特征属性，采用定性的方法分析确定具体的指标，并据此建立科学全面的绿色建筑项目组合评价指标体系；第二，由于绿色建筑评价的内容相当广泛，包括一些目前比较难以定义或者量化的指标，因此，在构建的评价指标体系中，一般既有可靠的定量的指标数据，同时还包括定性的描述或者主观打分的方式。

（3）全局性原则。绿色建筑是一个复杂而庞大的系统，在整个生命周期的各个阶段都和外界环境（经济、社会、环境）发生着物质和能量的交换与传递，系统内部的各组成部分也在相互作用。因此，全局性原则要求绿色建筑项目组合评价的时间范围一定是整个生命周期的全过程，评价的角度则包括经济、社会以及环境全面的可持续性。

（4）可操作性原则。该原则要求不能设置太精细的指标体系，以免评价工作太过复杂，导致评价的代价过高，但也不能过于简单，否则就达不到准确科学评价的目的。因此，评价指标体系应当尽量选取能够对绿色建筑可持续性产生重要影响而且简单易行的指标，这是绿色建筑项目评价工作能够广泛实践的基础。

（5）动态性原则。绿色建筑项目组合的评价应该包括空间和时间两个维度。其中，绿色建筑的空间属性在建造前期就已然确定，即需要对地区的气候条件、地理环境、社会文化等进行考虑。在时间维度上，评价指标体系也要随着科学技术的进步不断完善，以适应时代的步伐。

8.5.1 可持续性评价指标体系

综合上述分析可知，绿色建筑项目组合遴选阶段评价的实质是建筑物在生命周期内的可持续性评价，包括经济、环境以及社会三个维度。通过查阅相关图书文献，分析并整理收集到的绿色建筑评价指标，剔除掉不符合评价目标以及不相关的指标后，将评价角度相同、关联度高的指标归结到同一类指标，具有相同或者相似内涵的指标进行合并统一，初步形成指标体系，然后征求该领域学者的意见，进一步修改完善，最终确定的绿色建筑项目遴选阶段可持续性评价的各层次指标如图 8-7 所示。

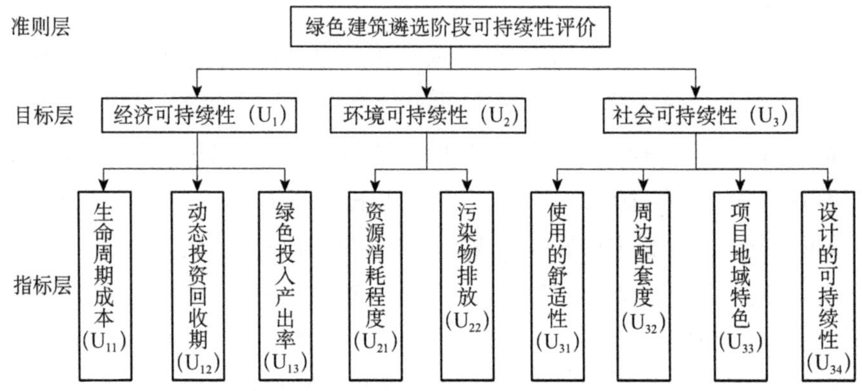

图 8-7　绿色建筑项目组合遴选阶段可持续性评价指标体系

为方便后续对绿色建筑项目组合的可持续性进行评价，表 8-13 详细描述各二级指标的具体内容。

表 8-13　绿色建筑项目组合可持续性评价指标及其内容

评价指标	具体内容
生命周期成本（U_{11}）	单位建筑面积在初建及后期的运营和拆除等生命周期各个阶段成本支出的折现值之和
动态投资回收期（U_{12}）	在考虑资金时间价值和项目投资风险的情况下，绿色建筑项目的现金流入量能够补偿生命周期内总现金流出量所需要的时间
绿色投入产出率（U_{13}）	衡量绿色建筑项目环境成本支出是否值得的指标，由环境效益除以环境成本可得，当指标数值大于 1 且数值越大时，绿色投资越值得，否则，当指标数值小于 1 且数值越大时，绿色投资越不值。
资源消耗程度（U_{21}）	绿色建筑项目消耗建筑材料、能源、土地等资源的数量以及它们的利用率情况
污染物排放（U_{22}）	绿色建筑项目单位面积产生的碳排放、固体建筑垃圾、液体废弃物等污染物给生态环境造成损害的程度
使用的舒适性（U_{31}）	绿色建筑项目的容积率、密度、功能实现以及安全性等属性带给人们居住舒适性的满足
周边配套度（U_{32}）	绿色建筑项目周边交通的便利性、容纳能力和配套设施的实现情况
项目地域特色（U_{33}）	绿色建筑项目的设计和取材是否因地制宜，具备符合当地的文化特色，历史延续性以及和周边环境是否协调，等等
设计的可持续性（U_{34}）	绿色建筑项目在功能方面的可重塑性、潜在的改造升级能力以及布局的合理性等方面的表现

以上文中构建的绿色建筑项目可持续性评价指标体系作为绿色酒店项目的

评价标准，公司组织专家小组进行分析评价，研究认为对于绿色酒店项目而言，准则层中经济可持续、环境可持续以及社会可持续性三个维度具有相同的重要性，即它们的权重均为0.3333。然后专家小组采用Satty标度法依次判断指标层和方案层中各因素的相对重要性，并据此确定权重。以准则层中的经济可持续性为例，其下级指标包括生命周期成本、绿色投入产出率以及动态投资回收期的权重确定过程如表8-14所示。

表8-14 经济可持续性判断矩阵以及相对权系数

评价指标	判断矩阵				权重值	一致性检验
	U_{11}	U_{12}	U_{13}	U_{14}		
U_{11}	1	4	3	4	0.5285	λ_{max}=4.0873
U_{12}	1/4	1	1/2	2	0.1420	CI=0.9000
U_{13}	1/3	2	1	3	0.2388	IR=0.0294
U_{14}	1/4	1/2	1/3	1	0.0907	CR=0.0327

注：U_{11}为使用的适宜性；U_{12}为周边配套度；U_{13}为项目地域文化特色；U_{14}为设计使用的可持续性。

同理可分析计算出以环境可持续性和社会可持续性为准则时，其下层指标的相对重要性。

8.5.2 层次分析法

在建立备选绿色建筑项目组合评价指标体系之后，项目评价方法的选择也非常重要，计算评价结果并对其优先性进行排序，以此作为项目组合选择的重要依据。项目综合评价的方法各种各样，多达几十种，处理问题的思路和角度也不尽相同。比较常用的方法包括层次分析法、模糊综合评价法、灰色系统理论、人工神经网络、数据包络分析等。不同的方法，其适用范围和优缺点也不同。在实践应用中，需要根据评价的目标和评价对象的特点等因素科学地选择评价方法。

绿色建筑项目组合选择评价研究的目的是在各备选绿色建筑方案基本确定的前提下进行优选决策，且评价涉及经济、环境以及社会三个维度，分别从定量和定性的角度进行比较，问题相对复杂，基于此，研究选择在理论知识和方法体系都比较成熟且广泛应用于项目优选决策的层次分析法作为综合评价方法。

层次分析法是由美国的运筹学教授萨蒂于20世纪70年代首先提出的。它的主要思路是基于对研究问题本质的掌握，对其影响因素以及各因素之间的关系（隶属关系或平行关系）进行深入分析，据此构建具有多层次性的因素结构模型。

然后，采用定量的方法进行两两因素之间的比较，运用数学的计算方法确定各因素的相对重要性或者方案的优先顺序，从而为相关决策、控制、评价提供依据。可以看出，层次分析法是对人的思维过程的模拟，从定性和定量的角度将复杂问题简洁化，而且模型相对简单并易于理解。目前，这种方法广泛地应用于社会经济领域多准则复杂问题的求解，尤其适用于方案基本确定的项目优选决策。然而，层次分析法的弊端也是比较明显的，虽然它是基于严密的数学逻辑计算的分析，但是在因素重要性判断的过程中会存在主观性，判断的结果与评价者的知识水平、经验以及所处环境等因素息息相关，但是主观性并不代表随意性，它是根据评价对象的客观信息而做出的判断，而且可以通过采用群组判断的方式在一定程度上克服主观偏见性。以下是通过层次分析法做出决策的具体过程。

1）明确问题，构造层次分析结构

基于对研究对象的深入且全面的认识，决策者首先需要明确研究的目的、范围以及问题的本质，据此将研究问题分解为有限的组成部分，分析它们之间的关系，构建包括目标层、准则层、指标层和方案层等在内的递阶层次结构。

2）对比两两因素，构造判断矩阵

当层次分析模型建立出来后，依次对各层次的指标进行两两比较，判断它们的相对重要性。为了使评价者的主观判断定量化，通常会引入一定的评价标度。比较常用的是 1—9 标度的方法，如表 8-15 所示。

表 8-15　判断矩阵标度及其含义

标度	重要性等级
1	i 与 j 同等重要
3	i 比 j 稍显重要
5	i 比 j 明显重要
7	i 比 j 强烈重要
9	i 比 j 极端重要
2、4、6、8	重要程度介于对应的相邻数字之间
上述标度的倒数	具有相反的意义

假设在已构建的层次分析模型中，某层因素为 B_K，它的直属下层有 n 个元素，分别为C_1、C_2、C_3、…、C_n，评价者以 B_K 为准则层，采用 9 标度法构建的判断矩阵如下所示：

$$C=(\mathrm{C}_{ij})_{n\times n}=\begin{bmatrix} C_{11} & C_{12} & \cdots & C_{1n} \\ C_{21} & C_{22} & \cdots & C_{2n} \\ \vdots & \vdots & & \vdots \\ C_{n1} & C_{n2} & \cdots & C_{nn} \end{bmatrix} \tag{8-19}$$

根据上述矩阵的构建原理可知，C 矩阵具有以下三个性质：① $C_{ij}>0$；② $C_{ij}=\frac{1}{C_{ij}}$；③ $C_{ij}=13$。

3）判断矩阵的一致性检验

评价者在进行因素相对重要性比较时，可能会出现判断不一致甚至矛盾的现象，比如，A 比 B 重要，B 比 C 重要，但 A 和 C 的比较结果却是 C 更重要，这可能是由研究问题复杂、认知的多样性以及判断失误等因素造成的。在层次分析法中，通过计算判断矩阵的相关参数可以验证逻辑判断的一致性。

在判断矩阵中，如果满足 $a_{ij}\cdot a_{ik}=a_{ik}$，则表示该矩阵具有完全一致性，此时，它的特征根 $\lambda_{\max}=n$，其他特征根均为 0，否则，随着 $\lambda_{\max}$ 偏离 n 的程度越大，矩阵的一致性就越弱。具体的计算步骤如下。

（1）计算矩阵的最大特征根：

$$\lambda_{\max}=\frac{1}{n}\sum_{i=1}^{n}\frac{(\mathrm{CW})_i}{W_i} \tag{8-20}$$

（2）计算其他特征根的平均数 CI：

$$\mathrm{CI}=\frac{\lambda_{\max}-n}{n-1} \tag{8-21}$$

在上述判断矩阵中，$\sum_{i=1}^{n}\lambda_n=n$，因此，CI 的计算结果越小，判断矩阵的一致性就越好。需要注意的是，层次分析法用于解决社会经济系统中的复杂决策问题，要求评价者的所有判断都完全一致似乎不太可能，所以，在层次分析法中，当矩阵满足式（8-22）时，认为判断矩阵达到“满意”一致性的要求。

$$\mathrm{CR}=\frac{\mathrm{CI}}{\mathrm{RI}}<0.1 \tag{8-22}$$

其中，CR 为随机一致性指数；RI 为平均随机一致性指标，其数值随着判断矩阵阶数的增加而变大。RI 数值分布情况见表 2-15。

4）计算权重，进行单层次排序

单层次排序是指参照上一层次的指标的相对重要性，对某一特定层次的指标进行排序。从数学求解的角度，即求解判断矩阵的最大特征根和特征向量。其中，方根法是一种这相对比较简单易行的求解方法，具体步骤如下。

（1）计算上述比较判断矩阵中的各行元素的乘积 M_i：

$$M_i = \prod_{j=1}^{n} C_{ij} \qquad i = 1, 2, \cdots, n \tag{8-23}$$

（2）计算 M_i 的 n 次方根 $\overline{W_i}$

$$W_i = \sqrt[n]{M_i} \qquad i = 1, 2, \cdots, n \tag{8-24}$$

（3）对向量 $\overline{W} = (W_1, W_2, \cdots, W_n)^{\mathrm{T}}$ 进行归一化处理：

$$W = \frac{\overline{W}}{\sum_{j=1}^{n} W_i} \tag{8-25}$$

计算出的向量 $\overline{W} = (W_1, W_2, \cdots, W_n)^{\mathrm{T}}$ 中的分量对应着各因素的权重。

一般情况下，运用计算机采用迭代法可以近似求解。

以备选绿色酒店 A、B、C、D 项目为例，根据层次分析法原理进行进一步计算，依次以使用适宜性、周边配套度、项目地域文化特色、设计使用的可持续性为准则，计算备选绿色酒店 A、B、C、D 项目优先顺序，如表 8-16—表 8-19 所示。

表 8-16　备选项目的使用适宜性

评价指标	判断矩阵				优劣性	一致性检验
	A	B	C	D		
A	1	1/2	1/6	3	0.1197	λ_{max}=4.2148
B	2	1	1/6	3	0.1692	CI=0.0725
C	6	6	1	6	0.6487	IR=0.9000
D	1/3	1/3	1/6	1	0.0624	CR=0.0805<0.1

表 8-17　备选项目的周边配套度

评价指标	判断矩阵				优劣性	一致性检验
	A	B	C	D		
A	1	1/2	1/4	3	0.1584	λ_{max}=4.1742
B	2	1	1/3	2	0.2175	CI=0.0588
C	4	3	1	4	0.5327	IR=0.9000
D	1/3	1/2	1/4	1	0.0914	CR=0.0653<0.1

表 8-18 备选项目的地域文化特色

评价指标	判断矩阵				优先性	一致性检验
	A	B	C	D		
A	1	2	4	5	0.4795	λ_{max}=4.0725
B	1/2	1	3	6	0.3302	CI=0.0245
C	1/4	1/3	1	2	0.1218	IR=0.9000
D	1/5	1/6	1/2	1	0.0685	CR=0.0272<0.1

表 8-19 备选项目的设计使用的可持续性

评价指标	判断矩阵				优先性	一致性检验
	A	B	C	D		
A	1	1/2	1/4	2	0.1427	λ_{max}=4.0725
B	2	1	1/3	1	0.1823	CI=0.0245
C	4	3	1	5	0.5615	IR=0.9000
D	1/2	1	1/5	1	0.1135	CR=0.0272<0.1

同理可分析计算以其他 5 个指标包括生命周期成本、项目投资回收期、绿色投入产出率、资源消耗情况以及污染物排放为准则，4 个备选绿色酒店项目的优先顺序。

5）计算层次总排序

层次总排序是指与最高层目标相比，最底层因素的相对重要性排序，计算的方法是从上而下依次将相应的权重相乘。

以备选绿色酒店 A、B、C、D 项目为例，以上述层次单排序的权重计算结果分别乘以其对应上层指标的权重就可以计算出各指标对于总目标的排序或者优先顺序。据此计算的各备选绿色酒店项目的优先顺序如表 8-20 所示。

表 8-20 备选项目的综合评价情况

项目	U_{11}	U_{12}	U_{13}	U_{21}	U_{22}	U_{31}	U_{32}	U_{33}	U_{34}	优先性
权重	0.1645	0.1036	0.0653	0.1667	0.1667	0.1762	0.0473	0.0796	0.0302	
A	0.1799	0.4795	0.1385	0.2958	0.1608	0.1197	0.1584	0.4795	0.1427	0.2190
B	0.3347	0.2202	0.2329	0.1787	0.1453	0.1692	0.2175	0.3302	0.1823	0.2355
C	0.0873	0.0736	0.5450	0.0626	0.2705	0.6487	0.5327	0.1218	0.5615	0.2793
D	0.3981	0.2267	0.0837	0.4629	0.4233	0.0624	0.0914	0.0685	0.1135	0.2664

由表 8-20 可知，从经济可持续性、环境可持续性以及社会可持续性三个维

度进行备选项目优先性排序时，从高到低依次为绿色酒店 C 项目、绿色酒店 D 项目、绿色酒店 B 项目、绿色酒店 A 项目。

8.6 绿色建筑项目组合选择模型

科学地分析和评价单个备选绿色建筑项目是项目组合选择的基础和前提，然而，并不是所有评价结果优秀的项目都能入选最终的绿色建筑项目组合，决策者还需要综合考虑其他因素，比如资源和管理能力的限制、备选绿色建筑项目之间的相关性等。针对上述问题，解决的方法通常是运用运筹学中的数学规划思想，线性规划、目标规划、整数规划、动态规划等都是比较常用的方法。它们都是研究在既定的条件下，寻找实现某一个或者多个目标的最优方案。由于本书中绿色建筑项目组合选择的目标并非单一的投资利润最大化，而是综合考虑经济、环境以及社会性的综合效益最大化，目标规划法通过引入目标约束、优先因子、全系数等方式可以有效地解决有限资源下（硬约束）多目标问题，基于此，本书构建了基于目标规划法的绿色建筑项目组合选择模型。

8.6.1 项目组合方法

相比于传统建筑项目而言，绿色建筑项目在其生命周期中更加看重于其项目成本的管控，采取有效的措施以控制并降低绿色建筑的项目成本将会为绿色建筑项目的普及带来很大的便利，而绿色建筑项目组合刚好能够有效地实现这一目的。绿色建筑项目组合是指以企业战略目标、资源约束以及成本控制为基础，选择具有一定关联性的绿色建筑项目或具有某种相同目标的某些绿色建筑项目以形成项目组合，并对项目组合的组成部分及其相关关系进行动态管理，以便能够提高绿色建筑项目资源的利用率，降低绿色建筑项目的成本，促使绿色建筑项目的普及和市场的扩大。在绿色建筑项目组合成本的核算过程中，常用的方法主要有 0-1 整数规划法、基于评价理论的项目组合选择方法等，这两种方法能够从不同视角去核算绿色建筑项目的成本，因此给管理者所呈现出来的内容具有较大的差异。前面已经对 0-1 整数规划法进行了介绍，在此将对第二种方法进行阐述。当前在基于评价理论方面来对项目开展选择的综合评价方法较多，不同的评价方法，特点不同，具体的运用范围和优缺点也不同。为此，当前常见的基于评价理论的项目组合选择的方法如图 8-8 所示。通过对图 8-8 中所示的综合评价方法分析可知，其主要是从数学计算角度和基于计算机技术的角度采取定量的方式来核算项目的结果，以便为项目的决策提供较好的支持。

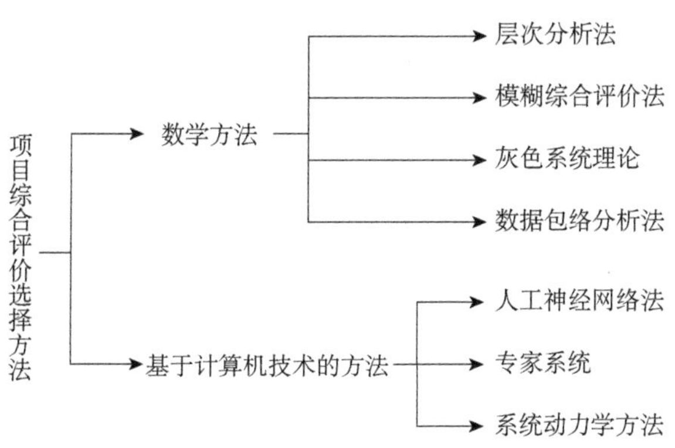

图 8-8　基于评价理论的项目组合选择方法

8.6.2　0-1 目标规划模型的构建

0-1 整数规划法本质上是整数线性规划，即要求问题部分决策变量为整数。所有变量都被要求为整数的，称为纯整数规划，而有的变量限制其取值只能为 0 或 1，这类特殊的整数规划称为 0-1 规划。其中的 0、1 取值常被用来表示系统是否处于某个特定的状态，或者决策是否取某个特定方案。在绿色建筑作业成本核算过程中，0-1 整数规划主要涉及是-否或有-无问题，如政府和建筑开发企业选择是否投资开发绿色建筑项目的过程就属于 0-1 整数规划的模式。

0-1 变量一般可表示为

$$x_j = \begin{cases} 1, & x_j \text{ 为是或有} \\ 0, & x_j \text{ 为否或无} \end{cases} \tag{8-26}$$

0-1 整数规划的数学模型可表示为

$$\max z = \sum_{j=1}^{n} c_j x_j$$

$$\text{s.t.} \begin{cases} \sum_{j=1}^{n} a_{ij} x_j = b_i & i = 1,2,\cdots,m \\ x_j = 0 \text{ 或 } 1 & j = 1,2,\cdots,n \end{cases} \tag{8-27}$$

8.6.2.1 模型假设

（1）各备选绿色建筑项目之间的收益和成本不具有协同效应，即绿色建筑项目组合的成本和收益分别等于个体绿色建筑项目的成本和收益之和。

（2）企业未来的收入与成本费用均不存在应收应付业务，即收入与成本体现为同等金额的现金流入与流出，且成本支出在每年末一次性发生。

（3）各备选绿色建筑项目生命周期内不可预测的成本支出金额较小，可忽略不计。

（4）建筑公司实行作业成本核算，项目数据库系统可以提供详细的信息，包括作业消耗资源的标准、作业动因率等历史成本数据，足以支持企业进行绿色建筑项目的成本估算。

8.6.2.2 决策变量

定义决策变量 X_i，$i=1,2,\cdots,n$。X_i 为 0—1 的整数变量，与备选绿色建筑项目一一对应。当时 $X_i=1$ 时，表示绿色建筑项目 i 被选中；当 $X_i=0$ 时，则表示绿色建筑项目 i 未被选中。

8.6.2.3 约束条件

1）经济目标约束

站在企业的角度，以期望收益率作为折现率，绿色建筑项目组合的净现值应大于等于零，这是实施绿色建筑项目的首要前提，公式表示为

$$\sum_{i=1}^{n}\sum_{j=1}^{m}\frac{p_{ij}-c_{ij}}{(1+r)^j}X_i+d_{\text{npv}}^{-}-d_{\text{npv}}^{+}=0 \tag{8-28}$$

其中，P_{ij} 表示绿色建筑项目 i 在第 j 年的收益；d_{npv}^{-} 为负偏差变量（未达到目标值的部分）；d_{npv}^{+} 为正偏差变量（超过目标值的部分），d_{npv}^{-} 和 d_{npv}^{+} 均大于等于 0。

将经济目标约束进一步进行细分，可以得到以下约束条件。

（1）直接材料的约束条件

$$\sum_{i=1}^{n}M_{ij}X_i\leqslant R_j+\text{RM}_j$$

$$\text{RM}_j\geqslant \text{TD}_j\text{SD}_j$$

$$R_j\leqslant \text{TD}_j\text{ND}_j$$

$$\mathrm{RM}_j \leqslant Q_j \mathrm{SD}_j$$

$$\mathrm{ND}_j + \mathrm{SD}_j = 1$$

$$R_j \geqslant 0 \tag{8-29}$$

其中，M_{ij} 为绿色建筑项目 i 对于第 j 种材料的需求量；Q_j 为可供应的第 j 种材料的数量；TD_j 为能够使用折扣的最低采购数量；ND_j 、SD_j 为 0—1 的整数变量，$\mathrm{SD}_j = 1$ 指第 j 种材料的总需求量高于 TD_j，否则，$\mathrm{ND}_j = 1$。

当直接材料不存在价格折扣时，则 $\mathrm{TD}_j = 0$ 且 $I_j = \mathrm{ID}_j$ 。其成本函数如图 8-9 所示。

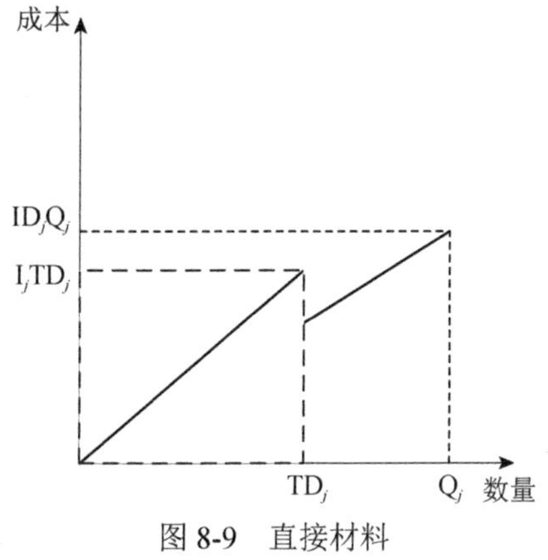

图 8-9　直接材料

（2）直接人工约束条件

根据假设，直接人工可以通过加班和雇用临时工两种方式进行容量的扩展，其成本函数如图 8-10 所示。

$$\mathrm{DL} = \mathrm{DL}_1 + (\mathrm{DL}_2 - \mathrm{DL}_1)\omega_1 + (\mathrm{DL}_3 - \mathrm{DL}_1)\omega_2$$

$$\omega_0 + \omega_1 + \omega_2 = 1$$

$$\eta_1 + \eta_2 = 1$$

$$\omega_2 - \eta_2 \leqslant 0 \quad \omega_1 - \eta_1 - \eta_2 \leqslant 0$$

$$\omega_0 - \eta_1 \leqslant 0 \tag{8-30}$$

其中，DL_1 指正常情况下，企业可以提供的人工工时；DL_2 指在加班的情况下，企业所能提供的总人工工时；DL_3 指在 DL_2 的基础上，雇用临时工的情况下，企业所能提供的人工工时；η_1、η_2 为 0—1 的整数变量；ω_0、ω_1、ω_2 为非负数变量（依照顺序，最多两个相邻的变量不为 0），例如，当 $\eta_2 = 1$ 时，则有 $\eta_1 = 0$，$\omega_0 = 0$，

$\omega_1+\omega_2=1$，此时的人工工时和人工成本分别为 $\mathrm{DL}=\mathrm{DL}_2\omega_1+\mathrm{DL}_3\omega_2$， $\mathrm{DLC}=\mathrm{DLC}_2\omega_1+\mathrm{DLC}_3\omega_2$。

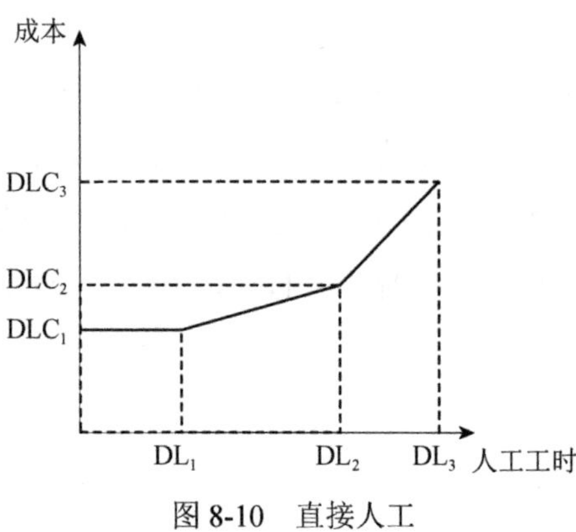

图 8-10　直接人工

（3）机器工时的约束条件为

$$\sum_{h=1}^{t}\mathrm{MA}_h\vartheta_h-\sum_{i=1}^{n}D_{Mi}X_i\geqslant 0 \tag{8-31}$$

其中，D_{Mi} 指建筑项目 i 对于机器工时的需求量；ϑ_h 为 0—1 的整数变量，ϑ_h=1 指需要通过租赁等方式将机器数量扩展至第 h 层级；MA_h 指 h 层级的机器数量所对应的机器工时。本书中，机器成本如图 8-11 所示。

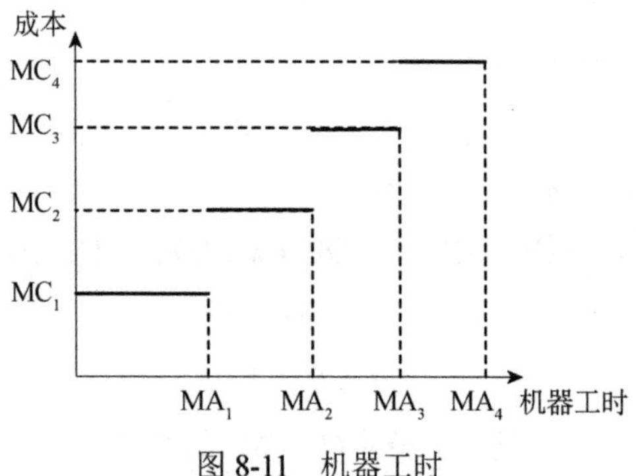

图 8-11　机器工时

（4）订货成本的约束条件为

$$\sum_{i=1}^{n}N_{ij}\leqslant C_j$$

$$\sum_{i=1}^{n}\sum_{j=1}^{m}K_{ij}\cdot N_{ij}\leqslant\sum_{i=1}^{n}K_{ij}\cdot C_j \tag{8-32}$$

其中，C_j 为绿色建筑项目所能提供的订货 j 种材料的次数；K_{ij} 指绿色建筑项目 i 第 j 种材料订货的作业动因率；N_{ij} 指绿色建筑项目 i 需要的第 j 种材料的订货次数。

（5）运输成本的约束条件为

$$\sum_{i=1}^{n} L_i \cdot X_i \leqslant L \tag{8-33}$$

其中，L 为建筑公司所能够提供的机械车辆的总运输距离；L_i 是建筑项目 i 机械车辆的总运输距离。

（6）项目启动费用的约束条件为

$$\sum_{i=1}^{n} \sum_{s \in \mathrm{PR}} D_{is} \cdot Q_{is} \cdot X_i \leqslant \mathrm{SC} \tag{8-34}$$

其中，SC 为所能够提供的建筑项目的项目启动费用；$\sum_{i=1}^{n} \sum_{s \in \mathrm{PR}} D_{is} \cdot Q_{is} \cdot X_i$ 为建筑项目所需的总的项目启动费用。

（7）设计成本费用的约束条件为

$$\sum_{i=1}^{n} \sum_{d \in \mathrm{PR}} D_{id} \cdot Q_{id} \cdot X_i \leqslant \mathrm{DC} \tag{8-35}$$

其中，DC 为所能够提供的建筑项目的设计成本费用，$\sum_{i=1}^{n} \sum_{d \in \mathrm{PR}} D_{id} \cdot Q_{id} \cdot X_i$ 为建筑项目所需的总的设计成本费用。

2）环境目标约束

绿色建筑属于新型的节能环保建筑，强调在最大程度上减少其在生命周期内的碳排放量。尽管本书已将绿色建筑项目的生命周期碳成本纳入总成本核算的范围，然而，已有研究显示，当前的碳排放权交易单价还不足以有效地促进碳减排。企业应积极承担社会责任，对绿色建筑项目的碳排放量进行控制，公式表示如下：

$$\sum_{i=1}^{n} \mathrm{LLCE}_i \times X_i + d_{\mathrm{LLCE}}^{-} - d_{\mathrm{LLCE}}^{+} = F_{\mathrm{LLCE}} \tag{8-36}$$

其中，F_{LLCE} 指企业预期的绿色建筑项目组合生命周期碳排放量；d_{LLCE}^{-}，d_{LLCE}^{+} 为正负偏差变量。

在碳排放权交易制度下，建筑项目的各项碳成本函数如图 8-12 所示。其中，E_0 指建筑项目的碳排放配额；P_{CO} 指碳排放权交易制度下碳排放权的交易单价。

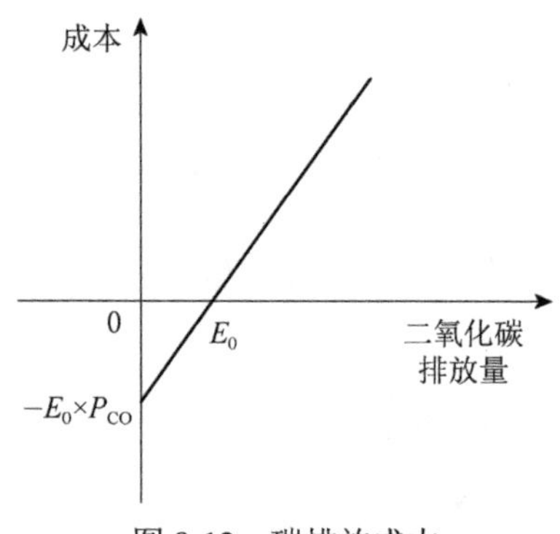

图 8-12　碳排放成本

3）综合可持续性目标约束

为实现绿色建筑项目组合产生的经济、环境以及社会的综合效益最大化，绿色建筑项目组合评价结果的分值或权值之和尽量最大化，公式表示为

$$\sum_{i=1}^{n} w_i = \sum_{i=1}^{n} w_i X_i + d_w^- - d_w^+ \tag{8-37}$$

其中，w_i 为备选绿色建筑项目 i 的分值或权重值；d_w^-、d_w^+ 分别为正负偏差变量。

4）资源约束

资源和管理能力的约束是每个企业必须面临的问题，否则，企业就会呈现出无限制的增长状态。绿色建筑项目组合在特定时间的资源消耗（包括资本）之和应不大于该时段的资源的供应量：

$$\sum_{t=1}^{n} R_{i\tau t} X_i \leqslant F_{\tau t} \tag{8-38}$$

其中，$R_{i\tau t}$ 指绿色建筑项目 i 在 t 时间段内对于 τ 资源的需求数量；$F_{\tau t}$ 为资源 τ 在 t 时间段内的供应量。

5）社会成本约束

$$\sum_{k=1}^{l} K_w \cdot S_k \cdot w_k \geqslant S_E \tag{8-39}$$

其中，S_E 为平均社会期望成本；$\sum_{k=1}^{l} K_w \cdot S_k \cdot w_k$ 为绿色建筑项目的社会成本。

6）其他约束

其他约束主要指各备选绿色建筑项目之间的相关性，包括互斥性、依赖性约束以及单个项目的强制性约束等。

强制性约束指由于法律或政策等外部环境制约，有些项目必须要实施或者已然在实施，公式表示为$X_i=1$。

互斥性约束指由于技术或者功能方面的原因，两个备选项目不能同时被选中，公式表示为$X_i+X_j\leqslant 1$。

依赖性约束指特定备选项目u的实施以其他A个项目的实施为前提，公式表示为$\sum_{i=1}^{n}X_i\geqslant A\times X_\mu$。

8.6.2.4 目标函数

综合经济目标、环境目标、综合可持续目标以及资源约束函数、决策变量以及各约束方程中相关指标的分析，采用0-1目标规划法构建的以绿色建筑项目组合效益、碳排放以及综合可持续性为目标的目标函数和约束条件公式表示如下：

$$\mathrm{Min}Z=P_1(d_{\mathrm{npv}}^-+d_{\mathrm{LLCE}}^-+d_{\mathrm{LLCE}}^+)+P_2d_w^- \tag{8-40}$$

$$\text{s.t.}\begin{cases}\sum_{i=1}^{n}\sum_{j=1}^{m}\dfrac{p_{ij}-c_{ij}}{(1+r)^j}X_i+d_{\mathrm{npv}}^--d_{\mathrm{npv}}^+=0\\ \sum_{i=1}^{n}\mathrm{LLCE}_i\times X_i+d_{\mathrm{LLCE}}^--d_{\mathrm{LLCE}}^+=F_{\mathrm{LLCE}}\\ \sum_{i=1}^{n}w_iX_i+d_w^--d_w^+=1\\ \sum_{t=1}^{n}R_{i\tau t}X_i\leqslant F_{\tau t}\\ X_i=0\text{或}1\ (i=1,\ 2,\ 3,\ \cdots,\ n)\\ d_{\mathrm{npv}}^-、d_{\mathrm{npv}}^+、d_{\mathrm{LLCE}}^-、d_{\mathrm{LLCE}}^+、d_w^-、d_w^+\geqslant 0\end{cases} \tag{8-41}$$

其中，P_1、P_2为优先因子，$P_1>P_2$，即首先要实现经济效益和环境负荷目标，然后是保证权重大的项目被优先选择。

从建筑公司利润最大化的目标出发，综合直接材料、直接人工、机器工时、订货成本、运输成本、项目启动费用、设计成本费用、碳排放成本以及社会成本的约束条件，构建的绿色建筑项目组合的优选决策模型如式（8-42）所示：

$$\max P=\sum_{i=1}^{n}R_iX_i-\sum_{i=1}^{n}\sum_{j=1}^{m}(I_{ij}\cdot R_{ij}+\mathrm{ID}_{ij}\cdot\mathrm{RM}_{ij})-\sum_{i=1}^{n}\mathrm{DLC}_i-\sum_{i=1}^{n}U_m\cdot Q_i\cdot X_i$$
$$-\sum_{i=1}^{n}\sum_{j=1}^{m}K_{ij}\cdot N_{ij}-\sum_{i=1}^{n}U_T\cdot L_i\cdot X_i-\sum_{i=1}^{n}\sum_{s\in\mathrm{PR}}D_{is}\cdot Q_{is}\cdot X_i-\sum_{i=1}^{n}\sum_{d\in\mathrm{PR}}D_{id}\cdot Q_{is}\cdot X_i$$
$$-\sum_{i=1}^{n}\sum_{h=1}^{t}\mathrm{MC}_{ih}\vartheta_h-\left[-E_0P_{\mathrm{co}}+\sum_{i=1}^{n}Q_{\mathrm{co}i}\cdot X_i\cdot P_{\mathrm{co}}\right]-\sum_{k=1}^{l}K_w\cdot s_k\cdot w_k-\sum_{i=1}^{n}\mathrm{LC}_i\cdot X_i \tag{8-42}$$

其中，P 为绿色建筑项目组合创造的利润；$\sum_{i=1}^{n}R_iX_i$ 为绿色建筑项目组合带来的经济收入，其中，R_i 指绿色建筑项目 i 的收入；选择绿色建筑项目 i 时，$X_i=1$，否则 $X_i=0$；$\sum_{i=1}^{n}\sum_{j=1}^{m}(I_{ij}\cdot R_{ij}+\mathrm{ID}_{ij}\cdot\mathrm{RM}_{ij})$ 为绿色项目所消耗的材料成本；DLC_i 为绿色建筑项目所消耗直接人工成本，是人工工时为 DL_i 时人工成本；$\sum_{i=1}^{n}U_m\cdot Q_i\cdot X_i$ 为建筑项目的机器运行成本；$\sum_{i=1}^{n}\sum_{j=1}^{m}K_{ij}\cdot N_{ij}$ 为绿色建筑项目所需第 j 种材料的订货成本；$\sum_{i=1}^{n}U_T\cdot L_i\cdot X_i$ 为建筑项目施工建造中及报废过程中的机械车辆的运输成本；$\sum_{i=1}^{n}(-E_0\cdot P_{\mathrm{CO}}+Q_{\mathrm{VH}i}\cdot X_i\cdot P_{\mathrm{CO}})$ 为建筑项目施工车辆化石能源消耗所产生的碳排放成本；$\sum_{i=1}^{n}\sum_{s\in\mathrm{PR}}D_{is}\cdot Q_{is}\cdot X_i$ 为建筑项目的项目启动费用；$\sum_{i=1}^{n}\sum_{d\in\mathrm{PR}}D_{id}\cdot Q_{is}\cdot X_i$ 为建筑项目的设计成本费用；$\sum_{i=1}^{n}\sum_{h=1}^{t}\mathrm{MC}_{ih}\vartheta_h$ 为绿色建筑项目的生产维持级作业成本；$\left[-E_0P_{\mathrm{co}}+\sum_{i=1}^{n}Q_{\mathrm{co}i}\cdot X_i\cdot P_{\mathrm{co}}\right]$ 为绿色建筑项目组合的生命周期内碳排放成本；E_0 指企业碳排放权交易配额；$Q_{\mathrm{co}i}$ 指绿色建筑项目 i 生命周期内的碳排放量，其中，$Q_{\mathrm{co}i}=Q_{Ni}+Q_{Hi}+Q_{Li}+Q_{\mathrm{VH}i}+Q_{\mathrm{WR}i}+Q_{\mathrm{SE}i}+Q_{\mathrm{WL}i}+Q_{\mathrm{WC}i}$；$\sum_{k=1}^{l}K_w\cdot s_k\cdot w_k$ 为绿色建筑项目的社会成本；$\sum_{i=1}^{n}\mathrm{LC}_i\cdot X_i$ 建筑项目组合的土地获取成本。

8.6.3 0-1 目标规划模型的求解

上述目标规划模型典型的运筹学解法包括图解法和单纯形法，它们有着各自不同的适用范围以及优缺点，具体的处理思路如下。

（1）图解法适用于仅有两个决策变量的情况，借助直角坐标系，运用线性规划的思路和方法计算最优解。运用这种方法求解时，首先需要根据绝对约束函数如资源约束在直角坐标系中做出对应的直线，找出可行域，然后以目标约束的优先级和权重为依据从大到小排序，令它们的正负偏差变量取值为 0，同样依次画出直线并结合目标函数中正负偏差变量的要求，确定最终可行域，找出最优解。需要说明的是，目标规划求出的最优解可以保证满足所有的绝对约束，但是不一定满足所有的目标约束，所以，求解的最优解也被称为最满意解。可以看出，这种方法简单易懂，但是对决策变量的数量要求较高。

（2）单纯形法。和图解法相比，单纯形法广泛地应用于具有多个变量的线性规划求解，是运筹学中一种非常重要的方法。通过寻找单纯形计算对应的解，判断单纯形对目标函数的影响，并据此选择下一步的单纯形，进行不断地迭代，从而找出达到目标函数的最优解。

随着计算机技术的不断发展，基于上述构建的绿色建筑项目组合优选决策模型，由于 0-1 整数规划模型具有较为清晰的思路，具有较强的客观性和优越性，通过按照规范的程序并借助计算机编程的方式进行运算，对绿色建筑项目组合进行更快择优。因此，可以借助计算机软件 Lingo、Excel、Matlab 对所构建的绿色建筑项目优选决策模型进行快速求解。

以备选绿色酒店 A、B、C、D 项目为例，综合上述计算结果以及企业的目标要求，各备选绿色酒店项目的成本效益、碳排放，以及约束条件，如表 8-21 所示。

表 8-21 备选绿色酒店项目相关信息汇总

评价指标		A	B	C	D	约束条件
经济效益	设计与建造成本/万元	24 611	26 361	32 223	21 602	80 000
	收入现值/万元	29 650	32 100	39 800	26 400	—
	生命周期成本/万元	29 702	31 909	39 408	26 286	—
	净现值/万元	−52	191	392	114	0
碳排放	生命周期碳排放量/t	175 286	180 258	219 520	15 360	—
	年平均碳排放量/t	3 506	3 605	439 0	3 072	11 000
综合评价	权重	0.219 0	0.235 5	0.279 3	0.266 4	—

设决策变量 X_i 为 0—1 的整数变量，i=1，2，3，4 时分别对应绿色酒店 A、B、C、D 项目。当 X_i=1 时，则绿色酒店 i 项目被选中，否则 X_i=0。

以本书中考虑的企业资源约束以及项目相关性，以碳排放量、净现值和全面可持续性为目标的模型为基础，结合公司目标和要求，构建如下的基于 0-1 目标规划法的绿色酒店项目组合选择模型。

$$\min Z = P_1(d_{\text{npv}}^- + d_{\text{LLCE}}^- + d_{\text{LLCE}}^+) + P_2\, d_w^-$$

$$\begin{cases} -52X_1 + 191X_1 + 392X_1 + 114X_1 + d_{\text{npv}}^- - d_{\text{npv}}^+ = 0 \\ 3506X_1 + 3605X_1 + 4390X_1 + 3072X_1 + d_{\text{LLCE}}^- - d_{\text{LLCE}}^+ = 11\,000 \\ 24\,611X_1 + 26\,361X_1 + 32\,223X_1 + 21\,602X_1 \leqslant 8000 \\ 200X_1 + 210X_1 + 300X_1 + 190X_1 \leqslant 700 \\ 0.2190X_1 + 0.2355X_1 + 0.2793X_1 + 0.2664X_1 + d_w^- - d_w^+ = 1 \\ X_3 = 1 \\ X_i = 0\text{或}1, i = 1,2,3,4 \\ d_{\text{npv}}^-, d_{\text{npv}}^+, d_{\text{LLCE}}^-, d_{\text{LLCE}}^+, d_w^-, d_w^+ \geqslant 0 \end{cases}$$

运用 lindo 求解，可得：$X_1 = 1$，$X_2 = 0$，$X_3 = 1$，$X_4 = 1$，$d_{\text{npv}}^+ = 454$，$d_{\text{LLCE}}^- = 32$，$d_w^- = 0.2355$。

8.6.4 结果分析

根据上述计算结果可知，在既定的条件下，最大限度地满足净现值、碳排放以及可持续性目标的项目组合为绿色酒店 A、C、D 项目，该项目组合投资总成本为 78 436 万元，消耗的人工工时为 700 万 h，年平均碳排放量为 10 968t，总净现值为 454 万元。可以看出，虽然 B 项目较 A 项目在净现值以及可持续性方面均表现更为优秀，但绿色建筑项目组合选择是一个根据企业的资源和管理能力以及项目之间的相关性进行多目标决策的复杂过程，导致项目组合选择的结果与个体项目评价结果可能存在差异。

本书选取绿色酒店项目作为例子计算最佳的项目组合，以此验证绿色建筑项目组合选择的流程以及方法的可操作性。结果证明，该模型能够解决绿色建筑项目组合选择问题，为建筑公司的相关投资决策提供思路。

总结与展望

9.1 总　　结

绿色建筑作为建筑行业发展的新方向，已成为推行低碳可持续发展经济的重点领域，虽然政府相继推出多项绿色建筑激励政策，但绿色建筑的发展本质上需要市场力量的积极参与。作为投资主体的房地产公司往往会拥有多个绿色建筑项目的投资机会，科学合理地选择绿色建筑项目组合有利于企业在有限的资源和管理能力的约束下，按照战略规划实现发展目标，以促进绿色建筑行业的健康快速发展。本书基于建筑开发企业角度，从可持续发展视角对绿色建筑成本进行计量，并建立了基于作业成本法的绿色建筑成本计量模型，以实现绿色建筑成本的全面、准确计量。另外，本书运用生命周期评价法、层次分析法等构建了绿色建筑成本分析与效益评价系统，并提出绿色建筑产业作业成本管理的建议。最后，本书从生命周期的视角分析了绿色建筑项目组合选择的流程并依次探究了各步骤的思路和方法。主要研究成果如下。

（1）能够驱动绿色建筑成本发生的因素包括四个方面，分别为政策法规、绿色建筑开发企业、绿色建筑材料供应商和用户，具体包括建筑行业的主管政府部门及行业协会等制定的施工标准、验收标准；绿色建筑材料供应商材料生产制造绿色技术、绿色生产成本；绿色建筑开发企业的设计理念、设计施工技术等方面。

（2）以建筑开发企业为经济主体，从费用构成角度对绿色建筑经济成本进行分类计量，并通过与传统建筑行业进行对比，从绿色新技术、新材料、绿色施工等方面分析绿色建筑的增量成本及其降低措施。

（3）基于可持续发展角度，将环境成本纳入绿色建筑成本计量，通过采用过程分析法，对建材、机械设备、动力能源等投入所产生的碳排放量进行测量，结合各地区碳排放权交易市场的碳排放权交易价格，基于免费配额和超额交易的模式，对绿色建筑的碳排放成本进行计量，同时将污染物处理成本和环境保护其他成本纳入环境成本计量。并根据生命周期评价法，对备选绿色建筑项目的碳排放进行了测量，在界定绿色建筑项目碳排放测算的系统边界、功能单位、测量方法和碳排放因子选择的基础上，分析和总结了绿色建筑项目生命周期各个阶段的碳排放源，包括建筑材料、化石能源以及电力能源，以此为基础，将排放系数法用于测量碳排放。

（4）基于可持续发展角度，将社会成本纳入绿色建筑成本计量，首先从市场交易出发，计量绿色建筑与市场各经济主体进行交易时所产生的交易成本，其次从机会成本角度出发，将项目投资资金的资本成本纳入社会成本计量，改进传统成本核算仅核算债务筹资成本的不足。

（5）将作业成本法应用到绿色建筑项目的成本计量中，建立基于作业成本法的绿色建筑成本计量模型。首先从绿色建筑项目的资源成本归集开始，根据绿色建筑的施工流程进行作业划分和认定，其次选取资源动因和作业动因，对初级作业进行合并，建立一、二级作业成本库，最后基于“作业消耗资源、产品消耗作业”的思想建立子项目作业成本计量模型和项目总成本计量模型，并运用作业成本法估算绿色建筑项目的生命周期成本。基于可持续发展，将作业成本法运用于绿色建筑项目，一方面可以解决传统成本计算中所存在的如间接成本分配不合理等一些问题，另一方面，以作业为对象进行成本管理，能够规范相关项目成本管理流程，并追溯成本动因，尽量避免或减少非增值作业的成本。

（6）基于生命周期，将环境效益和社会效益创新性地加入效益分析中。绿色建筑成本效益评析系统涉及多因素、多层次，综合性评价通过对指标赋权进行评价。在具体成本上，经济层面按照建设前期、施工阶段、运营维护阶段、回收阶段展开，环境成本包括建造和使用过程中的碳排放成本、建筑施工过程中污染物处理成本以及其他环境保护相关成本，社会成本包括项目在实施过程中产生的交易成本以及项目的资本成本。在效益上，经济效益包括前期的补贴和使用过程中节约能耗、节约水资源、节省建材、节地及运营的增量效益，环境效益包括通过节省能耗、节约水资源以及绿化带来的二氧化碳减排效益、人体健康效益以及建材延长使用期限所节约的维护费用；社会效益包括通过提供舒适的环境带来工作效率的提高，利用非传统水源可以减少城市的投资压力以及由于缺少水资源所额外需要的年财政费用；生态效益主要包括绿色植物释放氧气量效益以及调节气候的效益。

（7）研究绿色建筑项目作业成本管理，在绿色建筑成本计算以及成本效益评价的基础上，运用作业成本理论构筑适合绿色建筑项目的作业成本管理。对于绿色建筑项目发生的成本与费用要进行合理划分，明确可直接追溯的成本和不可直接追溯的成本，准确识别作业并进行合理的作业合并。对绿色建筑产业成本的调控可按照制定科学明确的目标、编写明确描述绿色建筑要求的合同、建立优秀的团队、对多种方案进行综合评析并选择最优方案以及施工阶段的造价控制等步骤进行。提出在整个生命周期的所有阶段最小化或消除非增值作业，并尽量提高增值作业的效率，控制各项成本增量，尽早规范绿色建筑能源效率设计标准、借助先进的技术支撑、健全完善企业管理制度、控制各项成本增量、完善绿色建筑评价体系以及完善覆盖绿色建筑产业链的政策机制等具体对策以控制绿色建筑产业成本。

（8）以项目组合一般流程为基础，结合绿色建筑的特点，分析生命周期视角下绿色建筑项目组合选择的流程，包括根据企业战略初步筛选绿色建筑项目、测算备选绿色建筑项目的生命周期碳排放量、估算备选绿色建筑项目的生命周期成本、绿色建筑项目组合的可持续性评价以及绿色建筑项目组合优选等。此外，从经济可持续性、社会可持续性和环境可持续性三个维度出发，构建基于性能的绿色建筑项目评价指标体系，运用层次分析法计算备选绿色建筑项目的优先性。运用 0-1 目标规划法构建绿色建筑项目组合优选决策模型，并将资源约束与备选项目间的关联性纳入考虑范围，构建以碳排放量、净现值和全面可持续性为目标的 0-1 目标规划模型。

绿色建筑不仅是建筑业未来很长一段时间的发展方向，也是节能减排的必经之路。将碳成本纳入绿色建筑项目组合选择的决策过程，可以通过影响项目组合选择的结果进而有效控制、降低碳排放量，实现可持续发展。

9.2 展　　望

绿色建筑行业项目庞大，成本支出繁杂，因此绿色建筑成本研究往往需要将建筑工程理论和成本会计理论有效地结合起来，并需要研究人员熟悉建筑工程项目的整个施工流程和成本投入的各项情况，同时建立作业成本模型需要准确理解绿色建筑施工建造中的各项作业及资源成本的投入，研究难度比较大。此外，目前环境成本、社会成本以及环境效益、社会效益的研究还是难点，并没有突出且完善的研究成果，这就导致对绿色建筑环境、社会成本和效益无法实现完整准确的计量，可能使得研究成果不完善。另外，绿色建筑项目组合的选择过程更是涉及包括建筑学、环境管理、成本会计、财务管理、运筹学等多个学科领域。针对存在的研究难点以及研究水平的有限性，特提出以下研究展望。

（1）随着环境成本领域研究成果的不断增加，探索将更多环境成本纳入绿色建筑的成本计量，引入更成熟的环境影响评价模型，开展对绿色建筑项目的进一步评价和分析。目前在碳排放成本的计量方面，碳排放量的测量仍在研究过程中，基于过程分析法的各建筑材料、机械设备等投入的碳排放系数研究仍需要完善，相关研究成果的完善可实现绿色建筑碳排放成本更准确地计量。

（2）绿色建筑的交易成本计量可以扩展到更广的层面。首先，交易成本的内涵可扩充到项目合同风险、项目延期风险的成本，扩大其计量范围。其次，交易成本的测量方法仍需进一步完善和改进，以实现交易成本的更准确计量。

（3）随着社会成本概念和计量研究的完善，绿色建筑社会成本的研究还可以继续深入。绿色建筑项目投资大、施工期长、社会影响强，社会成本计量是其外部性内在化不可避免的方式。

（4）绿色建筑项目施工过程复杂，成本支出繁杂，因此在采用作业成本法对其成本进行计量时，可考虑针对各施工阶段、各项建筑工程展开具体研究，细化作业的识别和认定，从更微观层面进行成本动因分析和作业成本分配，实现更为准确的作业成本分配和计量，并有效进行各项作业的成本管理和控制。

（5）绿色建筑报废回收阶段的经济成本、绿色建筑环境成本及社会成本量化进入具体某个建筑项目仍需进一步研究。另外，绿色建筑项目关于环境效益、社会效益及生态效益细分的指标还不够全面，量化方法仍需进一步完善。

（6）在研究绿色建筑项目组合的可持续性评价时，未来可就指标体系设计和评价方法选择开展进一步研究，建立更加全面的综合评价体系，提高决策的科学性和可操作性，这也是实现节能、减排与可持续发展的必然要求。

参 考 文 献

薄卫彪，周明. 2010. 常用工程项目管理模式在绿色建筑项目中应用的研究[J]. 工程管理学报，24（1）：46-49.

曹申，董聪. 2012. 绿色建筑全生命周期成本效益评价[J]. 清华大学学报（自然科学版），52（6）：843-847.

常海霞. 2009. 绿色建筑全寿命周期成本控制管理研究[J]. 福建建筑，（4）：80-81，108.

陈斌. 2021. 亟待发掘的能源宝库 风口与挑战并序的碳中和利器[EB/OL]. http：//www.2ctime.com/tanzhonghe/ 2809.html[2022-11-30].

陈德敏. 2004. 循环经济的核心内涵是资源循环利用——兼论循环经济概念的科学运用[J]. 中国人口·资源与环境，14（2）：219-225.

陈珏. 2016. 绿色建筑项目管理难点分析与对策[J]. 绿色建筑，（2）：14-17.

陈寿峰. 2014. 基于多项认证体系的绿色建筑成本控制研究[J]. 绿色建筑，6（6）：37-39.

陈小龙，刘小兵. 2015. 交易成本对开发商绿色建筑开发决策的影响[J]. 同济大学学报（自然科学版），43（1）：153-159.

董才生，马洁华. 2017. 社会成本：社会政策的产生根源与发展动力[J]. 长白学刊，（1）：114-118.

杜泓翰. 2019. 绿色建筑全生命周期的项目管理模式研究[J]. 居舍，26：120.

董士波. 2003. 全生命周期工程造价管理研究[D]. 哈尔滨工程大学博士学位论文.

高沂，刘晓君. 2016. 基于成本效率的绿色建筑碳排放权的确定和分配[J]. 西安建筑科技大学学报（自然科学版），48（5）：755-759，766.

高源. 2017. 整合碳排放评价的中国绿色建筑评价体系研究[M]. 北京：中国建筑工业出版社.

顾真安. 2008. 中国绿色建材发展战略研究[M]. 北京：中国建筑工业出版社.

郭春明. 2005. 基于作业成本法的产品全生命周期成本估算研究[D]. 南京理工大学博士学位论文.

郭慧，杜琳琳，华贲. 2005. 我国能源形势分析及其解决对策[J]. 广东化工，(6)：1-3.

国家发展改革委，建设部. 2006. 建设项目经济评价方法与参数[M]. 3 版. 北京：中国计划出版社.

国务院发展研究中心和世界银行联合课题组，李伟，Sri Mulyani Indrawati，等. 2014. 中国：推进高效、包容、可持续的城镇化[J]. 管理世界，(4)：5-41.

何向彤. 2016. 绿色建筑的全寿命周期成本估算[J]. 山东农业大学学报（自然科学版），(3)：456-459.

何小雨，杨璐萍，吴韬，等. 2016. 群层次分析法和证据推理法在绿色建筑评价中的应用[J]. 系统工程，34（2）：76-81.

贺振，徐金祥. 1993. 园林绿化效益的评估和计量[J]. 中国园林，9（3）：46-51.

侯玲. 2006. 基于费用效益分析的绿色建筑的评价研究[D]. 西安建筑科技大学硕士学位论文.

胡浩. 2018. 一种基于价值导向的作业预算管理模式设计[J]. 国际商务财会，(10)：91-94.

胡晓勇，梅亚东，成洁. 2003. 确定水电厂上网电价的机会成本法[J]. 水电能源科学，21（2）：81-83.

黄煜镔，范英儒，钱觉时，等. 2011. 绿色生态建筑材料[M]. 北京：化学工业出版社，2011.

黄志甲，赵玲玲，张婷，等. 2011. 住宅建筑生命周期 CO_2 排放的核算方法[J]. 土木建筑与环境工程，33（S2）：103-105.

吉利，苏朦. 2017. 中国上市公司环境成本内部化行为识别及特征剖析——基于财务报表信息的分析[J]. 河北经贸大学学报，38（5）：99-109.

建设部. 2007. 绿色施工导则[J]. 施工技术，36（11）：1-5.

孔凡文，王晓楠，田鑫. 2017. 基于碳排放因子法的产业化住宅与传统住宅建设阶段碳排放量比较研究[J]. 生态经济，33（8）：81-84.

李海峰. 2011. 上海地区住宅建筑全生命周期碳排放量计算研究[C]//城市发展研究——第 7 届国际绿色建筑与建筑节能大会论文集. 北京.

李静，刘燕. 2015. 基于全生命周期的建筑工程碳排放计算模型[J]. 工程管理学报，(4)：12-16.

李静，田哲. 2011. 绿色建筑全生命周期增量成本与效益研究[J]. 工程管理学报，(5)：487-492.

李菊，孙大明. 2008. 住宅建筑绿色生态技术增量成本统计分析[J]. 住宅科技，28（8）：16-19.

李开孟，张小利. 2008. 投资项目环境影响经济分析[M]. 北京：机械工业出版社.

李林，袭勇. 2014. 匹配企业发展战略的核心项目组合选择[J]. 统计与决策，(16)：168-171.

李向华. 2007. 绿色建筑的经济性分析[D]. 重庆大学硕士学位论文.

李云舟，何少剑，朱惠英，等. 2009. 绿色建筑住宅小区的建造成本增量控制分析[J]. 建筑科学，25（4）：76-81.

刘抚英. 2013. 绿色建筑设计策略[M]. 北京：中国建筑工业出版社.

刘抚英，厉天数，赵军. 2013. 绿色建筑设计的原则与目标[J]. 建筑技术，44（3）：212-215.

刘慧媛. 2013. 能源、环境与区域经济增长研究[D]. 上海交通大学博士学位论文.

刘娟. 2017. 作业基础预算应用中存在的问题及对策探究[J]. 中国管理信息化，20（19）：9-10.

刘培哲. 1996. 可持续发展理论与《中国 21 世纪议程》[J]. 地学前缘，11（1）：1-9.

刘伟. 2006. 绿色建筑生命周期成本分析研究[D]. 重庆大学硕士学位论文.

刘伊生. 2003. 工程造价管理基础理论与相关法规[M]. 北京：中国计划出版社：20（06）.

鲁佳婧. 2015. 成都地区绿色建筑技术的成本—效益分析研究[D]. 西南交通大学硕士学位论文.

马坤. 2008. 项目组合选择方法研究[D]. 合肥工业大学硕士学位论文.

马素贞，孙大明，邵文晞. 2010. 绿色建筑技术增量成本分析[J]. 建筑科学，26：91-94，100.

迈克尔·迪屈奇. 1999. 交易成本经济学——关于公司的新的经济意义[M]. 王铁生，葛立成译. 北京：经济科学出版社.

潘飞，郭秀娟. 2004. 作业预算研究[J]. 会计研究，（11）：48-52.

庞佳丽，朱海波，刘坤弘. 2018. 基于因子分析法的绿色办公建筑成本影响因素研究[J]. 价值工程，37（5）：205-207.

钱经，申玲，宋家仁. 2017. 住宅绿色建筑增量成本影响因素及控制对策研究[J]. 价值工程，36（8）：46-48.

清华大学建筑节能研究中心. 2021. 中国建筑节能年度发展研究报告 2021[R].北京：中国建筑工业出版社.

仇保兴. 2005. 绿色建筑与一般建筑存在六大区别[J]. 工程质量，（12）：62.

全国造价工程师职业资格考试培训教材编审委员会. 2021. 建设工程计价[M]. 北京：中国计划出版社.

任继勤，杨思佳，祁士伟，等. 2019. 基于遗传算法的绿色建筑节能的增量效益实证研究[J]. 资源开发与市场，35（4）：452-455，577.

日本可持续建筑协会. 2005. 建筑物综合环境性能评价体系：绿色设计工具[M]. 石文星译. 北京：中国建筑工业出版社.

宋章霞，陈琳. 2017. 绿色建筑成本关键驱动因素分析[J]. 价值工程，36（1）：20-22.

施懿宸，包晨，朱一木. 2022. 绿色金融助力绿色建筑发展[EB/OL]. http：//iigf.cufe.edu.cn/info/1012/5601. htm[2022-11-30].

唐亚锋，白礼彪，郭云涛. 2012. 基于战略导向的项目组合选择研究[J]. 项目管理技术，10(2)：21-25.

陶鹏鹏. 2018. 绿色建筑全寿命周期的费用效益分析研究[J]. 建筑经济，39（3）：99-104.

王芳，王士革. 2016. 我国绿色建筑成本效益评价的研究[J]. 科技视界，（15）：93，125.

王浩，陈敏建，唐克旺. 2004. 水生态环境价值和保护对策[M]. 北京：清华大学出版社，北京交通大学出版社.

王力. 2017. 基于作业成本法（ABC）与经济增加值（EVA）融合模式的运用[J]. 商业会计，（2）：75-77.

王廷杰. 2009. 基于生态经济的建筑理论[J]. 科技信息，（22）：527.

王霞. 2012. 住宅建筑生命周期碳排放研究[D]. 天津大学硕士学位论文.

王瑛. 2017. 建设工程项目招投标社会成本的分析[J]. 商情，（17）：164-165.

王有为. 2008. 绿色施工：绿色建筑核心理念——《绿色施工导则》技术要点解读[J]. 混凝土世界，（3）：80-84.

王幼松，杨馨，闫辉，等. 2017. 基于全生命周期的建筑碳排放测算——以广州某校园办公楼改扩建项目为例[J]. 工程管理学报，（3）：19-24.

魏法杰，陈曦. 2006. IT 企业项目组合选择过程与方法研究[J]. 项目管理技术，（6）：22-27.

吴琼，马国霞，高阳，等. 2018. 自然资源资产负债表编制中的环境成本核算及实证研究——以湖州市为例[J]. 资源科学，40（5）：936-945.

吴淑艺，赖芨宇，魏秀萍，等. 2016. 工程施工阶段机械设备耗能碳排放计算[J]. 海峡科学，（2）：3-6.

武智荣，刘元珍. 2016. 保温和普通混凝土建筑的消费者支付成本比较——以某绿色示范工程为例[J]. 建筑经济，37（1）：93-96.

谢志华. 1995. 社会成本及其形式和控制[J]. 会计研究，（12）：27-29.

熊志军. 2002. 科斯的社会成本问题及其现实意义[J]. 江汉论坛，（1）：22-25.

胥献宇. 2008. 循环经济的本质刍议[J]. 安徽农业科学，36（12）：5222-5224.

闫晶，郑朝锋，王梓霖，等. 2013. 基于价值工程的绿色建筑成本控制[J]. 建筑节能，（9）：72-74.

杨崴，王珊珊. 2014. 基于整合 LCA 方法的德国可持续建筑评价体系[J]. 建筑学报，（S1）：

92-97.

叶祖达，李宏军，宋凌. 2013. 中国绿色建筑技术经济成本效益分析[M]. 北京：中国建筑工业出版社.

叶祖达，梁俊强，李宏军，等. 2011. 我国绿色建筑的经济考虑——成本效益实证分析[J]. 动感（生态城市与绿色建筑），(4)：28-33.

俞艳，田杰芳. 2000. 业主应考虑建筑产品的寿命周期成本[J]. 铁路工程造价管理，(2)：16-17，5.

郁勇，叶臻，薄卫彪. 2010. 基于 KPI 的绿色建筑项目绩效管理研究[J]. 工程管理学报，(3)：327-331.

张大伟. 2014. 基于全寿命周期的绿色建筑增量成本研究[D]. 北京交通大学硕士学位论文.

张洁. 2018. 新型绿色建筑工程造价预算与成本控制分析[J]. 中国建材科技，27（2)：28-36.

张金玉. 2012. 基于全生命周期理论的绿色建筑项目成本管理研究[J]. 项目管理技术，(3)：38-41.

张丽. 2005. 商品住宅全寿命周期费用模型研究[D]. 东南大学硕士学位论文.

张丽. 2007. 中国终端能耗与建筑节能[M]. 北京：中国建筑出版社.

张翔杰. 2015. 考虑环境成本的建筑生命周期成本研究[D]. 北京交通大学硕士学位论文.

张雪艳. 2016. 交易成本理论、测量与应用研究[M]. 北京：中国社会科学出版社.

张智慧，尚春静，钱坤. 2010. 建筑生命周期碳排放评价[J]. 建筑经济，(2)：44-46.

赵华，张峰，王嘉悝. 2017. 发展绿色建筑的环境效益分析[J]. 施工技术，46（S2)：1310-1313.

赵鹏. 2018. 中国绿色建筑突破 10 亿平方米[EB/OL]. https：//baijiahao.baidu.com/s?id=1604652766610460474& wfr=spider&for=pc[2022-11-30].

中国城市科学研究会. 2009. 绿色建筑（2009）[M]. 北京：中国建筑工业出版社，2009.

中华人民共和国住房和城乡建设部，中华人民共和国国家质量监督检验检疫总局. 2014. 绿色建筑评价标准（GB/T50378-2014）[S]. 北京：中国建筑工业出版社.

中华人民共和国住房和城乡建设部. 2019. 绿色建筑评价标准（GB/T50378-2019）[S]. 北京：中国建筑工业出版社.

朱基木，余正环，韩天祥. 2004. 用全寿命周期成本方法对新建机组额定参数的选型决策[J]. 华东电力，(11)：8-13.

朱燕萍，胡昊. 2006. 生态建筑的项目经济评价研究[J]. 建筑施工，28（3)：203-204.

朱昭，李艳蓉，陈辰. 2018. 绿色建筑全生命周期节能增量成本与增量效益分析评价[J]. 建筑经济，39（4）：113-116.

Top Energy 绿色建筑论坛. 2007. 绿色建筑评估[M]. 北京：中国建筑工业出版社.

Absi N，Dauzère-Pérès S，Kedad-Sidhoum S，et al. Lot sizing with carbon emission constraints[J]. European Journal of Operational Research，2013，227（1）：55-61.

Azizi N S M，Wilkinson S，Fassman E. 2014. Management practice to achieve energy-efficient performance of green buildings in New Zealand[J]. Architectural Engineering & Design Management，10（1-2）：25-39.

Balaban O，Oliveira J A. 2017. Sustainable buildings for healthier cities：Assessing the co-benefits of green buildings in Japan[J]. Journal of Cleaner Production，163（Supplement）：S68-S78.

Baldo G L，Marino M，Montani M，et al. 2009. The carbon footprint measurement toolkit for the EU Ecolabel[J]. International Journal of Life Cycle Assessment，14（7）：591-596.

Brimson J A，Antos J J，Mendlowitz E. 2015. Activity-Based Budgeting[A]// Handbook of Budgeting. Wiley-Blackwell.

Bruce-Hyrkäs T，Pasanen P，Castro R. 2018. Overview of whole building life-cycle assessment for green building certification and ecodesign through industry surveys and interviews[J]. Procedia Cirp，69：178-183.

Bull J，Gupta A，Mumovic D. 2014. Life cycle cost and carbon footprint of energy efficient refurbishments to 20th century UK school buildings[J]. International Journal of Sustainable Built Environment，3（1）：1-17.

Bull J. W. 2014. Life Cycle Costing for Construction[M]. New York：Routledge.

Campanale C，Cinquini L，Tenucci A. 2014. Time-driven activity-based costing to improve transparency and decision making in healthcare[J]. Qualitative Research in Accounting & Management，11：165-186.

Çelik T，Kamali S，Arayici Y. 2017. Social cost in construction projects[J]. Environmental Impact Assessment Review，64：77-86.

Chen G Q，Chen H，Chen Z M，et al. 2011. Low-carbon building assessment and multi-scale input–output analysis[J]. Communications in Nonlinear Science and Numerical Simulation，16（1）：583-595.

Chen L，Wang S，Qiao Z. 2014. DuPont model and product profitability analysis based on activity-based costing and economic value added[J]. European Journal of Business &

Management，30（6）：25-35.

Chen Z J. 2012. Current situation of green building label projects and their technical application in China[J]. Journal of Central South University，43，283-289.

Cooper R，Kaplan R S. 1988. Measure costs right：Make the right decisions[J]. Harvard Business Review，66（5）：96-103.

Derigs U，Illing S. 2013. Does EU ETS instigate Air Cargo network reconfiguration? A model-based analysis[J]. European Journal of Operational Research，225（3）：518-527.

Dorgan C，Cox R，Dorgan C. 2002. The value of the commissioning process：costs and benefits[C]//Austin：2002 USGBC Greenbuild Conference.

Eva Sterner E. 2000. Life-cycle costing and its use in the Swedish building sector[J]. Building Research & Information，28（5-6）：387-393.

Fisk W J. 2000. Health and productivity gains from better indoor environments and their implications for the U.S. Department of Energy[J]. Annual Review of Energy and the Environment，25（1），537-566.

Fuller S K，Petersen S R. 1996. Life-cycle costing manual for the Federal Energy Management Program[J]. Handbook（NIST HB）. Nist Handbook：135.

Gabay H，Meir I A，Schwartz M，et al. 2014. Cost-benefit analysis of green buildings：An Israeli office buildings case study[J]. Energy & Buildings，76：558-564.

Garcia A J，Mollaoglu S，Syal M. 2017. NGBS-certified single-family green homes：costs and benefits[J]. Practice Periodical on Structural Design & Construction，22（3）：1-12.

Georgiadou M C，Hacking T，Guthrie P. 2012. A conceptual framework for future-proofing the energy performance of buildings[J]. Energy Policy，47（4）：145-155.

Gerilla G P，Teknomo K，Hokao K. 2007. An environmental assessment of wood and steel reinforced concrete housing construction[J]. Building and Environment，2007，2778-2784.

Ghasemzadeh F，Archer N P. 2000. Project portfolio selection through decision support[J]. Decision Support Systems，29（1），73-88.

Gupta M，Galloway K. 2003. Activity-based costing/management and its implications for operations management[J]. Technovation，23（2）：131-138.

Halil F M，Nasir N M，Hassan A A，et al. 2016. Feasibility study and economic assessment in green building projects[J]. Procedia-Social and Behavioral Sciences，222：56-64.

Hansen S C H. 2011. A theoretical analysis of the impact of adopting rolling budgets，activity-based budgeting and beyond budgeting[J]. European Accounting Review，20（2）：289-319.

Hao S，Guo P Y. 2012. The researched on water project cost accounting based on activity-based costing[C]// 2012 International Conference on Information Management，Innovation Management and Industrial Engineering. IEEE：146-149.

Hu X，Department P M. 2016. Simulation of game equilibrium cost control of green building [J]. Bulletin of Science & Technology，2016.

Huynh T，Gong G，Nguyen A. 2013. Integrating activity-based costing with economic value added[J]. Journal of Investment and Management，2（3）：34-40.

Hwang B G，Tan J S. Green building project management：obstacles and solutions for sustainable development[J]. Sustainable Development，2012，20（5）：335-349.

Hwang B G，Wei J N. 2013. Project management knowledge and skills for green construction：Overcoming challenges[J]. International Journal of Project Management，31（2）：272-284.

Institution B S. 2008. Bs Iso 15686-5 - Buildings and Constructed Assets - Service-Life Planning - Part 5：Life-Cycle Costing[DB/OL]. https：//www.iso.org/obp/ui/#iso：std：iso：15686：-5：ed-2：v1：en[2022-11-30].

Islam H，Jollands M，Setunge S. 2015. Life cycle assessment and life cycle cost implication of residential buildings：A review[J]. Renewable and Sustainable Energy Reviews，42：129-140.

Kaplan R S，Anderson S R. 2007. Time-driven activity-based costing：a simpler and more powerful path to higher profits[J]. European Accounting Review，16（4）：855-861.

Kats G，James M，Apfelbaum S，et al. 2008. Greening buildings and communities：costs and benefits [J]. Capital E.

Kats G. 2003. The Costs and Financial Benefits of Green Buildings：A Report to California's Sustainable Building Task Force[R]. Sustainable Building Task Force.

Khoshbakht M，Gou Z，Dupre K. 2017. Cost-benefit prediction of green buildings：SWOT analysis of research methods and recent applications[J]. Procedia Engineering，180：167-178.

Liu Y，Guo X，Hu F. 2014. Cost-benefit analysis on green building energy efficiency technology application：A case in China[J]. Energy & Buildings，82：37-46.

Lu Y，Zhu X，Cui Q. 2012. Effectiveness and equity implications of carbon policies in the United States construction industry[J]. Building & Environment，49（1）：259-269.

Marszal A J，Heiselberg P，Jensen R L，et al. 2012. On-site or off-site renewable energy supply options? Life cycle cost analysis of a Net Zero Energy Building in Denmark[J]. Renewable Energy，44（4）：154-165.

Matthews J C，Allouche E N，Sterling R L. 2015. Social cost impact assessment of pipeline infrastructure projects[J]. Environmental Impact Assessment Review，50：196-202.

Meron N，Meir I A. 2017. Building green schools in Israel. Costs，economic benefits and teacher satisfaction[J]. Energy & Buildings，154：12-18.

Morris P，Matthiessen L F. 2007. Cost of green revisited：Reexamining the feasibility and cost impact of sustainable design in the light of increased market adoption[M]. Continental Automated Buildings Association.

Mylonakis J，Tahinakis P. 2006. The use of accounting information systems in the evaluation of environmental costs：A cost–benefit analysis model proposal[J]. International Journal of Energy Research，30（11）：915-928.

Plebankiewicz E，Zima K，Wieczorek D. 2016. Life cycle cost modelling of buildings with consideration of the risk[J]. Archives of Civil Engineering，62（2）：149-166.

Project Management Institute. 2001. A Guide to the Project Management Body of Knowledge：PMBOK（R）Guide[M]. Project Management Institute.

Qian Q K，Chan E H W，Khalid A G. 2015. Challenges in delivering green building projects：Unearthing the transaction costs（TCs）[J]. Sustainability，7（4）：15-36.

Ries R，Bilec M M，Gokhan N M. 2006. The economic benefits of green buildings：A comprehensive case study[J]. The Engineering Economist，51（3）：259-2965.

Roztocki N，Needy L S. 2015. Integrating activity-based costing and economic value added in manufacturing[J]. Engineering Management Journal，11（2）：17-22.

Sartori I，Hestnes A G. 2007. Energy use in the life cycle of conventional and low-energy buildings：A review article [J]. Energy & Buildings，2007，39（3）：249-257.

Sood S，Chua K H，Leong Y. 2011. Sustainable development in the building sector：Green building framework in Malaysia[Z]. 1-8.

Stout D E，Propri J M. 2011. Implementing time-driven activity-based costing at a medium-sized electronics company[J]. Management Accounting Quarterly，12（3）：1-11.

Sun D M，Shao W X，Li J. 2009. Incremental cost investigation of green building in China[J].

Construction Science and Technology，34-37.

Syphers G，Mara Baum M，Darren Bouton D. 2003. Managing the cost of green buildings [J]. California Sustainable Building Task Force，2003，10.

Tam V W Y，Senaratne S，Le K N，et al. 2017. Life-cycle cost analysis of green-building implementation using timber applications[J]. Journal of Cleaner Production，147：458-469.

Tsai W H，Yang C H，Chang J C，et al. 2014. An Activity-Based Costing decision model for life cycle assessment in green building projects[J]. European Journal of Operational Research，238（2）：607-619.

U.S. Environmental Protection Agency. 2009. Green Building Basic Information[DB/OL]. https：// archive.epa.gov/greenbuilding/web/html/about.html[2022-11-30].

Vakilifard H，Zeynali M，Mohammadipour R. 2010. The relation between performance-based budgeting and activity-based budgeting[J]. American Journal of Finance & Accounting，2（1）：65-74.

Wang X，Jing D U，Hua-shan W U. 2017. Analysis on straw storage and transportation cost using activity-based costing：A case study of Jiangsu Province，China[J]. Journal of Agricultural Resources & Environment，34（3），207-214.

Wiedmann T，Minx J. 2009. A definition of ‘ carbon footprint ’[J]. Journal of the Royal Society of Medicine，92（4）：193-195.

Williamson O E. 1999. The economic institution of capitalism[M]. Beijing：China Social Sciences Publishing House.

Wu P，Sui P L. 2010. Project Management and Green Buildings：Lessons from the Rating Systems[J]. Journal of Professional Issues in Engineering Education & Practice，136（2）：64-70.

Yang C. 2018. An optimization portfolio decision model of life cycle activity-based costing with carbon footprint constraints for hybrid green power strategies[J]. Computers and Operations Research，（96）：256-271.

Yusuf G A，Mohamed S F，Yusof Z M，et al. 2013. Role of building services quantity surveyors in managing cost of green buildings[J]. Advanced Materials Research，689：71-74.

Zhang X，Platten A，Shen L. 2011. Green property development practice in China：Costs and barriers[J]. Building & Environment，46（11）：2153-2160.

Zhuang Z Y，Chang S C. 2017. Deciding product mix based on time-driven activity-based costing by mixed integer programming[J]. Journal of Intelligent Manufacturing，28（4）：959-974.

Zuo J，Pullens S，Rameezdeen R，et al. 2017. Green building evaluation from a life-cycle perspective in Australia：A critical review[J]. Renewable and Sustainable Energy Reviews，70：358-368.